AF737880

Enotradulengua

STUDIEN ZUR ROMANISCHEN SPRACHWISSENSCHAFT UND INTERKULTURELLEN KOMMUNIKATION

Herausgegeben von
Gerd Wotjak, José Juan Batista Rodríguez und Dolores García-Padrón

BAND 172

PETER LANG

Miguel Ibáñez Rodríguez (ed.)

Enotradulengua

Géneros y tipos textuales en el sector del vino

PETER LANG

Información bibliográfica publicada por la Deutsche Nationalbibliothek
La Deutsche Nationalbibliothek recoge esta publicación en la Deutsche Nationalbibliografie; los datos bibliográficos detallados están disponibles en Internet en http://dnb.d-nb.de.

Esta publicación ha sido posible gracias al Proyecto de Investigación VA102G19 de la Consejería de Educación de la Junta de Castilla y León.

Junta de Castilla y León

ISSN 1436-1914
ISBN 978-3-631-85669-7 (Print)
E-ISBN 978-3-631-88005-0 (E-PDF)
E-ISBN 978-3-631-88006-7 (EPUB)
DOI 10.3726/b19754

© Peter Lang GmbH
Internationaler Verlag der Wissenschaften
Berlin 2022
Todos los derechos reservados.

Peter Lang – Berlin · Bruxelles · Lausanne · New York · Oxford

Esta publicación no puede ser reproducida, ni en todo ni en parte, ni registrada en o transmitida por un sistema de recuperación de información, en ninguna forma ni por ningún medio, sea mecánico, fotoquímico, electrónico, magnético, electroóptico, por fotocopia, o cualquier otro, sin el permiso previo por escrito de la editorial.
Esta publicación ha sido revisada por pares.
www.peterlang.com

Índice de contenidos

Prólogo

El presente libro recoge las últimas investigaciones del GIRTraduvino, grupo de investigación de la Universidad de Valladolid en la Facultad de Traducción e Interpretación del Campus de Soria. El libro es una continuación del publicado en 2020 en esta misma colección, titulado *Enotradulengua. Vino, lengua y traducción*.

Como fruto de dichas investigaciones se recogen un total de 12 trabajos presentados por miembros del grupo de investigación, además de contar con la valiosa participación de las profesoras Antónia Coutinho y Florencia Miranda, que amablemente respondieron a la invitación cursada por el GIRTraduvino como en ocasiones anteriores.

La temática del presente volumen se centra en los tipos y géneros textuales dentro del dominio vitivinícola. Es bien sabido que en este ámbito de especialidad se ven implicados diversos agentes (enólogos, viticultores, sumilleres o bodegueros, pero también expertos en *marketing* o en enoturismo, entre otros) que interactúan en diferentes situaciones de comunicación especializadas, tales como presentaciones de productos y servicios, catas o congresos en las que se genera un discurso especializado.

En este contexto de especialidad la información se vehicula en diferentes géneros textuales que van desde la nota de cata, la etiqueta de vino, la ficha de cata, las enciclopedias de vinos, las guías de viaje, los anuncios publicitarios tanto del vino como de los productos relacionados con él (folletos, cartelería, etc.) como pueden ser las actividades englobadas en el llamado enoturismo o en la rutas del vino, así como los tratados sobre el vino y los manuales especializados sobre viticultura o enología, por citar solo unos pocos ejemplos.

Uno de los géneros textuales del dominio vitivinícola lo constituyen las etiquetas que recogen un volumen de información tanto obligatoria como facultativa en un reducido espacio de la botella de vino. Antónia Coutinho y Florencia Miranda se centran en la comparación de las etiquetas portuguesas y argentinas dentro de su sólida línea de investigación al respecto. En esta ocasión, abordan el tema desde el punto de vista de los tipos discursivos que intervienen en ellas, asumiendo que cualquier tipo discursivo puede ser utilizado en cualquier género textual, así bajo la perspectiva del interaccionismo sociodiscursivo estudian la presencia y distribución de los diversos tipos discursivos dentro de las etiquetas que forman parte del corpus de textos. También trata de las etiquetas de vino el trabajo de María Pascual y Gloria Martínez en el que llevan a cabo un repaso por la historia y el desarrollo de las etiquetas así como por su evolución. La etiqueta que, en primera instancia, servía como una forma de reconocer al productor, ha ido modificándose, al igual que lo ha hecho el sector vitivinícola, ajustando el diseño de sus etiquetas para adaptarse a los nuevos tiempos, a los nuevos requisitos legales y a los nuevos o a potenciales consumidores. De ahí que el arte, la búsqueda de nombres sugerentes o divertidos o los diseños rompedores se hayan abierto paso frente al etiquetado más tradicional.

Otro de los géneros textuales más característico del dominio vitivinícola es la nota de cata en la que se da un doble objetivo, por una parte presentar un producto y por otra, hacer que este sea atractivo para el potencial consumidor. De ahí que el lenguaje de la cata sea el punto central de varios trabajos. De la primera fase de la cata -la visual- se ocupan Lourdes Cerrillo y Miguel Ibáñez. En dicha fase hay que tener en cuenta conceptos como intensidad, vivacidad y tonalidad que se expresan a través de una terminología propia. Así, partiendo de los tipos básicos de vino -blanco, rosado y tinto-vamos a descubrir una gran cantidad de matices y una riqueza de vocabulario que nos hará conocer y hablar de los colores del vino con mayor precisión y apreciarlo de un modo diferente. En la segunda parte se anotan los significados culturales de los colores, lo que nos permite apreciarlos desde una nueva e interesante perspectiva. Gloria Martínez también deja patente el estatus especial de ese lenguaje. En la primera parte de su trabajo presenta un recorrido por las distintas fases de la cata incluyendo vocabulario en español, inglés y francés que nos permitirá comprender mejor el lenguaje metafórico tan característico de este subdominio. En la segunda parte, se servirá de algunas notas de cata -la plasmación por escrito de las sensaciones o percepciones generadas durante las tres fases de cata- en las tres lenguas para analizar los niveles de traducción de las mismas. Por su parte, Esther Fraile y Andrea Martínez estudian las notas de cata, pero con un enfoque diferente. Su investigación se centra en identificar, interpretar y clasificar la variedad de metáforas lingüísticas y conceptuales en las etiquetas y las redes sociales y concretamente, en Twitter. Presentan una amplia clasificación de las metáforas lingüísticas y conceptuales más relevantes y finalmente llevan a cabo un análisis contrastivo entre estos dos tipos de notas en español e inglés. Con un enfoque práctico, Inés González trata también de este género textual, pero se sirve de las notas de cata para la enseñanza del francés como lengua extranjera. Nos ofrece un enfoque novedoso con el fin de facilitar el proceso de enseñanza/aprendizaje del francés especializado, adaptándolo a diferentes niveles y estilos de estudiantes. Para ello elabora un modelo y diseña una interesante secuencia didáctica que permite constatar que las notas de cata constituyen un género perfectamente adecuado y versátil para el aprendizaje de lenguas extranjeras.

Los avances tecnológicos han propiciado nuevas formas de comunicación a las que el mundo de la vinicultura no es ajeno. José María Cuenca constata la versatilidad que ofrecen aplicaciones como WhatsApp para facilitar el intercambio tanto oral como escrito, o la posibilidad de transferencia de documentos de diversos tipos y formatos. En su trabajo, analiza las características de este discurso emergente denominado conversación «guasap» a través de un corpus de conversaciones auténticas del ámbito profesional basadas en la negociación vitivinícola franco-española.

La cultura del vino se ha servido de nuevas formas para poner en valor no solo el vino, sino también una serie de productos y servicios que han generado nuevas formas de turismo, el conocido como enoturismo o las conocidas rutas del vino. Así, las guías enoturísticas o los folletos turísticos se han hecho eco de esa nueva oferta. En este sentido, María Pascual considera la guía enoturística como género, supragénero y subgénero en los ámbitos turístico y vitivinícola. La autora describe esta guía a partir de un corpus *ad hoc* de muestras en español y en inglés, cumplimentando para el análisis una ficha descriptiva de cada muestra y empleando programas de análisis de texto y clasificación semántica (Tropes) y de búsqueda de concordancias (AntConc). En su trabajo nos ofrece un amplio repaso sobre las características de la guía enoturística a nivel extratextual, considerando los aspectos pragmáticos, socioculturales y comunicativos, y a nivel intratextual, teniendo en cuenta los aspectos micro- y macrotextuales. Por su parte, Julio Fernández se centra en otro aspecto del enoturismo, las llamadas rutas del vino, y estudia los folletos publicitarios de las rutas de Castilla y León poniendo en valor el espacio geográfico en el que el turista puede disfrutar de una serie de bienes y servicios que van más allá de las visitas a las bodegas de la región. El folleto turístico va a mostrar en un espacio reducido los atractivos que diferencian a ese territorio de otros, por lo que hay que prestar atención no solo a las imágenes, sino también al texto y al diseño.

La publicidad es objeto de estudio por parte de Laura Barahona. Su trabajo hace una amplia revisión sobre el concepto de publicidad y apunta los aspectos más relevantes de la misma, así como los pasos que configuran una estrategia de *marketing* eficaz para llegar al anuncio del vino. También examina el origen de la publicidad en España hasta el siglo xx, así como las diferentes formas en la que se ha llevado a cabo y plantea algunas claves sobre el tipo de publicidad y, concretamente, qué tipo de anuncios deberían llevarse a cabo en el dominio vitivinícola.

La fraseología también forma parte del dominio vitivinícola y Laura Enjuto se centra en los fraseologismos en la cultura del vino, lo que llama el «hablar conciso», es decir aquellas paremias, frases hechas o refranes que utilizamos en la vida diaria y que tienen su origen en el vino. La autora hace un amplio repaso de los aspectos teóricos de la fraseología y su tipología y ofrece numerosos ejemplos de esas frases relacionadas con el vino. Se trata de expresiones que de una forma abreviada y concisa dicen mucho en muy pocas palabras.

Por último, el trabajo de Miguel Ibáñez se dedica a dos interesantísimos tratados escritos en la 1.ª mitad del siglo XIX. El primero, *Ensayo sobre las variedades de la vid común que vegetan en Andalucía*, se debe a Simón de Rojas Clemente y el segundo, *Memoria sobre el cultivo de la vid en Sanlúcar de Barrameda y Xerez de la Frontera*, a Esteban de Boutelou. Ambos surgen como una reacción al volumen de traducciones especializadas, y los dos se centran en Andalucía, lo que ofrece un modelo de vitivinicultura diferente al practicado en el norte de España. Al analizar los tratados, se nos va desvelando una riquísima terminología sobre este dominio de especialidad.

Esta publicación ha sido posible gracias al Proyecto de Investigación VA102G19 de la Consejería de Educación de la Junta de Castilla y León.

Miguel Ibáñez Rodríguez

Lista de contribuyentes

Antónia Coutinho
CLUNL, NOVA FCSH, Universidade Nova de Lisboa
acoutinho@fcsh.unl.pt

Florencia Miranda
Universidad Nacional de Rosario
florenciamiranda71@gmail.com

María Pascual Cabrerizo
Universidad de Valladolid
mariapc@fing.uva.es

Gloria Martínez Lanzán
GIRTraduvino, Universidad de Valladolid
lanzanmglo@gmail.com

Miguel Ibáñez Rodríguez
Universidad de Valladolid
miguel.ibanez@uva.es

Lourdes Cerrillo Rubio
Universidad de Valladolid
lourdes.cerrillo@uva.es

M.ª Esther Fraile Vicente
Universidad de Valladolid
frailes@lia.uva.es

Andrea Martínez Martínez
GIRTraduvino, Universidad de Valladolid
andreamartinez206@gmail.com

Inés González Aguilar
Universidad de Valladolid
i.gonzalez@uva.es

José María Cuenca Montesino
Université de Poitiers & Laboratoire Lidile – Université de Rennes 2
jmcuencamontesino@gmail.com

Julio Fernández Portela
Universidad Nacional de Educación a Distancia
jfportela@geo.uned.es

Laura Barahona Mijancos
GIRTraduvino, Universidad de Valladolid
laurabarahonamijancos@hotmail.com

Laura Enjuto Martín
GIRTraduvino, Universidad de Valladolid
enjutolaura@gmail.com

Antónia Coutinho y Florencia Miranda

Los tipos discursivos en etiquetas de vino: exploraciones comparativas en portugués y español

Resumen: En esta contribución buscamos dar continuidad a la descripción de etiquetas de vino como género textual, en portugués europeo y español de Argentina. Situándonos en el marco epistemológico del interaccionismo sociodiscursivo, adoptamos un abordaje descendente, considerando que la(s) actividad(es) y los géneros condicionan los recursos lingüísticos movilizados. El presente trabajo se centra en las ocurrencias de los tipos discursivos, en el plan textual de los ejemplares analizados: evidenciando operaciones de temporalidad y actorialidad, daremos destaque a las regularidades que se pueden verificar, en etiquetas portuguesas y argentinas -así como a lo que parecen ser tendencias de evolución del género-.

Palabras clave: Género etiqueta de vino. Interaccionismo sociodiscursivo. Tipos discursivos. Plan textual. Regularidades y tendencias. Perspectiva comparativa.

Abstract: In this contribution, we aim at giving continuity to the description of wine labels as a textual genre, in European Portuguese and Argentinian Spanish. Assuming the epistemological framework of Sociodiscursive Interactionism, we adopt a top-down approach, considering that social activity(ies) and genres regulate the linguistic resources mobilized. This paper focuses on the occurrences of discursive types, in the textual plan of the analyzed samples: observing operations of temporality and actoriality, we will highlight the regularities that can be verified, in Portuguese and Argentine labels -as well as what seem to be trends of the evolution of the genre.

Keywords: Wine label genre. Sociodiscursive Interactionism. Discursive types. Textual plan. Regularities and trends. Comparative approach.

0. Introducción

Esta contribución busca dar continuidad a la investigación sobre etiquetas de botellas de vino como género textual, manteniendo la perspectiva contrastiva (portugués europeo y español de Argentina) en la que hemos venido trabajando[1]. En un estudio anterior (Miranda & Coutinho, 2010), desarrollamos la

1 El presente trabajo está financiado por fondos nacionales portugueses, a través de FCT -Fundación para la Ciencia y la Tecnología-, como parte del proyecto del Centro de Lingüística de la Universidad NOVA de Lisboa (CLUNL)-UID/LIN/03213/2020.

influencia de las actividades sobre el género "etiqueta de vino" (en la perspectiva de abordaje descendente asumida en el marco teórico y epistemológico del interaccionismo sociodiscursivo) y describimos los principales aspectos lingüísticos movilizados por el género en español de Argentina y en portugués europeo, en el ámbito de la organización composicional (plan textual y estructuraciones locales), de la organización temática y de las notas de cata y recomendaciones.

Aunque algunos de estos aspectos van a ser retomados aquí, de forma abreviada, nos proponemos ahora observar las etiquetas de las botellas de vino desde el punto de vista de los tipos discursivos que intervienen en ellas. La noción de tipos discursivos es central en el marco del interaccionismo sociodiscursivo (en adelante ISD) y será explicada más adelante. Asumimos, por el momento, que los tipos discursivos corresponden a conjuntos de elecciones lingüísticas (resultantes de operaciones psicológicas específicas) que entran en la constitución de los textos y, en principio, cualquier tipo discursivo puede ser utilizado en cualquier (género de) texto. Así, se comprende el interés de verificar si hay o no regularidades, desde este punto de vista, en las etiquetas portuguesas y argentinas –así como también identificar las tendencias que se avizoran, a partir de la presencia menos habitual o menos previsible de determinado tipo discursivo–.

El trabajo está estructurado en tres partes. La primera, que enmarca la investigación sobre etiquetas de vino en términos teórico-epistemológicos y metodológicos, comienza por retomar, en líneas generales, el plan textual de las etiquetas de vino; presenta más detalladamente, luego, la noción de tipos discursivos, en el marco del ISD; y, finalmente, sistematiza el objetivo de la presente contribución, presentando el corpus de análisis. La segunda parte será dedicada al análisis de textos –etiquetas portuguesas y argentinas–. La tercera parte comprende una síntesis de los análisis y los comentarios finales.

1. Las etiquetas de vino como género de texto

En el marco de los estudios lingüísticos sobre los textos y los discursos y, de forma más específica, en el ámbito del interaccionismo sociodiscursivo en el que predominantemente situamos nuestro trabajo (Bronckart 1997), cualquier texto depende de un género, que se reproduce e innova (de manera más o menos rígida y más o menos creativa), en el contexto de la(s) actividad(es) social(es) en las que funciona. En tal sentido, vale notar que, siguiendo a Voloshinov (1977), el interaccionismo sociodiscursivo asume un abordaje descendente, según el cual el análisis va desde las actividades hacia los géneros textuales y desde estos hacia los recursos lingüísticos movilizados (Bronckart 1997; Coutinho 2020 y 2014; Miranda 2012; Miranda & Coutinho, 2010: 316–317).

En lo que respecta a nuestro objeto de análisis, podemos decir que, aunque compartan rasgos con etiquetas de otros productos, las etiquetas de botellas de vino tienen características propias[2], que destacaremos a continuación, de forma resumida.

El *tema* y el *soporte* –el vino y la botella, respectivamente– son dos aspectos que inmediatamente se evidencian en la identidad de estas etiquetas, que dejan ver, asimismo, la red de actividades sociales/de lenguaje en la que se insertan y para la cual contribuyen: comercial y publicitaria, enológica y legislativa (involucrando normativas nacionales e internacionales). En este ámbito, son varias las funciones o finalidades que les están asociadas: una función de identificación, junto a finalidades de orden informativo, publicitario e incluso estético.

Con respecto al *plan textual* de las etiquetas, que es particularmente importante en el contexto del presente trabajo, comenzamos señalando características generales y recurrentes: se verifica siempre articulación entre elementos verbales y no verbales y comprende secciones obligatorias y opcionales. Hay elementos optativos que muestran un alto grado de recurrencia en los textos, como ya mostramos en un trabajo anterior (Miranda & Coutinho, 2010: 323):

> Si observamos especialmente los elementos opcionales que surgen en las contraetiquetas analizadas, veremos que, aunque algunos de ellos introducen eventualmente un factor innovador, en la mayor parte de los casos demuestran un alto grado de previsibilidad, ya que se pueden considerar prácticamente estabilizados por el uso. Éste es el caso de la introducción de notas de cata, de la descripción del proceso de elaboración del vino y de las recomendaciones de servicio y maridaje (relación vino/comida). Sin embargo, el modo como estos elementos se introducen puede presentar variaciones.

Los elementos obligatorios, por el contrario, son legalmente establecidos. En Argentina (de acuerdo con la Resolución N.º 2020-20-APN-INV#MAGYP del Instituto Nacional de Vitivinicultura, del 19 de mayo de 2020) las secciones obligatorias son las siguientes: marca del producto; denominación legal del producto; grado alcohólico; contenido neto; país de producción; datos del fraccionador; número de análisis; contenido de azúcar; características cromáticas; productos elaborados con componentes no vínicos; isologo (vino argentino bebida nacional); advertencia sanitaria («beber con moderación»/«prohibida su venta a menores de 18 años»). En Portugal, actualmente, es la *Portaria* n.º 26/2017 del 13 de enero, la que define las reglas mediante las cuales se rige el etiquetado de los

2 Contrariamente a otros abordajes, que asumen una perspectiva jerarquizada (hipergénero–géneros–subgéneros), en el marco del ISD vemos los géneros organizados en «nebulosa» (ver Bronckart, 1997: 76).

productos vitivinícolas, de acuerdo con lo previsto en los Reglamentos (CE) del Parlamento Europeo y del Consejo[3]. Con el objetivo de facilitar la información y la actividad del sector, el «*Instituto da Vinha e do Vino, I.P.*» puso a disposición, en julio de 2021, un documento titulado «*ABC do setor vitivinícola*», en el que se incluye un gráfico ejemplificativo, con información sobre las indicaciones obligatorias y su respectiva disposición espacial, como se muestra a continuación en la Figura 1.1:

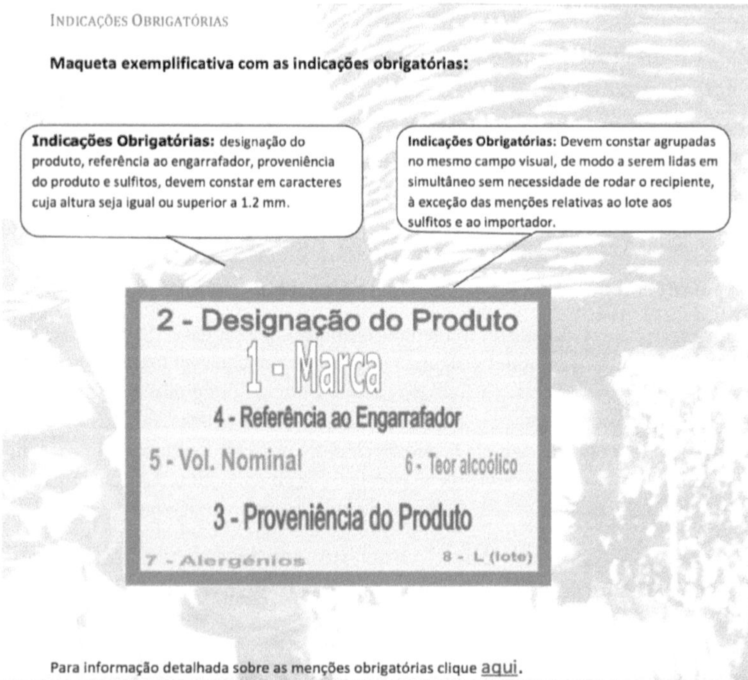

Fig. 1.1: *Disposición de las indicaciones obligatorias en una etiqueta*

Para finalizar esta parte, importa recordar que, técnicamente, el etiquetado corresponde a todas las menciones, indicaciones e imágenes que acompañan al producto (como el embalaje, la etiqueta o la cápsula, por ejemplo). En el marco

3 Para más información, consultar datos disponibles en el sitio web del «Instituto da Vinha e do Vinho», I.P., sección de Documentos dedicados al etiquetado: https://www.ivv.gov.pt/np4/documentos/documentos?tema=194 (consultada: 25/05/2021).

del presente trabajo, tomamos como objeto de análisis solo las etiquetas entendidas, en función de lo que acabamos de exponer, como correspondiendo a un género de texto específico. El plan textual de la etiqueta incluye generalmente dos grandes secciones: la etiqueta y la contraetiqueta. Desde un punto de vista técnico, y según información recibida en consulta a especialistas del sector, la etiqueta debería corresponder a la sección en la que figuran los elementos obligatorios pero, en la práctica (incluyendo, en gran medida, la de la propia actividad vitivinícola) se suele llamar «contra-etiqueta» a la sección en la que aparecen datos obligatorios y «etiqueta» a la sección que presenta la marca y que, en consecuencia, define o sugiere, la parte del «frente» de la botella. De acuerdo con la práctica, seguiremos también esta última opción.

2. Los tipos discursivos en la perspectiva del interaccionismo sociodiscursivo

La noción de «tipo discursivo» (o «tipo de discurso»[4]) es, sin duda, un aporte original de la corriente denominada interaccionismo sociodiscursivo (Bronckart et al. 1985, Bronckart 1997, 2008 entre otros). El origen de esta noción se inscribe en las reflexiones de autores tales como Emile Benveniste, Harald Weinrich o, incluso, Gerard Genette; pero es sobre todo en Jenny Simonin-Grumbach (1975) que el ISD se inspira para desarrollar esta noción.

En una formulación breve, puede decirse que los tipos discursivos son segmentos de configuración del discurso, reconocibles por conjuntos de unidades y/o mecanismos lingüísticos que se asocian a operaciones psicológicas particulares. En tal sentido, los tipos discursivos constituyen organizaciones configuracionales (por oposición a las organizaciones secuenciales) que son infraordenadas con respecto al texto. Es decir, los tipos discursivos forman parte de los textos y se distribuyen de manera no lineal.

Estas estructuraciones del material lingüístico de un texto «traducen» (o semiotizan) mundos discursivos particulares. Tal como proponía Simonin-Grumbach (1975) -y como Bronckart et al. (1985) mostraron a partir de un vasto corpus de textos en francés–, es posible identificar unidades discriminativas de diferentes mundos o planos enunciativos.

---

4 Las dos expresiones (tipos discursivos y tipos de discurso) se utilizan como sinónimos y ambas pueden verificarse en las publicaciones de autores situados en el Interaccionismo Sociodiscursivo. Sin embargo, optamos por la primera formulación –tipos discursivos– asumiendo la tendencia más reciente dentro de este marco teórico.

En la propuesta del ISD, se asume la existencia de cuatro tipos discursivos (*discurso interactivo*, *discurso teórico*, *narración* y *relato interactivo*), cuya identificación es posible a partir de las unidades lingüísticas que ocurren en ellos. La configuración de las unidades conforma «tipos lingüísticos» específicos para cada lengua natural, que semiotizan cuatro «mundos discursivos». Estos mundos surgen de la relación que se establece en la producción textual entre las coordenadas que organizan el contenido temático movilizado en el texto y las coordenadas del mundo ordinario (o sea, los parámetros de la situación de acción o del contexto). Esa relación se sintetiza en el siguiente cuadro (Figura 1.2):

		Contenido temático	
		Conjunción **EXPONER**	Disyunción **CONTAR**
Relación con el contexto	Implicación	*Discurso interactivo* (presencia de deícticos y verbos en presente)	*Relato interactivo* (presencia de deícticos y verbos en pretérito)
	Autonomía	*Discurso teórico* (ausencia de deícticos y verbos en presente)	*Narración* (ausencia de deícticos y verbos en pretérito)

Fig. 1.2: *Cuadro síntesis de los mundos discursivos*

En el cuadro, incluimos dos de los rasgos lingüísticos principales para la caracterización y distinción de los tipos discursivos: la temporalidad -que se manifiesta en los verbos- y la actorialidad y el anclaje enunciativo -que se expresa mediante la presencia o la ausencia de marcas deícticas. Estos dos rasgos no son, por supuesto, los únicos que permiten distinguir los tipos discursivos, pero sí pueden considerarse rasgos que asumen un papel destacado para evidenciar el tipo en cuestión.

En concreto, si tomamos el eje de la organización del contenido temático, la presencia dominante de formas verbales en *presente* permite identificar discursos del orden del *exponer*, mientras que la movilización de formas verbales del *pretérito* nos remite a discursos del orden del *contar*. Por su lado, si observamos el eje de la actorialidad y el anclaje enunciativo, veremos que la presencia de formas deícticas (personales, temporales, espaciales u ostensivas) nos indican la ocurrencia de discursos *implicados*, mientras que la ausencia de estas formas remite a discursos *autónomos*. Es en el cruce de estos rasgos que encontramos cuatro tipos discursivos: un exponer implicado (discurso interactivo), un exponer autónomo (discurso teórico), un contar implicado (relato interactivo) y un contar autónomo (narración).

Como dijimos, dado que los tipos discursivos constituyen unidades infraordenadas con respecto a los textos, un texto puede contener diferentes tipos discursivos en su composición. Eventualmente, un texto puede movilizar un único tipo discursivo, pero lo que probablemente sea más frecuente es la presencia de más de un tipo discursivo en un mismo texto. La ocurrencia de un determinado tipo discursivo en el texto produce efectos singulares e imprime características que se vinculan a ciertos objetivos y/o estrategias discursivas (como, por ejemplo, objetivar o subjetivar un discurso).

Tal como se observa en Miranda (2008), los géneros textuales y los tipos discursivos se relacionan de la siguiente manera: en primer lugar, cada género siempre se construye movilizando por lo menos un tipo discursivo (o, más frecuentemente, una articulación de diferentes tipos discursivos); en segundo lugar, cada género «selecciona» y «estabiliza», en una determinada época y sociedad, la movilización de un tipo discursivo particular o la articulación de diferentes tipos discursivos; en tercer lugar, esa relación entre géneros textuales y tipos discursivos presenta algún grado de estabilidad con respecto al tipo lingüístico –es decir, en relación con la clase de unidades y mecanismos lingüísticos que se utilizan en los textos del género en cuestión–. Es por este motivo que interesa avanzar en el estudio del modo como se presentan los tipos discursivos en diferentes géneros textuales.

3. Objetivo y corpus de nuestro estudio

En el presente trabajo observamos la presencia y distribución de los diferentes tipos discursivos en las etiquetas de un corpus conformado para este estudio. Además, observaremos algunas singularidades con respecto a las unidades específicas de ciertos tipos discursivos en cada una de las lenguas en estudio y, también, pondremos estos datos en contraste. En concreto, en este estudio nos proponemos las siguientes metas: 1) observar la ocurrencia de tipos discursivos en las etiquetas de vino portuguesas y argentinas; 2) caracterizar las posibles recurrencias en la movilización de tipos discursivos para la composición de las etiquetas de vino en portugués (Portugal) y español (Argentina) y 3) describir singularidades en la movilización de tipos discursivos (o alguna de sus marcas específicas) en los textos en análisis.

Para la realización de este trabajo, conformamos un corpus bilingüe de textos comparables (es decir, de textos del mismo género en dos lenguas diferentes). Seleccionamos etiquetas de vinos tintos de un rango de precios similar, disponibles para la venta entre los meses de junio y septiembre de 2021. Para recoger los datos de este corpus, recurrimos a tres fuentes: visita a supermercados y vinerías de Portugal y Argentina donde tomamos fotografías propias; etiquetas portuguesas puestas a disposición por entidades de la actividad vinícola en Portugal (*Comissão Vitivinícola Regional Alentejana –CVRA, Adega Monte Branco, Casa Esmelinda de Freitas, Garrafeira de Lisboa*[5]); y etiquetas tomadas de fotografías disponibles en el sitio comercial de Argentina vinosdelnorte.com.ar. De todo el material recogido, seleccionamos una muestra de 30 etiquetas de vinos portugueses y 30 etiquetas de vinos argentinos (gama de precios media en ambos casos, optando por algunos varietales tintos y de regiones diversas).

El análisis realizado comprende la descripción de las condiciones de producción y circulación de los textos, la caracterización del plan textual (secciones obligatorias y optativas) y, luego, la identificación de los tipos discursivos movilizados en los textos, a partir del análisis de los rasgos lingüísticos propios de cada uno. Este análisis fue realizado inicialmente en cada uno de los subcorpus (el subcorpus de textos en portugués y el subcorpus de textos en español), y luego se observaron los datos comparativamente, observando los elementos comunes y las divergencias más recurrentes.

A continuación, presentamos los resultados principales del análisis específico de la presencia y distribución de los tipos discursivos de las etiquetas en portugués europeo y, posteriormente, de las etiquetas en español de Argentina. Más tarde, realizamos una síntesis de los aspectos más relevantes del análisis comparativo y concluimos con unas consideraciones finales.

4. Análisis de textos

4.1. Tipos discursivos en las secciones obligatorias

Tanto en los textos en portugués como en español, observamos que en las secciones obligatorias del etiquetado domina el discurso teórico (exponer autónomo). Esto no sorprende, ya que la mayor parte de estas secciones se construye con frases nominales y datos numéricos.

Sin embargo, cabe hacer dos observaciones. Por un lado, verificamos que en ciertos casos el nombre del vino puede tener alguna marca explícita de

5 Agradecemos a estas entidades su disponibilidad y colaboración.

interacción. Por ejemplo, el caso del vino argentino «Imagínate» (que presupone un interlocutor «tú»[6]). Por otro lado, las advertencias sanitarias – que, como dijimos, son obligatorias por ley –presentan una instrucción, aunque no se utilicen explícitamente verbos en imperativo sino en infinitivo: «beber con moderación». Este carácter instructivo (o, más concretamente, de advertencia) se construye justamente por el uso de la forma verbal en infinitivo, que presupone un interlocutor responsable de la acción.

En los próximos apartados veremos qué sucede con los tipos discursivos en las secciones optativas de los textos analizados. Como se podrá verificar, en esas secciones se observa una mayor diversidad de ocurrencias.

4.2. Tipos discursivos en secciones optativas de los textos portugueses

El análisis que exponemos a continuación se centra sobre todo en la sección del plan textual que presenta libremente el vino (incluyendo, como ya mencionamos, notas enológicas y recomendaciones de servicio). Esta sección aparece normalmente en la llamada contraetiqueta (es decir, en la sección en la que figuran los elementos obligatorios), como muestran los ejemplos 1 y 2, pero puede ocurrir también en la etiqueta, como en el caso del ejemplo 3 (Figura 1.3):

Fig. 1.3: *Ejemplos 1, 2 y 3*

6 Sobre el uso de la forma «tú» en Argentina (y su forma verbal asociada) comentaremos más adelante.

En esta sección, se verifica la predominancia del **discurso teórico** (exponer autónomo), marcado por la ocurrencia de formas verbales en presente del indicativo con valor no deíctico (gnómico o de definición), junto a la ausencia de localizadores temporales deícticos: «(...) as encostas íngremes formam um vale onde se ouve o vento a assobiar. É de vinhas como as que ali se encontram, (...), que provém este vinho. (...),. É um vinho fresco, (...).»; «O abelharuco tem um canto inconfundível, (...)»; «(...) um aclamado tinto do Douro que funde (...)»; «Linhas tortas caracterizam o Douro vinhateiro (...)».

Se verifica también la ocurrencia de formas verbales no finitas (puntualmente el participio pasado y frecuentemente el infinitivo, casi siempre asociado a recomendaciones, de servicio u otras): «Proibida a venda para menores de 18 anos»; «Guardar por um período máximo de 7 anos»; «Servir a uma temperatura de 17–18°C».

Asimismo, observamos la ocurrencia de estructuras sintácticas elípticas (donde la predicación prevalece por sobre la determinación temporal), recurrentes en las notas organolépticas (integradas en la sección de presentación del vino o con destaque propio): «Vinho de qualidade sujeito a criar depósito.», «Ideal para acompanhar pratos intensos.», «Frutado, suave e macio com um final elegante.», «Boca envolvente com bom corpo e estrutura.».

Además de estas características (y de otras a las que aquí hemos dado menos destaque, como las retomas anafóricas o las construcciones pasivas, por ejemplo), que otorgan el carácter autónomo del **discurso teórico**, se encuentran puntualmente expresiones que establecen algún tipo de relación con el contexto. Es el caso de la ocurrencia de nombres propios («[a]o Douro», «[d]o Alentejo», «[d]o Rio Côa)». Aunque más interesantes todavía son los casos en los que se verifica ambigüedad o convergencia de valores, en los cuales coinciden formas que marcan autonomía con respecto a la situación, propias del discurso teórico, con la emergencia de valores deícticos, explícitos o no –lo que evidencia que la autonomía es una tendencia, pero no propiamente una característica absoluta–. Así, en «Beber desde já ou guardar», los infinitivos dan continuidad al carácter autónomo del discurso teórico, predominante en el cotexto precedente; pero el adverbial temporal remite al «agora» del acto de producción (embotellado) o de compra (a partir del cual se instaura un intervalo de tiempo no delimitado). De forma idéntica, en «Apresenta-se um vinho equilibrado, (...)», la construcción impersonal corrobora el carácter autónomo del cotexto precedente; pero el presente del indicativo desencadena simultáneamente una lectura deíctica (parafraseable como «Apresenta-se [agora] (...)»).

Siendo dominante el discurso teórico, se constata la ocurrencia relativamente frecuente de **narración** (contar autónomo) en segmentos temáticos relacionados sobre todo con la explicación del nombre de la marca y con el proceso de producción del vino (en la sección de presentación del vino). Para este tipo discursivo (**narración**) concurren formas verbales en pretérito imperfecto o en pretérito perfecto simple (a veces asociadas a la ocurrencia de adverbiales aspectuales durativos), ocurre también el presente del indicativo con valor de pretérito (el llamado presente histórico o narrativo), así como localizadores temporales autónomos (eventualmente no explícitos pero sin ocurrencia de adverbiales temporales deícticos): «Resultado das castas tradicionais da região, estagiou parcialmente durante 6 meses em barricas de carvalho francês»; «No séc. XIX, (…), a casa dos Paes do Amaral de Mangualde passa também a ser conhecida com Palácio Anadia»; «Em 1415, o Rei D. João I decide doar (…)»; «Foi engarrafado no início da Primavera seguinte ao ano da vindima». En algunos casos, la **narración** aparece como discurso dominante: véase el ejemplo 4, en el que la localización temporal no es explícita (infiriéndose [antiguamente] o [en el pasado] o algo equivalente) y el ejemplo 5, que recurre al género «historia»:

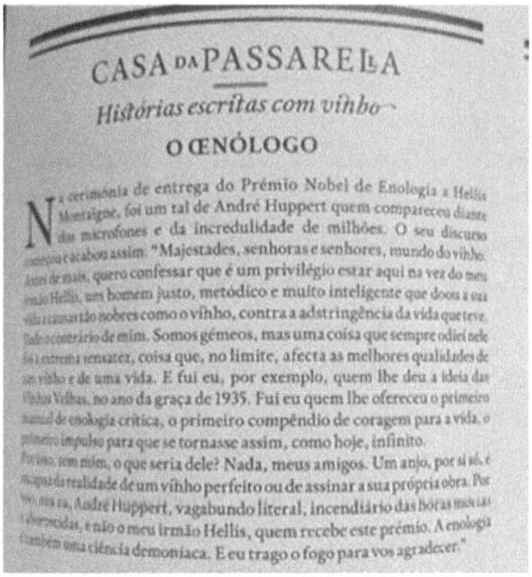

«Um vinho exuberante e aromático que recorda o asno Aragão, conhecido como o Jornaleiro, que **percorria** [outrora / antigamente] as ruas de Lisboa carregando as notícias mais recentes e por vezes algumas já bem datadas que serviam apenas para esconder e embrulhar algumas garrafas especiais. O som do seu passo lento **era** sinónimo sempre de boas notícias, estivessem elas no jornal no vinho.»

O enólogo

Na cerimónia de entrega do Prémio Nobel de Enologia a Hellis Montaigne, foi um tal de André Huppert quem compareceu diante dos microfones e da incredulidade de milhões. O seu discurso começou e acabou assim: «(…)».

Fig. 1.4: *Ejemplos 4 y 5*

Aunque se verifica de manera poco frecuente, el **relato interactivo** (contar implicado) surge, marcado por la asociación de la primera persona del plural a formas verbales en pretérito imperfecto o pretérito perfecto simple (con o sin ocurrencia de adverbiales temporales autónomos). «A partir de uma selecção das castas (…), produzimos este vinho elegante e com grande frescura».

El **discurso interactivo** (exponer implicado) ocurre a veces en segmentos intercalados o que siguen al **discurso teórico**, asociado a las recomendaciones de servicio y apuntando a la compra del producto o el consumo. Está marcado por adverbiales temporales deícticos y por la interpelación al destinatario, tratado de forma relativamente formal (tercera persona del singular en presente del subjuntivo con función de imperativo): «É um vinho genuinamente Alentejano, que respeita a tipicidade das suas castas e técnicas de vinificação. Um Alentejano para apreciar agora, que certamente irá deixar boas memórias»; «Na boca apresenta um bom volume, acidez bem integrada e taninos de grande qualidade. Sirva a 16 °C»; «Revela notas de frutos vermelhos e especiarias. Saboreie com carnes, massas e queijos»; «Beba-o em boa companhia e guarde algumas garrafas para abrir ao longo dos próximos anos».

Cabe notar que, en segmentos de **discurso interactivo** como los que recién ejemplificamos, el polo del destinatario suele emerger como una figura individual, asociada a la representación de quien busca/elige/compra y bebe o va a beber el vino; la prohibición de venta a menores justifica que esta figura nunca sea tratada de «tú» (recurso claramente informal, en portugués europeo, al contrario de la tercera persona, singular o plural). Contrariamente, el **discurso interactivo** presenta gran variedad de posibilidades de ocurrencia, con respecto a la representación de la instancia de producción. Así, se constata la ocurrencia relativamente frecuente de la primera persona del plural, que se muestra como la casa vitivinícola o la marca o equipo (más que la elección de una alternativa, parece estar en cuestión, en estos casos, la superposición, productivamente ambigua, de varias posibilidades interpretativas): «Encostas do Côa Reserva é o nosso contributo (…)»; «O reflexo do sol no Rio Douro, (…), foi o que nos inspirou na escolha do nome Tons de Duorum». Eventualmente, el valor referencial se sostiene en datos cotextualmente presentes: en «(…) este castelão ilustra bem o que procuramos obter com os nossos vinhos», las formas de primera persona son interpretables en función de la presencia destacada, en la contraetiqueta, del nombre de la entidad vitivinícola (Casa Ermelinda Freitas). De forma puntual, en contraetiquetas más creativas, surgen también otras voces:

- Primera persona del plural que remite a un colectivo [portugueses] que, por el segmento intercalado en el que ocurre, el cuantificador universal *todos*

(«todos nós»), obliga a una lectura ampliamente inclusiva: «(...) o reflexo de Portugalidade surge da sua presença na mesa dos portugueses – de todos nós– desde 1850. Periquita, à nossa mesa desde 1850».

- Primera persona del singular que remite a la instancia técnica responsable por la producción, identificada por el hecho de que la firma del enólogo forma parte de la contraetiqueta: «Nos últimos anos tenho-me envolvido, com entusiasmo, no acompanhamento dos meus vinhos. Escolho, em cada colheita, o vinho que prefiro. (...)».
- Primera persona del singular que remite a una voz indeterminada (¿de la instancia de producción?, ¿de quién consume?) o más o menos ficcional, con notas de estilo poético: «Os ruídos desvaneceram-se. Uma tela de cor rubi profunda estende-se diante de mim. O ambiente é dominado por um aroma aconchegante de fruta madura e ligeiras notas formadas. Desperto deste transe para perceber sabores elegantes e a textura macia. Não penso em mais nada. Audácia: é o que o momento me traz».

Aunque no sea el caso más frecuente, hay etiquetas en las que el **discurso interactivo** ocurre de forma dominante, con marcas temporales de conjunción (adverbiales temporales deícticos, formas verbales en presente con valor deíctico o en pretérito perfecto compuesto) y marcas de persona que remiten a las instancias de producción y de recepción. El ejemplo 6 ilustra esta posibilidad, en el cual podemos también señalar, como marca propia del **discurso interactivo**, la ocurrencia de la frase exclamativa:

«Este vinho, o nosso primeiro, chega agora até si com imagem renovada! Quisemos evidenciar o traço arquitetónico da nossa adega, que materializa a realização de um sonho e do sucesso conseguido através do empenho de toda a equipa Tiago Cabaço. Esperamos que desfrutem, continuando a reconhecer a qualidade que este vinho tem oferecido desde a sua primeira colheita»

Fig. 1.5: *Ejemplo 6*

4.3. Tipos discursivos en secciones optativas de los textos argentinos

En el caso de los textos argentinos, observamos que en las secciones optativas también (como sucede en Portugal) se movilizan los cuatro tipos discursivos. Comenzando por el **discurso teórico**, vemos en los textos segmentos que se caracterizan por la presencia dominante de verbos en tiempo presente (*abren/ hacen/es…*), pero también se caracterizan por la ausencia de formas deícticas y por la presencia de ciertas retomas anafóricas (como en «*este varietal*»). Podemos ver estos rasgos en los ejemplos 7 y 8 que reproducimos en la Figura 1.6:

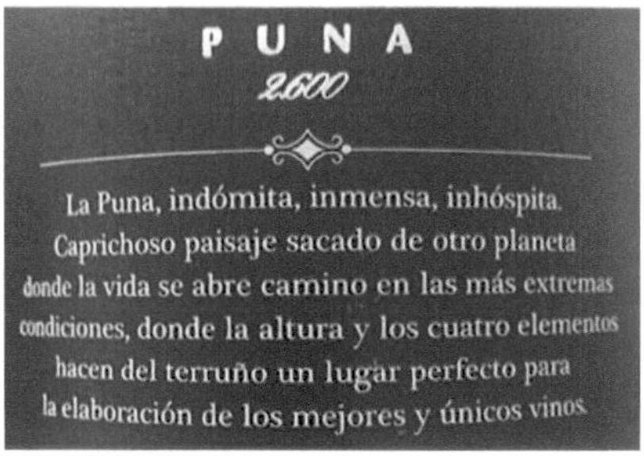

Fig. 1.6: *Ejemplos 7 y 8*

Como se observa en los ejemplos 7 y 8, el **discurso teórico** se presenta en descripciones y en definiciones de carácter general. El recurso a este tipo discursivo permite, de hecho, mostrar cierto contenido proposicional como que es autónomo respecto al contexto de su producción, de manera que, además, resulta interpretable incluso en una lectura que desconozca las circunstancias singulares de la producción del texto. Asimismo, el **discurso teórico** presenta un valor de objetivación del contenido proposicional. En las etiquetas analizadas, los segmentos de discurso teórico suelen presentarse relacionados al lugar de producción del vino o cuando se tematiza el tipo de vino.

La **narración** comparte el mismo carácter autónomo del **discurso teórico**, pero se caracteriza por la construcción de una presentación del contenido que es disjunto con respecto al tiempo de la producción textual; es por eso que se construye, ya no una «exposición», sino un «contar» autónomo. Esta construcción se identifica mediante el uso de verbos en tercera persona, en pretérito perfecto[7] e imperfecto (*Las familias -Dany y Michel... asesoraban, estaban, decidieron...*). Asimismo, se observan marcas temporales de valor absoluto (*En 1988...*).

En 1988, mientras asesoraban a una de las familias bodegueras más antiguas de los Valles Calchaquíes, Dany y Michel Rolland descubrieron Cafayate, una zona vinícola ya conocida del Norte Argentino.
Estos enólogos franceses estaban convencidos que se podían elaborar vinos espectaculares en esta impresionante zona montañosa situada a algunos kilómetros al sur del Trópico de Capricornio a una altitud de 2000 metros, lo que dá como resultado un clima único de días calurosos y noches frescas.
Seducidos por el gran potencial de un antiguo viñedo de Malbec del año 1913, ubicado a 2035 metros de altura, Dany y Michel junto a Arnaldo y su familia, decidieron elaborar con todo su "savoir faire" el vino de Yacochuya.

Fig. 1.7: *Ejemplo 9*

Tal como se ve en el ejemplo 9 (Figura 1.7), la **narración** suele presentarse en segmentos que tratan sobre cuestiones tales como la historia de la bodega o el origen del vino. También puede observarse en segmentos que cuentan el proceso de producción del vino.

Además de estos discursos autónomos, observamos la presencia de discursos que implican o movilizan parámetros contextuales: **relato interactivo** y **discurso interactivo**. Estos dos tipos discursivos aportan un matiz actual y subjetivo en las etiquetas, aunque cada uno lo hace a su manera. El **relato interactivo** (contar implicado) suele ocurrir en segmentos en los que se tematiza el proceso de producción del vino. Como podemos ver en el ejemplo 10 (Figura 1.8), el **relato interactivo** se construye utilizando verbos en pretérito ([nos] *entregaron*), marcas temporales, que pueden ser absolutas o relativas (*En 2005*) y formas deícticas temporales y personales (*hoy/nos – nuestro...*).

7 Un aspecto que sería importante analizar con más detalle es el valor diferenciado que adquieren las formas del pretérito perfecto simple y pretérito perfecto compuesto en el habla de los argentinos, según las regiones geográficas. Sin embargo, por razones de espacio no analizaremos por el momento este aspecto, que incluye observar la oscilación en el uso de estas formas en las etiquetas y las singularidades que el empleo de estos tiempos verbales imprime en lo que respecta a los tipos discursivos.

¡A veces la casualidad nos deslumbra! En 2005 nos entregaron erróneamente 1.500 plantas de Merlot para nuestro viñedo que hoy nos brinda un vino emblemático y único.

Fig. 1.8: *Ejemplo 10*

En este análisis de los tipos discursivos, quizá la forma con más variaciones y mayor impacto en la innovación del género etiqueta sea el **discurso interactivo** (exponer implicado). Su presencia se verifica en modalidades diferentes que vale la pena explorar. En este sentido, si tomamos como eje de la observación la presencia de formas de la primera persona, podemos describir las siguientes características: hay siempre un empleo dominante de verbos en presente (*somos*), pero también una presencia recurrente de formas pronominales y verbales de primera persona del plural (*nosotros somos/nuestros ancestros…*, como en el ejemplo 11) y, eventualmente, observamos la ocurrencia de formas de primera persona del singular. En este último caso, los textos argentinos coinciden con los textos portugueses en la incorporación de la voz del enólogo, como en el ejemplo 12 (Figura 1.9), que incluso aparece firmado, «Quiero presentarles… Creo…».

Nosotros, la Familia Arizu, somos fieles herederos de la esencia y de la promesa de Luigi Bosca forjada por nuestros ancestros en 1901.
Este Cabernet Sauvignon forma parte de la Reserva de la Familia. Proviene de viñedos propios en la Finca El Paraíso, Maipú, Mendoza y permanece 12 meses en barricas. Potencial de guarda: 10 años.

Quiero presentarles este trivarietal integrado por 70 % de Malbec, 20% de Tannat y 10% de Cabernet Sauvignon, fruto de un trabajo arduo y apasionado elaborado con uvas provenientes de Finca Las Nubes, con suelo profundos y prestigiosos a 1.850 mts. De altura sobre el nivel del mar, en el paraje "El Divisadero", con una producción limitada de 6.000 botellas.

Creo fuertemente que además del Terroir, el trabajo de nuestra gente es fundamental, por eso la "Vendimia en Las Nubes" es familiar y comunitaria, con un sincero agradecimiento a Dios por el fruto de todo un año de trabajo.

Este valle tiene una marcada diafanidad en del día y gran amplitud térmica de noche, situación que genera una poderosa concentración de colores, aromas y sabores en sus uvas.

El resultado es un vino que después de una cuidadosa vinificación y 15 meses en barricas de roble, logra mantener las virtudes de cada variedad sumándole complejidad y armonía al blend.

Fig. 1.9: *Ejemplos 11 y 12*

Asimismo, vemos el caso del ejemplo 13 (Figura 1.10), en el que encontramos una especie de cita o testimonio anónimo: «El vino me quitó… Soy un desquiciado por el vino» Esta cita articula **relato interactivo** y **discurso interactivo**, siendo presentada entre comillas, sin ninguna explicitación de autor. En ella se verifican el pronombre personal «me» y verbos en primera persona del singular, tanto en pretérito (*desconocía*) como en presente (*busco, soy*). Como vemos, el pasaje del relato al discurso interactivo se realiza mediante la introducción del adverbio temporal «ahora», que funciona como bisagra entre el pasado que se cuenta y el presente que se expone.

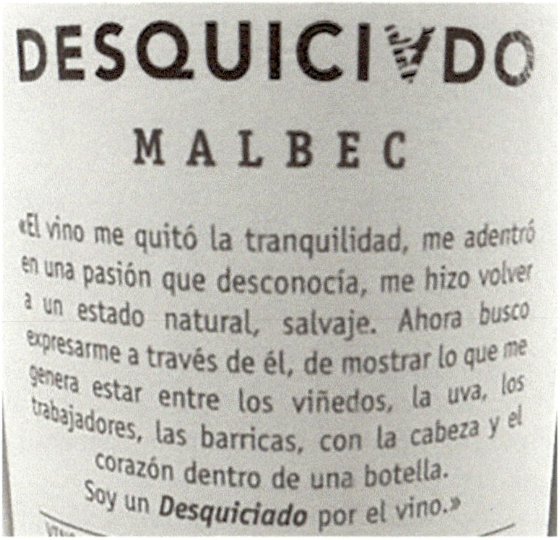

Fig. 1.10: *Ejemplo 13*

Un caso diferente, pero también correspondiente al **discurso interactivo**, encontramos en la presencia de segmentos que emplean formas de tratamiento alocutivo, es decir, formas de segunda persona del discurso, que, en estos casos, ocurren en singular. Aunque se trate de ejemplos marginales y muy particulares en el corpus analizado, interesa notar el uso de estas formas y el matiz que permite imprimir en los textos. En el ejemplo 14, se verifica la ocurrencia de la segunda persona del singular con valor de tratamiento alocutivo informal, marcado por pronombres personales de segunda persona (gramatical): *tu vida/ganarte/te conocen/tu nombre/te brindamos/tus hijos*. En ese caso, se trata de una dedicatoria que los productores del vino escriben para su padre, en la que justifican el nombre elegido para el producto. Otro ejemplo de empleo de segunda persona en singular ocurre en la etiqueta del vino Mosquita Muerta (ejemplo 15), en el que se presenta un segmento también explicativo del nombre (como en el ejemplo 14), con carácter poético, incluyendo la forma verbal de segunda persona del singular *puedes*. Vale notar que el uso de esa forma «puedes», en lugar de la más frecuente en el español de Argentina «podés», se asocia al uso poético propio de ciertos géneros literarios (por ejemplo, poema o letra de canción).[8]

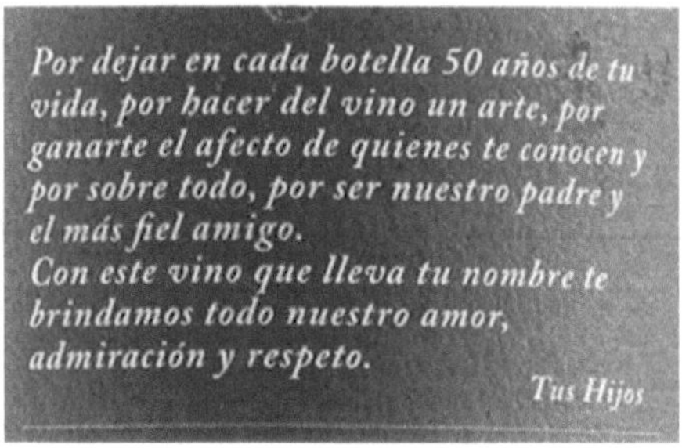

Fig. 1.11: *Ejemplos 14 y 15*

Finalmente, en nuestro corpus también encontramos un caso (ejemplo 16) de movilización del **discurso interactivo** en un segmento en que se verifica el empleo de la segunda persona del discurso (y tercera persona gramatical), con valor de tratamiento alocutivo **formal**: *visite... lo invitamos*. En este caso, se trata de una interpelación directa y simulada a un consumidor que no pertenece a la región, a quien se lo trata de manera formal (usted) como marca de respeto y, también, para imprimir un carácter de seriedad al propio producto publicitado en la etiqueta. De hecho, es interesante notar que los casos de textos argentinos en los que encontramos formas de tratamiento alocutivo corresponden a secciones no obligatorias de la etiqueta, en las que la función más evidente es la de sostener la matriz de argumentación o persuasión publicitaria.

8 Es importante comentar que aunque el voseo es la forma de tratamiento dominante en Argentina para el tratamiento alocutivo en singular, el empleo de la forma de tratamiento «tú» y las formas verbales de segunda persona asociadas son, sin embargo, frecuentes en ciertos géneros textuales, como poemas, letras de canciones y consignas escolares (Miranda 2006: 68).

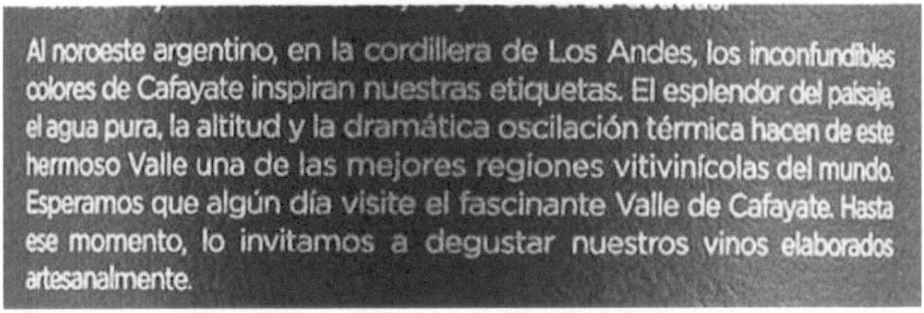

Fig. 1.12: *Ejemplo 16*

4.4. Breve sistematización comparativa

Tal como observamos en los apartados anteriores, tanto en los textos portugueses como en los argentinos, en las secciones obligatorias domina la presencia del discurso teórico, mientras que en las secciones optativas se pueden presentar los cuatro tipos discursivos. En términos globales, las formas del exponer (discurso teórico y discurso interactivo) son dominantes en las etiquetas, mientras que las formas del contar (narración y relato interactivo) se presentan de forma más eventual y localizada.

Si observamos, en particular, la relación entre los tipos discursivos y las secciones del plan textual vemos que se encuentran rasgos del **discurso teórico** en secciones que tematizan la región, el nombre del vino, la cepa y las notas de cata. Por su parte, el **discurso interactivo** ocurre en segmentos que tematizan el nombre del vino, los productores, el proceso de producción, las recomendaciones y, ocasionalmente, algún vínculo de un «personaje» con el vino. Por otra parte, con respecto a las formas del contar, vemos que la **narración** (que raramente ocurre raramente de forma aislada) suele tematizar el proceso de producción del vino, la bodega o el origen del vino, mientras que el **relato interactivo** ocurre cuando se tematiza el proceso de producción del vino y puede estar fusionado a otros tipos discursivos –aspecto este que, por razones de espacio, no desarrollamos en el presente trabajo–.

Resulta interesante observar que textos con planes (o estructuraciones) más «tradicionales» o «prototípicos» (que incluyen las secciones obligatorias y las más clásicas de las optativas) tienden a movilizar solo discurso teórico y algunas formas recurrentes del discurso interactivo (en particular, el uso de la primera persona del plural como marca de lo interactivo) y, también, la narración. Mientras que textos que buscan innovar y diferenciarse (como en el caso de las etiquetas más lúdicas o humorísticas) introducen marcas particulares del discurso interactivo, como la primera persona del singular y ciertas formas de tratamiento alocutivo dirigido a un sujeto particular.

Con respecto a las formas de tratamiento al potencial consumidor, en los textos argentinos solo se verificó un caso de formas de tratamiento alocutivo formal singular (tercera persona gramatical con valor de segunda persona del discurso), y no se verificaron formas de tratamiento en plural. Pero en los textos portugueses hay ocurrencias de formas de tratamiento alocutivo formal o neutro en singular (tercera persona gramatical con valor de segunda persona del discurso) y se verificaron formas de tratamiento en plural.

5. Conclusiones

Nuestro trabajo presentó algunos de los resultados más significativos de un estudio comparativo realizado sobre etiquetas de vino portuguesas y argentinas, que tuvo el objetivo de caracterizar la ocurrencia en textos de ese género de los diferentes tipos discursivos descriptos en el marco del interaccionismo sociodiscursivo: discurso teórico, discurso interactivo, narración y relato interactivo.

El análisis realizado sobre un corpus paralelo bilingüe de 60 textos constituido para este trabajo nos permite afirmar que tanto en los textos portugueses como en los argentinos predomina el discurso teórico, con ocurrencia de segmentos de relato interactivo y de narración en secciones específicas del plan textual (relacionadas con la historia de la marca o de la región y con el proceso de producción del vino, por ejemplo). Asimismo, verificamos que las mayores diferencias se verifican en la ocurrencia de segmentos de discurso interactivo (exponer implicado), a saber: en la mayoría de los textos en español de Argentina no hay interpelación directa al destinatario, mientras que en los textos producidos en portugués europeo esta presencia sucede con un mayor grado de frecuencia, siempre en las secciones optativas. Además, parece verificarse, tanto en Portugal como en Argentina, una creatividad creciente, con respecto al nombre de los vinos y al contenido de las secciones optativas que presentan el vino, en particular, con la movilización de formas (más) variadas del discurso interactivo. Desde nuestra perspectiva, consideramos que esta tendencia puede estar relacionada con la profesionalización y la visibilidad cada vez más creciente de la enología y con el impacto de «vinos de autor». Sin dudas este aspecto justifica que avancemos hacia una futura investigación, que nos permita continuar comprendiendo la práctica de la elaboración de etiquetas de vino, en tanto que actividad sociohistóricamente situada, compleja y cambiante.

Referencias bibliográficas

Bronckart, Jean-Paul (1997): *Activité langagière, textes et discours. Pour un interactionisme socio-discursif.* Lausanne, Delachaux et Niestlé.

Bronckart, Jean-Paul et al. (1985): *Le fonctionnement des discours. Un modèle psychologque et une méthode d'analyse.* Paris, Delachaux et Niestlé.

Bronckart, Jean-Paul.(2008): «Genres de textes, types de discours et « degrés » de langue. Hommage à François Rastier». *Texto!* vol. XIII, 1. [Consulta en línea http://www.revue-texto.net/docannexe/file/86/bronckart_rastier.pdf; 25/06/2021].

Coutinho, Maria Antónia (2020): «The Place of Semantics and Pragmatics in a Linguistic Approach to Texts». *Catalan Journal of Linguistics* SI (2020), 115–128. [Consulta en línea http://dx.doi.org/10.5565/rev/catjl.311; 24/05/2021]

Coutinho, Maria Antónia (2014): «Les liages textuels au défi d'une approche descendante», in M. Monte y G. Philippe (eds), *Genres et textes. Déterminations, évolutions et confrontations. Etudes offertes à Jean-Michel Adam.* Lyon, Presses Universitaires de Lyon, 269–286. [Consulta en línea https://books.openedition.org/pul/3147; 24/05/2021].

Miranda, Florencia. (2006): Lengua(s) y diversidad: notas sobre los géneros (de texto) en los estudios lingüísticos comparativos, en G. Cariello, G. Ortiz, (comps.), *Tramos y tramas. Culturas, lenguas y literaturas. Estudios comparativos.* Rosario, Laborde, 63–72.

Miranda, Florencia (2008): «O discurso interactivo em diferentes géneros: uma abordagem empírica». *Estudos Linguísticos/Linguistic Studies*, 3, 365–381. [Consulta en línea https://clunl.fcsh.unl.pt/wp-content/uploads/sites/12/2018/02/3v-florencia-miranda.pdf; 25/06/2021].

Miranda, Florencia. (2012): «Los géneros: una perspectiva interaccionista», en M. Shiro, P. Charaudeau y L. Granato (eds.). *Los géneros discursivos desde múltiples perspectivas: teorías y análisis.* Madrid/Frankfurt, Iberoamericana/Vervuert.

Miranda, Florencia y Maria Antónia Coutinho (2010): «Las etiquetas como género de texto -un abordaje comparativo», en M. Ibáñez (coord.). *Vino, lengua y traducción*, vol. II (Publicación en CD-ROM). Valladolid, Universidad de Valladolid, 315–334.

Simonin-Grumbach, Jenny (1975): «Pour une typologie des discours», in Kristeva, J. et al (eds.) *Langue, discours, société.* Paris, Seuil, 85–121.

Voloshinov, Valentin Nikolaevich (1977): *Le marxisme et la philosophie du langage.* (Trad: Marina Yaguello). Paris, Minuit.

María Pascual Cabrerizo y Gloria Martínez Lanzán

La etiqueta de vino: la evolución de un género

Resumen: La etiqueta es uno de los géneros más típicos del repertorio de géneros vitivinícolas. Desde un punto de vista pragmático, es la tarjeta de presentación del vino y el primer reclamo para el posible comprador. Al mismo tiempo, está sujeta a una serie de requisitos marcados por la normativa vigente en materia de etiquetado y envasado de productos para el consumo. Con el tiempo, estos requerimientos han ido cambiando, al igual que lo ha hecho el diseño de las etiquetas, cada vez más orientado a los gustos de los nuevos consumidores. Este trabajo ofrece una panorámica de la evolución del género desde distintos aspectos.

Palabras clave: Etiqueta. Vino. Género textual. *Marketing*. Diseño.

Abstract: The label is one of the most typical genres in the repertoire of wine-related text genres. From a pragmatic point of view, it is the wine's calling card and the first attraction for a potential buyer. At the same time, it is subject to a series of requirements set by the current regulations on the labelling and packaging of consumer products. Over time, these requirements have changed, as has the design of the labels, which is increasingly oriented towards the tastes of new consumers. This work offers an overview of the evolution of this genre from different aspects.

Keywords: Label. Wine. Text genre. Marketing. Design.

0. Introducción

Podríamos decir que la etiqueta es la tarjeta de presentación del vino, de ahí que las bodegas, especialmente las más modernas busquen imágenes más atractivas y, en muchos casos, adaptadas a nuevas tendencias en el diseño para llamar la atención del potencial comprador, puesto que si bien las normas importan y son respetadas, no es menos cierto que la mercadotecnia tiene un papel decisivo a la hora de etiquetar un vino (Lerat, 2020). La etiqueta viste el cuerpo de la botella y a la vez presenta el vino ofreciendo información, por lo que cada vez será más importante conocer cómo se consigue llegar a interesar al consumidor ante la variada oferta de vinos en el mercado.

Además, la etiqueta incluye una serie de especificaciones requeridas según la normativa vigente. Sin embargo, no todos los países recogen estas informaciones de la misma manera, así Pierre Lerat (2020: 250) encuentra diferencias entre el etiquetado del vino en Francia y en España:

> [...] l'étiquetage à la française, qui invite à réunir toutes les «mentions obligatoires (...) dans le même champ visuel» (DGCCRF, Direction générale de la concurrence, de la consommation et de la répression des fraudes), et l'étiquetage à l'espagnole, qui impose une contre-étiquette (Ley 24/2003, art. 39).

El autor francés apunta que la contraetiqueta va ganando terreno en Francia y también podríamos aplicarlo a muchas de las etiquetas de vinos españoles, puesto que la información se va abriendo paso en las contraetiquetas, especialmente en las bodegas de creación más recientes en las que la imagen parece que vale más que mil palabras.

En el mundo moderno, Francia ha sido considerada la mayor potencia vinícola y su influencia se ha dejado sentir no solo en nuevas formas de vinificación o en prácticas de cultivo, sino también en el etiquetado de los vinos, por tanto nos servirá como referencia para dar unas pinceladas sobre el etiquetado y los cambios que se han producido tanto en Francia como en otros países relevantes en el sector vitivinícola, como España o Estados Unidos. Vaya por delante que no se trata este de un estudio comparativo entre las etiquetas de distintos países, sino que nuestra intención es ofrecer una visión global de la etiqueta de vino como género textual y su evolución en el tiempo.

1. Un poco de historia

Por recientes que puedan parecer, las etiquetas de vino aparecieron hace muchos siglos. Cuando se descubrió la tumba de Tutankamón se supo que, en 1352 a. C., los egipcios sellaban y etiquetaban las ánforas dejando constancia del origen de sus vinos e indicando también el año y el nombre del elaborador. José Peñín (2008: 39) señala que, una vez elaborado el vino, los egipcios lo almacenaban en tinajas selladas «herméticamente con conos de tierra cocida, tras lo cual se etiquetaban». En dicha etiqueta figuraban algunas menciones que hoy en día siguen vigentes, como el año, el viñedo de procedencia, el nombre del dueño, el del vinatero jefe y la calidad del vino con indicaciones como «vino sin calidad» u «ocho veces bueno». Posteriormente, los asirios colocaban sellos cilíndricos y los romanos etiquetaron el famoso Falernum (Falerno) elaborado en la Campania. En siglos posteriores se impuso la etiqueta de vino, aunque solo se mencionaba el origen del mismo.

El auge del comercio en el siglo XVIII propició la necesidad de etiquetar los vinos. En Burdeos los productores comenzaron a elaborar sus propios vinos regionales y, para distinguirlos de los de sus competidores y defender su calidad, se hizo necesario informar, aunque fuera de forma rudimentaria, del tipo de uva y del nombre de la bodega, por ejemplo. Sin embargo, el punto culminante en el etiquetado lo marcaría la aparición de la litografía a finales del siglo XVIII, que permitió la impresión de etiquetas a gran escala. Según Mauricio Wiesenthal (2011) las primeras etiquetas datan de alrededor de 1760 y se sujetaban al cuello de la botella con un cordel y cera.

A principios del siglo XIX aparecieron los primeros grafismos y decoraciones inspiradas en la imaginería alemana en una etiqueta que ofrecía información escrita a mano sobre la añada. Se trataba de pequeñas etiquetas rectangulares con escasa decoración aunque su uso no se generalizó hasta 1860.

Ya en el siglo XX, muchas de las etiquetas francesas solían llevar escudos, armaduras o medallas -muchas todavía conservan esos símbolos distintivos, especialmente las bodegas más prestigiosas o añejas- por lo que en 1924 el barón Philippe de Rothschild provocó un escándalo al encargar la etiqueta de Mouton al pintor vanguardista Jean Carlu. Abrumado por acusaciones de injurias a la tradición y las consiguientes presiones de las bodegas francesas, tuvo que abandonar dicha iniciativa, que retomaría unos años después apostando claramente por el arte para vender sus vinos: famosísimos artistas como Chagall, Picasso, Kandinsky, Warhol o Bacon, entre otros, han creado pequeñas obras de arte que figuran año a año en todas sus etiquetas desde entonces (Pivot, 2006).

Finalmente, a mediados del siglo XX, en parte respondiendo a los requisitos legales a los que debían someterse las distintas regiones vitivinícolas, pero también para crear una imagen de marca reconocible, se produjo una explosión en el diseño de las etiquetas de vino que generó el modelo de etiqueta actual.

2. La evolución del género textual «etiqueta de vino»

2.1. Algunas cuestiones teóricas

Antes de continuar con la caracterización de la etiqueta de vino como género textual y su evolución, creemos conveniente detenernos un momento en la aclaración de algunos conceptos teóricos sobre los que se asienta nuestra descripción.

En primer lugar está la propia noción de «género textual», a menudo mezclada o confundida con la de «tipo de texto». Este desconcierto se origina con la ausencia de una nomenclatura unificada y comúnmente aceptada entre investigadores y se perpetúa por el uso intercambiable de los términos «género» y «tipo» que encontramos en algunos trabajos de autores como Douglas Biber (1995), Anna Trosborg (1997) u Ole Togeby (2014) y por la negativa a distinguir tales conceptos, como es el caso de Roberto Mayoral Asensio (2004) o Michael Stubbs (1996). Para clarificar nuestra postura en este sentido, definiremos, siguiendo a Josep

Maria Castellà Lidon (1996), el tipo textual como una clase definida por características lingüísticas internas, reconocida por rasgos gramaticales, que se puede clasificar por la función predominante del texto y que pertenece a un conjunto cerrado y abstracto, y el género textual como una clase definida por características externas asociadas a las internas, reconocible por su formato y la situación en la que se produce, que se puede clasificar en función de su ámbito de uso social y que forma un conjunto abierto y en evolución. Así, los tipos de texto serían, básicamente, narrativo, descriptivo, expositivo, argumentativo e instructivo (Bustos Gisbert, 1996: 100–112), mientras que, virtualmente, podría haber tantos géneros textuales como situaciones comunicativas en las que se produzca un texto. Queda claro, pues, que al hablar de «etiqueta de vino», entendida como una categoría convencional de texto que adquiere significado para la comunidad de hablantes por su situación comunicativa y contexto social, estamos hablando de un género textual y no de un tipo de texto.

Otro aspecto teórico relevante que nos gustaría comentar es la relación entre el género «etiqueta de vino» y otros textos asociados. Por un lado, tenemos la relación entre la etiqueta de vino y las etiquetas de otros productos y, por otro, el lugar que ocupa la etiqueta dentro del repertorio de géneros vitivinícolas. Desde la perspectiva de la teoría multimodal y apoyándose en el trabajo de Florencia Miranda y M.ª Antónia Coutinho (2010) sobre las etiquetas de vino como realización del género «etiqueta», Gisella Policastro Ponce (2018) identifica la etiqueta (en general) como «un género textual en sí mismo» (Policastro Ponce, 2018: 65) y describe sus dimensiones estructural, sociocomunicativa y pragmática. En sus conclusiones, la autora señala que la etiqueta es un elemento esencial de cualquier producto, presta un servicio al consumidor como elemento identificativo y desempeña un papel publicitario importante sirviéndose de una rica variedad de recursos lingüísticos y semióticos. En este mismo sentido, Miranda y Coutinho (2010: 317) destacan que, pese a la aparente simplicidad del género, «las etiquetas ofrecen un panorama de recursos semióticos (lingüísticos y no lingüísticos) rico y diversificado» y en cuanto a la etiqueta de vino en particular señalan que presenta tres funciones comunicativas básicas (identificación, información y publicidad), hay elementos legales que condicionan el lenguaje y se observa una tendencia a la expresión esquematizada y una configuración epistémica variada.

Encontramos en los trabajos de las citadas autoras una aproximación interesante a la caracterización como género de la etiqueta en general, y la etiqueta de vino en particular, pero consideramos que se trata de un enfoque algo tibio, que sugiere que la etiqueta de vino sería una mera especialización temática de la etiqueta. No cabe duda de que las etiquetas comparten función, situación comunicativa y la inclusión de algunos elementos de contenido obligatorios que variarán en función de la normativa que regula el producto en cuestión, pero no se puede afirmar que sea igual la etiqueta de una botella de vino que la de una bandeja de torreznos de Soria, la de una cajetilla de tabaco o la de una prenda de vestir. Por esta razón, creemos conveniente afinar un poco más en la delimitación de la etiqueta de vino como género. Basándonos en el modelo de clasificación de géneros de Pilar Ezpeleta Piorno y Silvia Gamero Pérez (2004), nuestra propuesta consiste en elevar la etiqueta al nivel de supragénero y considerar las etiquetas de distintos productos como géneros propiamente dichos.

Esto nos lleva a otro dilema teórico: ¿qué pasa con la contraetiqueta? ¿Es un género aparte? Amparándose en una definición de género de J. R. Martin (1984), Beatriz Parra (2006) considera que lo es e identifica los pasos o constituyentes que contribuyen a que la contraetiqueta de vino cumpla su objetivo como género. Sandra Sánchez (2010) también habla abiertamente del género «contraetiqueta de vinos» para describir su diseño, la jerarquización de la información, la retórica y su entorno comunicativo. Sin embargo, nuestra visión es diferente; en este caso, coincidimos con Miranda y Coutinho (2010) en que la contraetiqueta de vino no puede considerarse un género *per se* porque no puede haber contraetiqueta sin etiqueta, pero tampoco pensamos que sea una «sección» del género etiqueta, como sostienen estas autoras; tiene más entidad. ¿Es entonces un subgénero? Tampoco diríamos eso, pues la diferencia entre la etiqueta y la contraetiqueta va más allá de la complejidad y variación que caracteriza los subgéneros en el modelo de Ezpeleta Piorno y Gamero Pérez (2004). Un subgénero en este contexto sería, por ejemplo, una etiqueta personalizada para el consumidor final o para un evento. ¿Podría ser un género «incrustado» en la etiqueta? Se podría argumentar, pero no encontramos que la contraetiqueta haya experimentado realmente el proceso de *embedding* definido por Martin (1995) para convertirse en un paso de la etiqueta. Entendemos que es algo más que una sección o paso de la etiqueta, pero no llega a tener entidad de género independiente, por lo que lo denominaríamos más bien un «género dependiente». Este nuevo concepto englobaría textos que, presentando características que podrían ser constitutivas de un género propio, necesitan de otro género para existir, como ocurre con la contraetiqueta y la etiqueta en el ámbito vitivinícola y en otras esferas de actividad, o con un escrito en respuesta a un requerimiento en el ámbito jurídico, por ejemplo.

Etiqueta y contraetiqueta forman parte del repertorio de géneros vitivinícolas, donde ocupan un lugar prominente; de hecho, para Miguel Ibáñez Rodríguez (2017) la etiqueta de vino es uno de los géneros más representativos del sector. En una sucinta propuesta de clasificación pragmática de géneros vitivinícolas

(Pascual Cabrerizo, 2021), la etiqueta de vino se contaría entre los conjuntos de textos emitidos por expertos para semiexpertos y legos con una función principal informativa, si bien no se debe olvidar la relevancia de la promocional.

2.2. Caracterización del género etiqueta de vino a través del tiempo

2.2.1. Aspectos extratextuales

Empezaremos nuestro análisis del género etiqueta de vino y su evolución en un nivel extratextual. La pragmática de este género se caracteriza, en primer lugar, por una triple función: identificativa, informativa y promocional. Como muestra la Figura 2.1, incluso en una etiqueta tipo, con escasos elementos, vemos reflejadas estas tres funciones.

Fig. 2.1: *Una botella que ilustra con sencillez la plurifuncionalidad de la etiqueta de vino*[a].
[a]Fotografía con licencia Creative Commons.

La función identificativa es la principal y la más antigua. Como ya se ha mencionado, desde la Antigüedad y bajo distintas formas, la etiqueta ha servido para identificar el contenido del contenedor y su origen. Ahora, esta función la desempeña principalmente el nombre del vino escrito en la etiqueta, pero también el diseño (sobre todo la imagen y la tipografía) contribuye a identificarlo y distinguirlo rápidamente en las estanterías de vinotecas y supermercados, lo cual a su vez alimenta la función promocional.

La función informativa también se remonta a tiempos remotos. La inclusión en los sellos y etiquetas colgantes de datos como el año, el vinatero o la calidad del vino ya da cuenta de esta función, igual que la mención de la bodega y la variedad a partir del siglo XVIII. Hoy en día, se conservan muchos de estos elementos informativos, pero dependiendo de las distintas legislaciones nacionales, hay muchos datos que han pasado a la contraetiqueta. Desde el punto de vista lingüístico, esta función está marcada por la denotación a través de sustantivos, principalmente nombres propios (indicación geográfica, variedad de uva, productor y/o embotellador), y números (año y, en algunos casos, volumen de alcohol y capacidad de la botella).

Por último, aunque sea la más reciente, no se puede decir que la función promocional sea nueva, ya que se observan manifestaciones de la misma desde hace ya tres siglos. Esta función va de la mano del auge del comercio y el recrudecimiento de la competencia, así que aunque en un primer momento, bastaba con la apelación al origen y la calidad para distinguirse de los competidores, con la popularización del vino «de marca» y la irrupción del *marketing* en el sector, las bodegas han tenido que recurrir a estrategias publicitarias cada vez más sofisticadas. El principal indicador de la función promocional es el diseño de la etiqueta, que veremos con más detalle al pasar al nivel intratextual, pero también podemos encontrar indicadores lingüísticos, como la designación «Edición limitada», «Collection» o como elemento de una serie (por ejemplo, los «Vinos de cuento») que haga del producto un bien limitado y por tanto más deseable.

Otro factor pragmático que caracteriza un género es el grado de especialidad. El etiquetado de un vino puede incluir detalles bastante especializados, como alusiones a peculiaridades de algún proceso, por ejemplo la vendimia o la fermentación, las cualidades del suelo o especialidades gastronómicas en las sugerencias de maridaje, pero con el tiempo, estos datos se han ido pasando a la contraetiqueta, al igual que la nota de cata, un género *per se* que se anida, entre otros lugares, en muchas contraetiquetas y presenta unas características lingüísticas bastante particulares. El texto que aparece actualmente en las etiquetas no puede considerarse especializado, si bien podemos encontrar algunos términos vitivinícolas como son las variedades de uva o los tipos de vino.

En cuanto a los aspectos socioculturales que rodean a la etiqueta, destaca un marco legal que dicta la obligatoriedad en la gran mayoría de los mercados de etiquetar un producto para su comercialización. Este marco legal no existía hasta hace relativamente poco y sus regulaciones requieren acciones cada vez más específicas. En Europa, desde hace años, la etiqueta es un elemento accesorio pero obligatorio en los envases inferiores a 60 litros para poder ser comercializados, de manera que su presencia resulta imprescindible en las botellas de vino (García del Río, 1999). ¿En qué consiste exactamente el etiquetado? Según el Reglamento CE 479/2008, se entiende por etiquetado «toda palabra, indicación, marca registrada, marca comercial, motivo ilustrado o símbolo colocados en cualquier envase, documento, aviso, etiqueta, anillo o collar que acompañe o haga referencia a un producto dado» (Consejo Europeo, 2008: 23). El artículo 59 del mismo Reglamento marca como indicaciones obligatorias la categoría del producto, el grado alcohólico o volumétrico, la procedencia -especificando, si es el caso, si se trata de una denominación de origen (DO) o indicación geográfica (IG) protegida-, el embotellador, el importador donde proceda y el contenido de azúcar para los espumosos. Por su parte, el artículo 60 señala como indicaciones facultativas el año de la cosecha, las variedades de uva empleadas, el contenido de azúcar para los no espumosos, términos referidos al método de producción y el símbolo comunitario de denominaciones o indicaciones protegidas. El Reglamento no especifica si estas indicaciones deben ir en la etiqueta o en la contraetiqueta, pero hay cierta tendencia a incluir las obligatorias en la etiqueta.

Más allá de los límites de la Unión Europea, la Organisation Internationale de la Vigne et du Vin (OIV) formula una serie de recomendaciones para el etiquetado de vinos dirigidas a sus estados miembros en forma de norma internacional que también distingue entre informaciones obligatorias y facultativas. Al igual que el Reglamento CE 479/2008, el estándar de la OIV (2021) señala como indicaciones obligatorias el país de origen, la DO o IG y el grado alcohólico, y añade la identificación del lote, la declaración del contenido neto, información sobre sustancias que puedan producir hipersensibilidad o alergias y el uso específico de la palabra «vino». Asimismo, especifica que, sin perjuicio de las legislaciones nacionales, estas indicaciones obligatorias deberían figurar en un único campo de visión (OIV, 2021). Esta norma también da algunas pautas sobre el formato dirigidas a favorecer la legibilidad del etiquetado.

Naturalmente, otros países relevantes en el panorama vitivinícola, como Australia o Estados Unidos, cuentan también con su propia legislación sobre el etiquetado del vino, que ha ido evolucionando en el mismo sentido que las comentadas: especifican unos contenidos y formatos obligatorios y algunos elementos opcionales.

Hay otro aspecto sociocultural muy importante que, como veremos más adelante, va a afectar sobre todo al diseño: los cambios en el consumo de vino a lo largo de la historia. En la Antigüedad, el vino era un indicador de poderío económico: se sabe del vino en el Antiguo Egipto por inscripciones y hallazgos en tumbas de gente rica; los anfitriones de los simposios griegos, cuyo eje central era el vino, solían ser personajes acaudalados que podían correr con los gastos de tanta bebida y entretenimiento; en China pasaron a la historia extravagancias como la piscina de vino del emperador Zhou o la exigencia del rey Xuan a todos los gobernantes de rendirle homenaje llevándole vino; y en Roma, el vino añejo era todo un símbolo de ostentación, hasta el punto de que, como señala Mark Forsyth (2017), muchos de los sellos que indicaban la añada, equivalentes a la actual etiqueta, podrían ser falsificaciones para aparentar.

Posteriormente, hasta el siglo XVIII, las bebidas fermentadas eran un alimento como otro cualquiera en Europa y se consumían alegremente por personas de todos los estratos sociales y edades a lo largo del día y en gran cantidad (muchas veces diluidas), así que los etiquetados se limitaban a inscripciones, normalmente hechas con tiza, en los toneles desde los que se vendía el vino a granel. La venta al por menor de vino embotellado hizo necesario el uso de etiquetas para que el consumidor supiera lo que estaba adquiriendo (Phillips, 2018), algo que también sirvió a los productores para distinguirse y promocionarse.

En el siglo XX la aparición de supermercados e hipermercados, la proliferación de tiendas especializadas y el nacimiento del comercio *online* favorecieron la venta de vino de distintos tipos, pero precisamente una oferta tan grande hizo disminuir la fidelidad de los clientes de determinadas marcas y la competencia se volvió más feroz. Además, los hábitos de consumo cambiaron y el vino fue perdiendo terreno frente a otras bebidas en las situaciones de socialización. Por ejemplo, hasta los años setenta era habitual en España tomar un vaso de vino con todas las comidas, pero después empezó a limitarse su consumo (sobre todo el del vino de calidad) a ocasiones especiales. Esta estrecha relación del vino con la gastronomía tiene su reflejo en el etiquetado a través de las sugerencias de maridaje, que ahora tienden a aparecer solo en la contraetiqueta. Además, el vino empezó a percibirse como un producto más complejo y elitista, más propio de gente mayor que de jóvenes. El lenguaje de las notas de cata y los comentarios técnicos sobre el cultivo y la elaboración han contribuido a esta percepción, tal vez por eso muchas bodegas están reduciendo estos contenidos a la mínima expresión en el etiquetado de sus vinos y los reservan para sus páginas web y fichas técnicas. En cuanto a los criterios de compra, Albisu y Zeballos (2014) ponen de manifiesto divergencias entre el Viejo y el Nuevo Mundo: mientras que en Europa los consumidores conceden mayor importancia a la denominación de origen y el periodo de envejecimiento, en América, Australia, Nueva Zelanda y Sudáfrica lo que más se valora es la región, la variedad de uva y la etiqueta.

Actualmente, el mercado se está enfocando hacia un público más joven, los llamados *millennials*, que buscan productos con una buena relación calidad-precio, confían en recomendaciones de amigos y de otros consumidores, buscan experiencias más allá del simple consumo del producto y, como apuntan De Magistris *et al.* (2011), agradecen los envases y etiquetados innovadores, aunque no dan demasiada importancia a la marca ni las críticas profesionales y premios.

Terminaremos este apartado con unos apuntes sobre los aspectos comunicativos en torno a la etiqueta. Consideramos emisor de la etiqueta a la bodega que produce y/o comercializa el vino, pero hay que ser conscientes de que la creación de la etiqueta puede ser obra de un tercero, por ejemplo, una agencia de diseño y publicidad. En un principio, el emisor sería el propio vinatero, experto en vino, pero actualmente lo más habitual es que en el diseño intervengan expertos en *marketing*, si bien la información para elaborar el contenido procede de la bodega. Por su parte, el receptor es un público heterogéneo, que tiene en común la mayoría de edad y un interés por el vino, pero cuyos conocimientos sobre el tema pueden variar mucho de unos a otros consumidores. Comprender una etiqueta no requiere ser experto, pero sí saber interpretar cuestiones como la expresión en porcentaje del grado alcohólico o la relación entre la variedad de uva o la añada y la calidad del vino. La relación entre emisor y receptor sería pues asimétrica, ya que en la emisión intervienen especialistas mientras que el receptor va a ser, en principio, un público general.

2.2.2. Aspectos intratextuales

Si hay un aspecto intratextual que destaca en la etiqueta entendida como tarjeta de presentación de un vino es, sin duda, el diseño. Se podría dedicar un libro entero a este tema, pero aquí veremos solo unos pocos ejemplos concretos que nos permitan hacer observaciones generales. Limitaremos estos ejemplos a los siglos XX y XXI porque es de donde más material gráfico hay disponible.

Tradicionalmente, las etiquetas francesas, especialmente las bordelesas, se centran en el *château* en el que se producen y elaboran unos vinos exclusivos, y quizás sobrevalorados, así como en el escudo familiar si lo hubiera. Así, las etiquetas van a tratar de dejar constancia de la propiedad entendida como un todo, el terruño y los propietarios de la bodega. Si comparamos las etiquetas mostradas en la Figura 2.2, veremos cómo esta tendencia se va manteniendo en el tiempo.

Fig. 2.2: *La etiqueta de Château Margaux mantiene un diseño clásico desde hace más de 60 años*[a].

[a]Las imágenes de 1960 y 1994 son detalles de fotografías con licencia Creative Commons; la de 2016 es un detalle de una fotografía publicada en el sitio web de la bodega (https://www.chateau-margaux.com).

La etiqueta del prestigioso Château Margaux reproduce siempre en el centro el *château* y su nombre -con un tipo de letra similar- e incluye la clasificación como *Premier grand cru Class*, así como la añada, sin embargo vemos cómo la información se reduce en la etiqueta más reciente, lo que viene a confirmar lo expuesto por Lerat respecto al papel cada vez más predominante de la contraetiqueta como fuente de información (2020).

Esta estética con aire elegante y aristocrático, muy común en muchas bodegas francesas, se observa también en las etiquetas de algunas bodegas de La Rioja, debido, principalmente, al contacto con los viticultores bordeleses y a la aparición de la filoxera, que hizo que algunas familias francesas se asentaran aquí tratando de proteger sus negocios vinícolas, que corrían serio peligro en el país vecino. Es el caso de las bodegas López de Heredia-Viña Tondonia (Haro) o Lalanne (Somontano de Huesca), que han mantenido el mismo etiquetado al estilo bordelés a lo largo de los años (Figura 2.3). En el primer caso, las etiquetas son muy similares a las francesas con la imagen de la propiedad, el nombre de la bodega y la firma del propietario, desde que Rafael López de Heredia fundara la bodega en 1877. En el segundo caso, la etiqueta se divide en dos partes separadas. En la más pequeña, situada en la parte superior, se reproduce un fragmento del cuadro de Velázquez *El triunfo de Baco*, más conocido como *Los Borrachos*; en el centro de la botella, destaca el escudo familiar sobre la imagen de la propiedad (*château*) atravesada por la cinta roja que también forma parte del escudo. La propia historia de la bodega justifica esta influencia francesa: en 1894, huyendo de la filoxera, Francisco Lalanne Merlet y su esposa Juana Felicia

Lataste, baronesa de Bouchardeau, se asentaron en la finca San Marcos, a las afueras de Barbastro, donde refundaron su bodega.

Fig. 2.3: *Además de en la etiqueta, la influencia francesa en el envasado se nota en la malla metálica que envuelve la botella para destacar que se trata de vinos de calidad superior.*[a]

[a]Ambas imágenes son detalles de fotografías publicada en los sitios web de las bodegas (https://www.lopezdeheredia.com/ y https://bodegaslalanne.eu/).

Otra tendencia estética que lleva décadas observándose en etiquetas de vinos de distintos orígenes es la presentación de obras de arte, ya sean reproducciones de obras maestras o creaciones exclusivas para la ocasión. La Figura 2.4 ofrece una pequeña muestra de esto: incluye una etiqueta de «Mouton Rothschild» de los años setenta que luce un Picasso, una de la denominada «Série Artiste» de Josmeyer ilustrada por un artista alsaciano, la de la edición de 2003 de «Único» de Vega Sicilia, que desde 1960 utiliza para etiquetar este vino obras de arte que pasan a ser propiedad de la bodega y en este caso se decantó por una menina del valenciano Manolo Valdés, y un ejemplar de Enate, que desde su creación adoptó la filosofía de identificar el arte con el vino y así lo deja ver en sus etiquetas, diseñadas por artistas de la talla de Chillida, Torner o, en este caso, Pepe Cerdá.

Fig. 2.4: *De izquierda a derecha, ejemplos de etiquetas de Mouton Rothschild, Josmeyer, Vega Sicilia «Único» y Enate creadas por artistas.*[a]

[a]Fotografía de Mouton Rothschild con licencia Creative Commons; imagen de Josmeyer procedente de la ficha web del vino en https://vincod.com/WU0D1E; fotografía de Vega Sicilia (colección de Germán Fernández Blanco en su blog http://etiquetasvinoarte.blogspot.com/2014/01/vega-sicilia-bodegas.html) y fotografía de Enate con licencia Creative Commons.

También es habitual encontrar diseños que ilustran el nombre del vino, como un refuerzo visual de la marca. Tal es el caso de «El Gordo» (bodegas Ignacio Marín), descrito en la contraetiqueta como «un vino desenfadado, divertido y fácil de beber. Sin complejos, como el tipo en el que está inspirado» e ilustrado en la etiqueta con la silueta de un hombre con sobrepeso trajeado. Encontramos otros ejemplos en Francia, con «Le Faux Frog», cuya etiqueta siempre presenta una o dos ranas con prendas y actitudes humanas, en Estados Unidos, con la gama «Freakshow» de la californiana Michael David Winery, ilustrada por dibujos que evocan espectáculos circenses e integran la información sobre el vino en las escenas, y en Australia, con «The Morse Code»(Henry's Drive Vignerons), que con los puntos y rayas que transcriben la variedad de cada vino rinde homenaje al primer sistema de mensajería electrónico.

Actualmente, las fotografías son asimismo un elemento relativamente frecuente en las etiquetas de vino. La temática de estas imágenes puede evocar de alguna manera el mundo del vino o buscar un impacto mayor, como las de la colección «Amaya Arzuaga», de bodegas Arzuaga, que bien podrían ilustrar un catálogo de moda de la diseñadora.

Conforme avanza el *marketing* hacia estrategias que implican más al público, las etiquetas de vino también empiezan a presentar originalidades que vienen a completar la experiencia del consumidor más allá de elegir y beber el vino. Así, la etiqueta del vino rumano «Mysterium» (Jidvei) es un laberinto que revela este nombre si se ilumina con luz ultravioleta y, haciendo honor al mismo, muestra la misteriosa composición del vino codificando las variedades. La realidad aumentada (Figura 2.5) también empieza a abrirse paso en este sector y las etiquetas ya no solo dan información sobre el vino, sino que además abren las puertas a una experiencia virtual que cuenta una historia, como los australianos «19 crimes», invita al consumidor a jugar para resolver un misterio y ganar premios, como los «Vinos con misterio» de los supermercados Lidl, o le divierte con la predicción de un adivino inspirado en Zoltar («El Adivino», de Félix Solís). Aparte de estos aspectos lúdicos, la nueva búsqueda de la integración plena en la comunidad de consumidores ha llevado a la introducción de elementos de diseño relacionados con la accesibilidad en el etiquetado de muchos productos, incluido el vino. En este sentido, destacan las etiquetas de «Valdelana Selección» (Bodegas Valdelana), «Lazarus» (Lazarus Wine) y todas las de M. Chapoutier desde 1996, que cuentan con texto escrito en braille, y las de las bodegas Vinos y Viñedos Maires, que presentan además fotografías que remiten a la lengua de signos.

Fig. 2.5: *Algunas etiquetas abren la puerta a un mundo virtual que potencia la interacción con el consumidor*[a].

[a]Fotografía tomada por las autoras de este capítulo.

Dejando atrás ya el diseño, pasamos a otro aspecto intratextual relevante: la macroestructura de la etiqueta. Como ya se ha mencionado anteriormente, la etiqueta de vino contiene una serie de informaciones impuestas por normativa, si bien la cantidad y el tipo de datos incluidos ha ido variando con el tiempo.

Wiesenthal y Navarro (2011) consideran entre las informaciones obligatorias en el etiquetado la mención de procedencia (según los países: DO, AOC, VDQS, o si se trata de un vino de mesa, entre otros), el nombre y dirección del embotellador y el grado alcohólico (desde 1989 todas las botellas de vino europeo deben incluir este dato expresado en porcentaje por volumen) y el volumen de la botella. Además, la legislación moderna exige la especificación «contiene sulfitos» en los vinos que contengan una concentración mayor que 10mg/l (Wiesenthal: 2011). Entre las menciones facultativas, los mismos autores encuentran la variedad de uva, el pago o viñedo de procedencia, el tipo de vino (blanco, rosado, seco, fino, oloroso o licoroso, etc.), la añada (esta mención es fundamental en los vinos de calidad dado que su buena conservación requiere conocer su edad), la fecha de embotellado, la marca y el nombre del embotellador. También es habitual la recomendación de no consumir vino a embarazadas y menores de 18 años, la indicación de envase retornable/reciclable y algunas bodegas añaden información adicional sobre su historia, la elaboración del vino, los premios obtenidos, consejos de consumo o la temperatura de servicio, entre otros. Más recientemente interesa destacar si el vino es ecológico o fruto de la viticultura biodinámica para dar satisfacción a un nuevo nicho de mercado.

Con el tiempo, gran parte de estos bloques de contenido han ido pasando a la contraetiqueta, quedando en la mayoría de las etiquetas únicamente tres movimientos retóricos, relacionados sobre todo con los actuales criterios de elección del público objetivo:

- Presentación del vino a través del nombre, destacado en una fuente especial, ocupando, por lo general, el primer tercio de la etiqueta o la mitad superior (dependiendo de la prominencia de la imagen en el diseño, si la hay).
- Caracterización sucinta por medio de datos como la variedad de uva, el año, el tipo de vino o la graduación.
- Apelación a la calidad del producto mediante la mención de la denominación de origen u otra indicación geográfica o señal de categoría.

Esto afecta directamente a otros factores intratextuales como son la morfosintaxis y el léxico, ya que el material textual de las etiquetas se ha reducido considerablemente durante la evolución del género.

El principal elemento textual es el nombre del vino, que al igual que el de la región y la bodega es un nombre propio, y suele ser solo un sustantivo o un pequeño grupo nominal. El tema de los nombres de los vinos podría constituir un estudio por sí mismo, así que no nos adentraremos en él, pero cabe destacar que entre los nombres inspirados en el fundador de la bodega (por ejemplo, «Luis Cañas», «Wolf Blass»), la región (ej. «Massolino Barolo», «Sierra Cantabria») o el viñedo (ej. «Hacienda López de Haro», «Château Cambon La Pelouse Haut-Médoc»),que ponían y ponen las propias bodegas, se están abriendo paso marcas más peculiares y originales, en las que se ve la mano de los especialistas en *branding*, y que pueden basarse en alguna cualidad del vino (por ejemplo, «Descarado», «Noble»), una asimilación del vino con un ser vivo (ej. «L'Equilibrista», «Black cat», «Papillon») o buscar un toque humorístico, como «Mommy's Time Out», «Bla» u «Ostras, Pedrín».

Otro elemento textual relevante es la variedad de uva y el tipo de vino, datos que siguen estando bastante presentes en las etiquetas. Se trata de los términos más especializados que encontramos actualmente en la etiqueta, ya que, como se ha señalado varias veces, los demás han pasado a la contraetiqueta. Hasta el siglo XX, las variedades eran más importantes para los vitivinicultores que para los consumidores, por lo que el vino se vendía más en base a la región de procedencia y era ese dato el que se incluía en la etiqueta. En esa época, en Europa los vinos empezaron a adoptar los nombres de la región y, ante la ausencia de un marco legal, en el Nuevo Mundo empezaron a utilizar esas denominaciones prestigiosas para los vinos que elaboraban con un estilo similar. En los años treinta, las bodegas estadounidenses empezaron a etiquetar sus vinos por variedad y fueron siguiendo otros países, aunque hay regiones que todavía se resisten a vender por variedad, por ejemplo, Champagne, Chianti o Barolo (Phillips, 2018).

En relación con todo esto, hay algunas cuestiones interesantes para la traducción. Por una parte está el hecho de que una misma variedad puede recibir distintos nombres, dependiendo, sobre todo, de la zona de cultivo. Así, la tempranillo es también cencibel, viura y macabeo son la misma uva y cariñena y mazuelo son sinónimos, al igual que ocurre con zinfandel, primitivo y crljenak kaštelanski o malbec y côt. Por otro lado, hay conceptos que varían entre países; por ejemplo, un «vino de mesa» español es un vino con más calidad que un «table wine» en Estados Unidos, el «clarete» riojano poco tiene que ver con el «clairet» de Burdeos y la clasificación «Reserva» o «Riserva», que en España e Italia depende del periodo de envejecimiento, tiene un uso mucho más libre en Norteamérica y Australia, donde los productores pueden usar el término «Reserve» básicamente como les plazca.

Los números también tienen un papel importante en la etiqueta, ya que indican datos determinantes para el comprador, como el año, el volumen o la puntuación otorgada por un gurú del vino, como Robert Parker, James Suckling o Tim Atkin.

Por último, hay una serie de frases típicas del etiquetado que muchas botellas todavía mantienen en la etiqueta, aunque cada vez aparecen con más frecuencia en las contraetiquetas. Nos referimos a locuciones como «Producto de España», «Produto de Portugal», «Contiene sulfitos»/«Contains sulfiltes»/«Enthält Sulfite»/«Contém sulfitos», «Embotellado en la propiedad»/«Mise en bouteille au château», «Embotellado por/para», «Abgefüllt von» o «Vinted and bottled by»/«Produzido e engarrafado por».

3. Conclusiones

La etiqueta es un elemento esencial del envasado del vino, no solo porque recoge información obligatoria y relevante sobre el producto, sino también porque es la primera imagen que va a percibir el comprador potencial. El poder persuasivo de la etiqueta es tal que, como señala Bernard Pivot (2006) la mediocridad de un vino se puede ocultar tras una etiqueta espléndida: en algunas ocasiones, como sucedía con muchos vinos californianos de los años treinta (Miya e Ingram, 2016), las etiquetas recargadas o los nombres de las bodegas y los vinos revestidos de señoríos o marquesados no dejan de ser un signo de ostentación que nada aporta al valor del vino.

Sin embargo, lo más habitual es que se produzca una adecuación entre el estilo del vino y su etiquetado. De hecho, las bodegas elaboran distintos vinos para distintos públicos objetivo con diseños de etiqueta acorde a los gustos y expectativas de ese segmento. Esta diversificación de los vinos y sus etiquetas se corresponde con un intento de alejar este producto de cierto elitismo tradicional para acercarlo a un público que empieza a consumirlo de una forma distinta gracias a un renovado interés por la llamada «cultura del vino».

Desde su perspectiva diacrónica, este trabajo ofrece unas pinceladas de cómo los cambios en el consumo del vino, su regulación y la influencia cada vez mayor del *marketing* en la creación de las etiquetas han ido trazando las características del género «etiqueta de vino» hasta hoy. Naturalmente, se puede profundizar más con este modelo de análisis, pero también se puede abordar el tema desde otras perspectivas. Estamos, sin duda, ante un objeto de estudio interesante, relevante y con muchas posibilidades sobre el que seguiremos trabajando.

Referencias bibliográficas

Albisu, Luis Miguel y Gabriella Zeballos (2014): «Consumo de vino en España. Tendencias y comportamiento del consumidor», en J. S. Castillo Valero y R. Compés López (eds.), *La economía del vino en España y en el mundo*. Almería, Cajamar Caja Rural, 99–140.

Biber, Douglas (1995): *Dimensions of register variation: A cross-linguistic comparison*. Cambridge, Cambridge University Press.

Bustos Gisbert, José Manuel (1996):*La construcción de textos en español*. Salamanca, Ediciones Universidad de Salamanca.

Castellà Lidon, Josep Maria (1996): «Las tipologías textuales y la enseñanza de la lengua». *Textos de Didáctica de la Lengua y de la Literatura*, 10, 23–31.

Consejo Europeo (2008): *Reglamento (CE) n.º 479/2008 del Consejo, de 29 de abril de 2008, por el que se establece la organización común del mercado vitivinícola, se modifican los Reglamentos (CE) n.º1493/1999, (CE) n.º1782/ 2003, (CE) n.º1290/2005 y (CE) n.º3/2008 y se derogan los Reglamentos (CEE) n.º2392/86 y (CE) n.º1493/1999*. [Consulta en línea: https://op.europa.eu/es/publication-detail/-/publication/aa4e3ad0-a27e-402d-8483-ac66554f8f49/language-es; 25/06/2021].

De Magistris, Tiziana, Etiénne Groot, Azucena Gracia y Luis Miguel Albisu (2011): «Do Millennial generation's wine preferences of the «New World» differ from the «Old World»?A pilot study». *International Journal of Wine Business Research*, 23, 2, 145–160.

Ezpeleta piorno, Pilar y Silvia Gamero Pérez (2004): «Los géneros técnicos y la investigación basada en corpus: proyecto GENTT», en R. Gaser, C. Guirado y J. Rey (eds.), *Insights into Scientific and Technical Translation*. Barcelona, Universitat Pompeu Fabra,147–156.

Forsyth, Mark (2017): *A short history of drunkenness*. Nueva York, Three Rivers Press.

García del Río, Fernando (1999): *Cómo leer la etiqueta de un vino*. Madrid, Alianza Editorial.

Ibáñez Rodríguez, Miguel (2017):*La traducción vitivinícola. Un caso particular de traducción especializada*. Granada, Comares.

Lerat, Pierre (2020): «La variabilité dans l'étiquetage des vins rouges», en M. Ibáñez Rodríguez (ed.) *Enotradulengua: Vino, lengua y traducción*. Berlín, Peter Lang, 249–269.

Martin, James R. (1984): «Language, register and genre», *Children writing: reader*, 1, 21–30.

Martin, James R. (1995): «Text and Clause: Fractal Resonance», *Text*, 15, 1, 5–42.

Mayoral Asensio, Roberto (2004): «Lenguajes de especialidad y traducción especializada. La traducción jurídica», en C. Gonzalo García y V. García Yebra (eds.), *Manual de documentación y terminología para la traducción especializada*. Madrid, Arco Libros, 49–71.

Miranda, Florencia y Maria Antónia Coutinho (2010): «Las etiquetas como género de texto: un abordaje comparativo», en M. Ibáñez, M. T. Sánchez, S. Gómez e I. Comas (eds.), *Vino, lengua y traducción II*. Valladolid, Universidad de Valladolid, 315–334.

Miya, Christopher y Ashley Ingram (2016): *Vintage. California Wine Labels of the 1930s*. Berkeley, Heyday Books.

Organisation Internationale de la Vigne et du Vin (2021): *International Standard for the Labelling of Wines*. [Consulta en línea: https://www.oiv.int/public/medias/7719/en-oiv-international-standard-for-the-labelling-of-wines-202.pdf; 28/06/2021].

Parra, Paola Beatriz (2006): «Estructura genérica potencial de contraetiquetas de vino».

Pascual Cabrerizo, María (2021): «El texto digital promocional en el ámbito vitivinícola», en M. Gil Ramírez, F. J. Godoy Martín y G. Padilla Castillo (eds.), *Comunicando en el siglo XXI: nuevas fórmulas*. Valencia, Tirant Lo Blanch, 407–419.

Peñín Santos, José(2008): *Historia del vino*. Madrid, Espasa.

Phillips, Rod (2018): *Wine. A social and cultural history of the drink that changed our lives*. Oxford, Infinite Ideas.

Pivot, Bernard (2006): *Dictionnaire amoureux du Vin*. París, Plon.

Policastro Ponce, Gisella (2018): «El género textual «etiqueta» y su dimensión multimodal», *Futhark: revista de investigación y cultura*, 13, 65–78.

Sánchez, Sandra (2010): «*Packaging* y consumo: los temas de las contraetiquetas de vinos tintos», *L.I.S. Letra. Imagen. Sonido. Ciudad Mediatizada*, 5, 24–40.

Stubbs, Michael (1996): *Text and Corpus Analysis: Computer-Assisted Studies of Language and Culture*. Londres, Blackwell Publishers.

Togeby, Ole (2014): «A model of text types and genres», en J. Engberg, C. D. Maier y O. Togeby (eds.), *Reflections upon genre: encounters between literature, knowledge and emerging communicative conventions*. Tübingen, Narr, 147–166

Trosborg, Anna (1997): *Text Typology and Translation*. Amsterdam, John Benjamins.

Wiesenthal, Mauricio (2011): *Gran diccionario del vino*. Barcelona, Edhasa.

Wiesenthal, Mauricio y Francesc navarro (2011): *Todo lo que debes saber sobre el vino para impresionar en la mesa a tus amigos*. Madrid, Aguilar.

Miguel Ibáñez Rodríguez y Lourdes Cerrillo Rubio

El color del vino en las notas de cata. Terminología expresiva y significados culturales

Resumen: El artículo tiene como objetivo interpretar los nombres y cromatismo del vino. Primero recogemos, clasificamos y analizados la terminología que sirve para hablar de los colores del vino: blanco, rosado y tinto. Después, exploramos contextos culturales en los que se nutre la dimensión semántica del licor. Y, finalmente, proponemos el concepto de «marca mítica» como distintivo capaz de explicar la significatividad cromática del vino en relación con su imaginario simbólico.

Palabras clave: Cata. Color. Terminología. Imaginario. Simbólico.

Abstract: The aim of this paper is to interpret the names and chromatism of wine. First, we collect, classify and analyse the terminology used to talk about the colours of wine: white, rosé and red. Then, we explore the cultural contexts from which the semantic dimension of wine feeds. Finally, we propose the concept of the «mythical brand» as a distinctive feature capable of explaining the chromatic significance of wine in relation to its symbolic imaginary.

Keywords: Tasting. Colour. Terminology. Imaginary. Symbolic.

0. Introducción

En la fase visual de la cata, el color del vino -su tonalidad, transparencia y brillo- representa, tal vez, su rasgo más característico y, sin duda, el factor que mayor atracción ejerce no tanto en el experto que dirige esta práctica dando cuenta de los aspectos más técnicos del producto, sino en quien se dispone a degustar una bebida de cuya compleja elaboración tendrá noticia en el transcurso de la cata. Porque el ritual de la cata -ese ejercicio de observación, descripción, reflexión y deducción sobre lo que vemos, olemos y saboreamos, gracias al cual vamos conociendo las claves de una auténtica hermenéutica de interpretación de la bebida- encierra un potencial evocador que propicia la conexión con la fabulosa riqueza cultural, con la diversidad de significados, atesorada por este preciado licor alcohólico.

En los dos primeros puntos de este trabajo recogemos, clasificamos y explicamos la terminología de la cata que sirve para expresar el color del vino. Se explica cómo la necesidad de establecer jerarquías de calidad entre los vinos y el beber hedonista está en el origen de la existencia de un vocabulario cada vez más rico para describir los vinos. Partimos de los colores básicos del vino (blanco, rosado y tinto) para clasificar a partir de ellos su rica terminología cromática.

Tras el análisis de la terminología específica de la cata en relación con el color del vino, planteamos una primera aproximación a la significatividad cromática de las etiquetas y el colorismo del producto, cuyas particularidades solo se comprenden al ponerlas en relación con determinados panoramas de la cartografía vinícola. Así lo entiende Michel Pastoureau (2009), quien dibuja un preciso perfil de estos aspectos y esclarece con ello la singularidad asociada a los colores del vino. En esencia, esa rareza respondería a la siguiente pregunta, ¿por qué llamamos vino blanco a un vino que es amarillo y tinto o rojo a otro que es casi negro? El investigador del color aporta la siguiente explicación:

> El vino y la uva recibieron sus etiquetas de color hace mucho tiempo, cuando solo se utilizaban tres colores -el blanco, el rojo y el negro, los tres colores básicos en la civilización occidental como en la mayoría de las civilizaciones- [...]. Los demás colores, que existían materialmente pero que tenían muy poco papel en el universo ideológico y en los sistemas simbólicos aun no podían cumplir esas funciones. Decir que el vino era amarillo o que una uva era morada no habría tenido ningún sentido. Calificarlos de blanco, rojo y negro les confería en cambio una auténtica función social, permitía incluirlos en toda clase de sistemas y les daba una auténtica dimensión poética y mitológica. Características todas ellas que el vino ha conservado hasta hoy. (Pastoureau, 2009: 298)

Partiendo de esta aclaración, nos proponemos explorar los escenarios en los que se nutren algunos de los atributos culturales que proporcionan al vino esa maravillosa dimensión poética y mitológica mencionada por el profesor Pastoureau, de manera que el conocimiento de nuevos contenidos relativos al fascinante imaginario del universo simbólico del vino (Spineto, 2002) contribuya a enriquecer la experiencia de la cata, conectándola, de manera directa, al vasto paisaje cultural del que el viñedo forma parte.

1. Las palabras de la cata

Podemos hablar del beber rústico del pasado frente al beber hedonista o placentero del presente. En el pasado, predominaba lo que podríamos llamar un **beber rústico**, en el que se tomaba el vino como un alimento más, sin entretenerse ni perder tiempo en atender a sus cualidades. Un buen trago de la bota, del jarro, del porrón, etc. son formas de beber en las que resulta difícil poder apreciar el color, el olor o los sabores de un vino. También es cierto que para poder hablar de las cualidades y bondades de un vino, este las debe tener, y los vinos del pasado eran de mucha peor calidad que los actuales. En nuestros días se prefiere el beber refinado, el vino no se ve tanto como un alimento sino como una bebida placentera, hedonista, que se bebe para disfrutarla. Tiene, por ello, mucho sentido el trabajo del catador y del *sumiller*. Y, por consiguiente, se hace necesario saber hablar de vinos.

La configuración de un vocabulario propio de la cata, ya con cierto rigor, surge con la llegada de los vinos de calidad en el siglo XVIII. A principios de esta centuria, sobre todo bajo el impulso de los comerciantes ingleses y tras la aparición de nuevas bebidas (chocolate, café, licores), nacieron o fueron descubiertos y difundidos los grandes vinos hoy conocidos: el oporto, los graves y los médocs envejecidos, el champagne, el jerez y el cognac. Los grandes vinos llegaron puntualmente en una época de resurgir económico y cultural, así como de búsqueda de un modo de vida más refinado. Cuando surge la fama, fenómeno habitual cuando la calidad es reconocida y la demanda se hace importante, surge la jerarquía de los vinos.

A principios del siglo XVIII (Peynaud, 1996) el barril de Haut-Brion o de Latour se vendía ya dos veces más caro que el simple médoc, y cuatro veces más que el vino corriente; cincuenta años más tarde la relación de precios entre los mejores *caldos* y los vinos *peleones* había llegado a multiplicarse por veinte. Surge así la necesidad de la cata y al tiempo la de un vocabulario específico que justifique, precise y describa la diferencia entre las calidades de los vinos.

2. La terminología para expresar el color del vino

Hay unos conceptos básicos que nos permiten agrupar toda la terminología utilizada para expresar el color. Por un lado, tenemos los conceptos de intensidad, vivacidad y tonalidad (o matiz) y por otro los que permiten la agrupación básica de los vinos según el color: *blanco*, *rosado* y *tinto*. Pero las cosas no son tan fáciles, pues en realidad los vinos blancos no los son; más bien son amarillos, dorados, verdosos; y los tintos tampoco tienen un color rojo claramente definido, más bien son púrpuras o rubíes.

Esto complica la terminología. Se recurre en francés a la imagen del vestido (*la robe*), así se puede decir que un vino tiene bonito vestido, que está bien o mal vestido, o que es de vestido corto. En español se habla de la capa para medir la intensidad de un vino: media, una o doble capa. El lenguaje de los joyeros es buena fuente para hablar del aspecto y color de los vinos. El vino por su parte, como queriendo compensar lo que le viene de fuera en materia de colores, ha dado origen a ciertos colores, como el color burdeos o el color champán.

El color del vino puede presentar un mayor o menor grado de intensidad. Si el grado es pequeño se dice que se trata de un vino de color *pálido*, *ligero*, *claro*, *débil*; si por el contrario es grande se califica de *fuerte*, *oscuro*, *intenso*, *denso*, *profundo*, *sombrío*, *cubierto*, *tintorero*, etc. Otros dirán sencillamente que tiene mucho color o que tiene poco. También se recurre a la capa: *media capa* (intensidad baja), *una capa* (intensidad media) y *doble capa* (intensidad alta). Un vino *espeso* es un vino muy coloreado y muy cargado en boca. Un *doble pasta*, tiene mucho color y mucho cuerpo.

La vivacidad es una cualidad del color que no solo está en relación con la *limpidez*. Un vino puede ser *límpido* y tener un color apagado. Una acidez real suficiente sostiene el frescor del color rojo. En el esquema siguiente (Figura 3.1) se recogen algunos de los términos que se utilizan para expresar la presencia o ausencia de vivacidad.

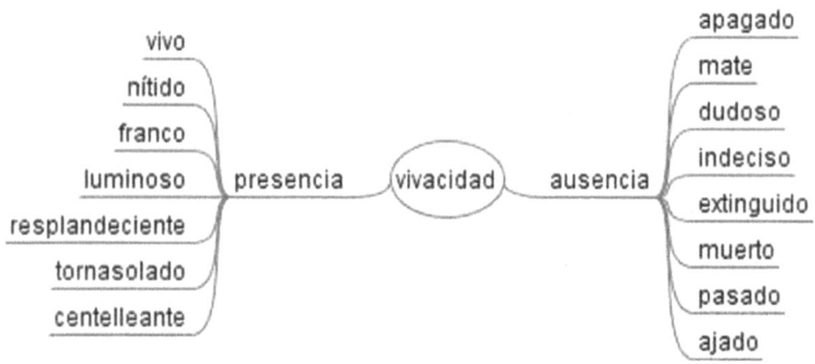

Fig. 3.1: *Red conceptual de la «vivacidad»*

La vivacidad está relacionada con el brillo y con ciertos reflejos de los vinos cuando se les ilumina en la copa: los reflejos verdes de los vinos blancos jóvenes, los reflejos verduzcos sobre fondo ambarino de los vinos licorosos muy viejos, los reflejos anaranjados o pardos de los vinos tintos de gran reserva son ejemplo de ello.

La tonalidad o el matiz poco a poco ha ido generando una terminología propia generada por necesidad ante su inexistencia inicial. En el esquema siguiente (Figura 3.2) vemos, por ejemplo, la terminología generada para el matiz en los vinos tintos, que tomamos de E. Peynaud (1996: 40):

Fig. 3.2: *Red conceptual de las tonalidades del vino tinto*

2. 1. Los vinos blancos

Ya hemos dicho que los vinos blancos, de blancos no tienen nada. Se mueven en la gama de los amarillos y color oro. Entre los vinos blancos se encuentra toda la gama de los amarillos. En términos generales se dice *amarillo* cuando con una *limpidez* correcta, el vino no refleja la luz y no irradia destellos y *oro* cuando el aspecto es muy brillante y rico en reflejos.

No todos los vinos blancos deben aspirar al color oro. Algunos responden al modelo de vinos blancos pálidos como los vinos secos de Burdeos o los riesling o el fino de Jerez; otros son de colores más intensos como el chardonnay o los sauternes.

En el esquema siguiente (Figura 3.3) quedan recogidos el color de los vinos blancos.

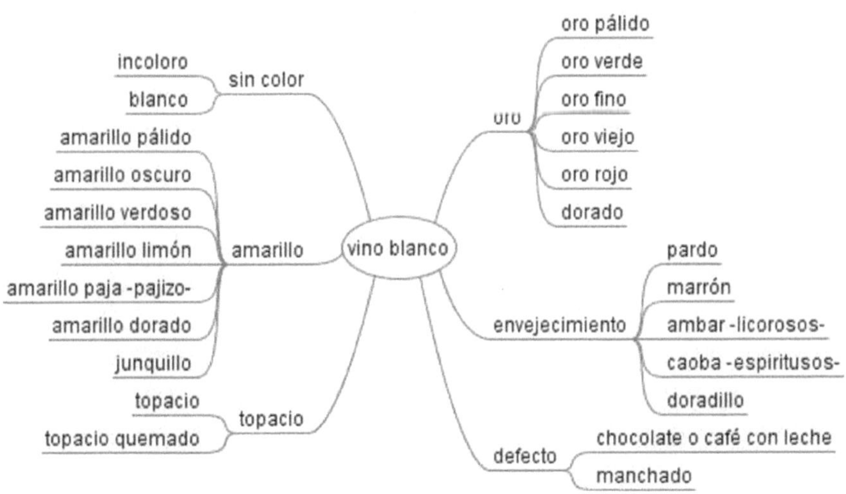

Fig. 3.3: *Red conceptual de los colores del vino blanco*

Recurriendo a la terminología de los joyeros, entre el amarillo y el oro, tendríamos los *topacios*, los hay con reflejos rosas, o de *topacio tostado*.

Con el envejecimiento, al abrigo del aire en medio reductor, acusa el dorado, el contacto con el aire colorea los *taninos* de los vinos blancos, los oscurece y hace girar el color primero hacia tonos pardos y después hacia el marrón. Los vinos muy viejos se vuelven *doradillos* como un gran reserva Viña Tondonia de López de Heredia.

Los vinos *quebrados* por aire toman un color *chocolate* o *café con leche* y no se pueden beber. Existen vinos viejos licorosos que se vuelven color *ámbar* y vinos espirituosos que, como el *madeira*, se vuelven color *caoba* y cogen el tinte oscuro de un viejo armagnac. La bota de roble firmada en el fondo por el almirante Nelson que se puede ver expuesta en Jerez de la Frontera, en la Bodega del Molino, aún contiene, después de casi dos siglos, un líquido concentrado muy oloroso de color *cáscara de nuez* que fue un vino blanco de Jerez.

Si un vino blanco está *manchado* es que tiene un defecto: ha recibido accidentalmente rastros de materias colorantes de uvas o de vino tinto o contiene algunos miligramos de antocianos; también ha podido haber estado alojado por error en un depósito utilizado para vino tinto.

2. 2. Los vinos rosados

Los colores de los vinos rosados (Figura 3.4) son los intermedios entre los amarillos de los blancos y los rojos de los tintos. En opinión de algunos, basándose en que «ni es amarillo, ni es rojo», dicen que el color del rosado tiene la mitad de su encanto.

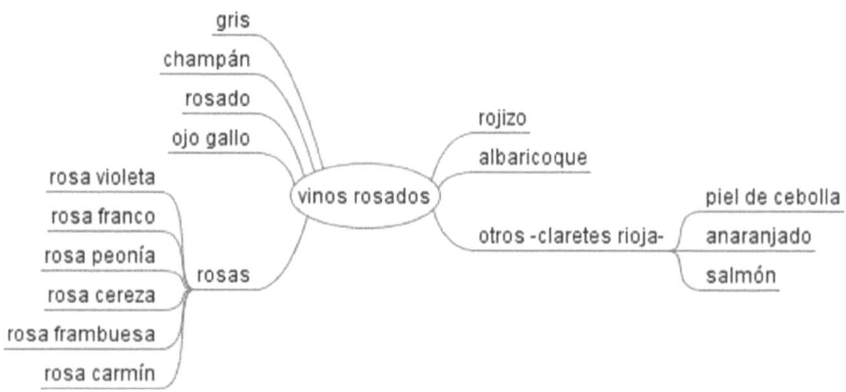

Fig. 3.4: *Red conceptual de los colores de los vinos rosados*

El vino *gris* es un vino rosado apenas coloreado; puede proceder de mosto de uvas rosas. El color achampanado es el de los vinos llamados «blancs de noirs», es decir los elaborados en blanco con uvas tintas, cuando son muy jóvenes; el ligero fondo rosado se atenúa o desaparece en la segunda fermentación y con el envejecimiento. Los vinos *rosados* jóvenes obtenidos por vinificación de blanco tienen de 10 a 50 miligramos de antocianos (pigmentos rojos de la uva) por litro. El *ojo gallo* es un tinto con poco color, de corta maceración. También llamados vinos de una noche, pues no pasan más de un día macerando.

El color del *rosado* depende mucho de las variedades. El carignan da tonos granates; la gamay, tonos cereza; la cabernet, tonos frambuesas, que recuerdan el color rosado de las ciruelas en flor; la garnacha, tonos que son más oscuros, hacia el malva.

En ciertos casos, como en la denominación de origen Burdeos Clarete, se utilizan criterios analíticos como la medida de la intensidad, colorante, para definir el color.

2. 3. Los vinos tintos

El color del vino es por antonomasia el color rojo del vino *tinto*. Si pensamos en el vino, pensamos en el vino *tinto* y en su color. Si decimos de alguien que lleva una camiseta de color vino, todos entendemos que se trata del color del vino tinto. Se ha identificado por su color con la sangre y de ahí deriva gran parte del valor simbólico del vino. También el vino es el rojo de la pasión, del amor.

Entre los vinos tintos se encuentran casi todos los tonos rojos. La gama es muy extensa. Reproduce casi todos los rojos de las frutas.

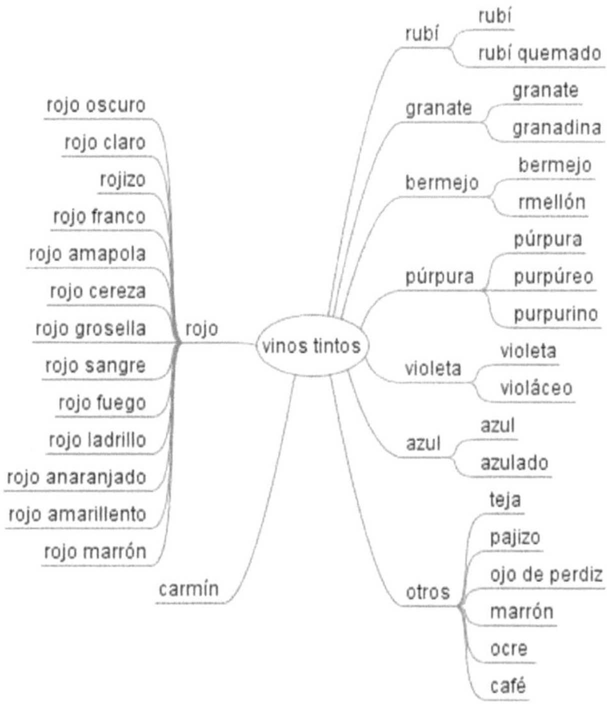

Fig. 3.5: *Tonos de los vinos tintos*

El tono que los antocianos dan a los vinos jóvenes está en función de la reacción ácida de los mismos. Una acidez fuerte, y por tanto un pH relativamente bajo, dan vivacidad al color rojo del vino nuevo; inversamente, una acidez débil, y por tanto un pH más elevado, le hacen perder viveza y brillo y el color cambia hacia tonos purpúreos. Los taninos se unen a los antocianos y se colorean al envejecer, aportan un fondo de color más *ladrillo* y una pátina más oscura; su influencia domina en los vinos viejos. Se dice de ellos que son de color *teja* o *aladrillado*, por su parecido al color de las tejas o de los ladrillos.

Se juega con la alegoría de las piedras preciosas, en particular con el *rubí* y el granate. El color rubí es rojo oscuro, pero hay *rubíes violáceos* y otros que son *rosas*.

El *bermejo* es un dorado de tono cálido e incluso un rojo sostenido. El color bermejo aplicado al vino aparece en Gonzalo de Berceo, en el verso cuarto de la estrofa 230 de la *Vida de Santo Domingo de Silos*, fechada hacia 1236: «el otro plus vermejo que vino de parrales».

Los vinos *azules* existen. Son de los mostos fermentados de *Vitis labrusca* o de algunos híbridos. Los llamados vinos azules se cosechan sobre todo al borde del Loire, según una reseña de comienzos del siglo pasado.

El color *ojo de perdiz* se ha interpretado de diferentes maneras. Según antiguas referencias, es el color de un *ojo de gallo* muy brillante. El Larousse lo define como el de un vino ligeramente teñido de rojo. Lo más propio es decir que es un rojo vivo.

El color de los vinos de Oporto tiene su vocabulario internacional. Los oportos blancos son *pale white* o *blanco pálido*, cuando son jóvenes; pasan al *golden white* o *blanco dorado* con el transcurso de los años. Los oportos tintos jóvenes son de color *full* o *retinto*; a los ocho o diez años pasan al *ruby*; a los quince o veinticinco años al *tawny* o *alourado*; los oportos muy viejos son *light tawny* o *alourado claro*.

3. El vino, la vid y el viñedo: un imaginario divino

El vino está relacionado con diversidad de tramas y significados debido a su propia esencia, situada entre la naturaleza y la cultura, porque la creación del vino implica, no solo el cultivo de la vid -enraizada en la tierra-, sino también la complejidad de un proceso -el de la transformación del zumo de la fruta en una bebida alcohólica- en el que se han ido poniendo en juego muy antiguos saberes de carácter artesanal, junto a las más avanzadas y sofisticadas tecnologías. Todo ello para elaborar, cada año, un néctar cuyas propiedades son capaces de seducir todos nuestros sentidos y transportarnos mentalmente a escenarios remotos, aquellos en los que el vino y la génesis de nuestra civilización aparecen estrechamente vinculados.

De origen incierto y misterioso, tradicionalmente, se explica el descubrimiento del vino gracias a un hallazgo casual contextualizado durante el tránsito entre el sistema de vida nómada, del mundo prehistórico, y el sedentarismo derivado de la domesticación de la tierra y la producción agrícola. Así, en las extensas regiones de confluencia entre Europa y Asia, hace unos 8000 años, se habría descubierto esta bebida gracias a la fermentación natural de las uvas, llevándose a cabo a partir de entonces el cultivo de las vides y la producción del vino (Vivanco, 2015).

Desde aquellas fechas inciertas, la vid sigue siendo la fruta que florece en extensas regiones del mundo. Territorios habitados por los geniales pueblos del vino (Grecia, España, Italia, Francia o Hungría), cuyos paisajes están recorridos por viñedos, bodegas, verdes prados de rica vegetación y arroyos pintorescos donde detenerse, sentarse y quizás quedarse para siempre (Hamvas, 2020).

Lugares idílicos e inspiradores de algunos de los relatos más fabulosos y sugestivos de la historia de la literatura universal. Textos, orales y escritos, que han hecho soñar a los hombres con el misterio de los orígenes, con el paraíso perdido en el que el viñedo y la vid son, a menudo, «el signo más importante de numerosos escenarios de la edad de oro» (Daraki, 2005: 31–32).

En los textos sagrados sumerios ya encontramos referencias a la vid asociadas a un imaginario mítico. Se trata de un pequeño cuento en el que el dios de la fertilidad, Enki, le pide a su jardinero que recoja vides con sus sarmientos para ofrecérselas a la joven de la que se siente enamorado, la bella Utu (Baridon, 2004). Desde las narraciones más antiguas, la vid parece ser privilegio de los dioses, un objeto de seducción y fuente de placer. No solo los textos, también las artes plásticas recogen esta relación entre la vid, los dioses y los hombres haciéndola visible en sendos relieves del primer milenio antes de Cristo. En uno de ellos, el rey hitita Warpalama ofrece hermosos y apretados racimos de uva al dios Tarhumta para ganarse su favor; en el otro, el rey Assurbanipal y su esposa beben vino bajo una frondosa parra mientras celebran la victoria de los ejércitos asirios sobre Elam. Muchos siglos después, las uvas seguirán teniendo presencia en el icónico *Jardín de las delicias*, formando parte del fantástico repertorio de frutas y flores con el que El Bosco pobló la escena central. Sin olvidarnos de los hermosísimos bodegones barrocos en los que racimos de uvas doradas, púrpuras o rosáceos emulan en su color y transparencia a piedras preciosas. De alguna manera, la literatura y el arte han recreado, desde siempre, estos mundos fabulosos y hedonistas en los que la vid ha sido protagonista con notable asiduidad. En este sentido, uno de los escenarios más expresivos de nuestra reciente tradición cultural es el correspondiente a *La siesta de un fauno,* una pieza para *ballet* de Stravinsky, con libreto de Mallarmé inspirado en la *Iliada* ,en cuyo vestuario y decorados, las vides y racimos de uva pintados por León Bakts fueron el símbolo de una extrema y escandalosa sensualidad. El poeta latino Plauto había advertido el enlace del preciado fruto con la sensualidad, el amor y los jardines, dotándolos de una correspondencia divina en la figura de Venus, paradigma de la fusión de todos estos universos (Segura Munguía, 2005).

Por otra parte, referidas al originario cultivo de las vides, al paisaje de la viña, encontramos numerosas citas en la Biblia y el Corán, los textos fundacionales de las grandes religiones monoteístas. También se describen en ellos jardines henchidos de árboles frutales, de una asombrosa variedad de plantas y vides, donde los seres humanos disfrutan de la más excelsa felicidad, la que les proporciona su unión íntima y armoniosa con la naturaleza (Roger, 2007). Desde entonces, el paraíso se instalará en el imaginario colectivo a través de bellísimos relatos en los que realidad y ficción irán confundiéndose en un rosario de referencias legendarias e históricas. A través ellas, podemos imaginar el sugerente paisaje de la extensa viña que Salomón poseía en el valle de Haman, los huertos de robustas cepas que bordeaban algunos templos y palacios egipcios o las vides que adornaban las terrazas de los jardines colgantes de Babilonia (Baridon, 2004). Escenarios que serán recreados, mucho tiempo después, por el rey ilustrado Federico II de Prusia en su retiro de *Sans Souci*, un edén del saber envuelto en viñas y presidido por Venus y Apolo.

Pero, seguramente, fueron los jardines y viñedos descritos por Homero -los situados en la entrada a la gruta en la que Calipso retiene a Ulises- interpretados por Brueghel en una versión plena de color, luz y magia; las viñas del rey Alcínoo, «donde las uvas se secan al sol en un lugar abrigado y llano» (Segura Munguía, 2005: 54); y los jardines de las Islas Afortunadas cantados por Horacio, los que se convertirán en referentes modélicos de estos lugares amenos, propicios para la paz, la amistad, el amor y la filosofía. Así lo entendió Epicuro, a cuya escuela filosófica, fundada en la Atenas del siglo IV, le dio el nombre de jardín; utilizándose a partir de entonces el término para referirse a las construcciones vegetales (Maderuelo, 2005).También Plinio el joven solía retirarse a su villa de la Toscana para escribir con tranquilidad e inspirarse en el paisaje de la vid, en el bello espectáculo del que se sentía orgulloso. Se trata de ambientes similares a los descritos por Boccaccio en el *Decamerón* y a los que disfrutaba Petrarca en su magnífica residencia adornada con sendos jardines dedicados a Baco y Apolo (Impelluso, 2007). Una advocación que claramente entendía estos paraísos como reservas de la cultura y la naturaleza, como presencias de lo ideal en lo real, belleza hecha mundo (Assunto, 1991).

Estas citas literarias y referencias históricas nos recuerdan cómo la vid y el viñedo han formado parte desde el comienzo de nuestra civilización de ámbitos privilegiados, en los que la cultura religiosa y también la filosófica encontraron los ambientes idóneos para exponer sus ideales. Conocemos, además, que para los griegos la viña y el vino –muy presentes en el paisaje mediterráneo, en sus antiguas divinidades, en su arquitectura teatral y artes plásticas- eran fundamento de felicidad, y que esta percepción se encontraba en el ánimo de los espíritus clásicos. Entre aquellos, nos interesa destacar la opinión de los primeros fisiólogos que, al explicar el origen de las cosas a partir de la naturaleza, atribuían el origen del dios del vino de manera exclusiva al destino de la uva, esto es, al vino (Kerényi, 2011). Por eso, un gran conocedor de la cultura clásica y del mundo del vino, Bela Hamvas, parece resumir en forma de aforismo aquellas creencias y prácticas intelectuales al afirmar: «el vino tiene rostro divino» (Hamvas, 2020: 39). Su rostro era el de Dionisos, el del dios nacido numerosas veces.

Entronizado por el orfismo «como rey del mundo, el soberano universal de nuestra era» (Kerényi, 2011: 194), Dionisos es una figura mitológica de «textura sedimentaria» (Daraki, 2005: 23). Autores como Kerényi sitúan su nacimiento en el contexto de la cultura minoica, en un tiempo de tránsito en el que Creta deja de ser el gran coto de caza prehistórico para transformarse en importante territorio vinícola progresivamente asociado al esplendor y alta cultura del palacio de Cnosos, exponente de la primera civilización evolucionada europea. Dionisos representaría, a partir de entonces, el don de la uva, esto es, el vino, el líquido milagroso que surge de la fermentación de la vid dando paso a una de las bebidas de la edad de oro que, como el hidromiel, se convertirá en alimento de dioses, y, después, en alegría de los hombres. Esta asombrosa metamorfosis -resultado del encadenamiento del final del ciclo vegetativo de la vid y el principio del ciclo del vino- se interpreta como un claro signo de la indestructibilidad de la vida en su sentido cósmico (Kerényi, 2011) y tendrá su referente mitológico en Dionisos, en torno a cuyo imaginario se irá generando la religión de los viticultores. Un culto expresivo de los lazos existentes entre la identidad dionisiaca y el mundo del vino, cuyos rituales y ceremonias dramáticas están en el origen del teatro e inspiraron numerosas imágenes decorativas de piezas cerámicas griegas, así como ciclos pictóricos pompeyanos.

Hijo del dios supremo, Zeus, y de la mortal princesa tebana Sémele, gestado en el vientre materno pero nacido directamente del cuerpo de su padre –acompañado por un rayo-, Dionisos es dios y héroe, inmortal y mortal, a la vez. Posee, por tanto, una naturaleza dual, exponente de una cierta confrontación de opuestos en la que parece encontrarse el motor dinamizador de las diferentes vertientes del mito. De manera que Dionisos no solo reinará sobre la tierra, la luz y la vida, sino también sobre el mar, el mundo subterráneo, las tinieblas y la muerte; en definitiva, sobre universos separados y contrarios que la figura del dios concita para propiciar la indestructibilidad de la vida, generando, así, ciclos sin fin. Porque a pesar de ser conocido popularmente por su titularidad como dios del vino, en realidad, lo es de la vegetación, de sus ciclos biológicos; identificándose con el sol y el calor, con los elementos que están en el origen de lo vegetativo. Píndaro lo expresa poéticamente al decir que Dionisos representa «la luz pura del pleno verano» (Kerényi, 2011), símbolo del estallido de la vida, de su paroxismo, en el que se encuentra, paradójicamente, el germen de la muerte. Aunque se tratará de una muerte engendradora de vida por formar parte del maravilloso poder metamórfico que emana del universo dionisiaco, de un dios capaz de pasar «del blanco al negro» (Daraki, 2005: 22), de tener el poder de lograr la unión de mundos dispares y de conceder a los hombres el preciado don de «poner sus almas en común» (Daraki, 2005: 7). Son vertientes muy atractivas de la identidad dionisiaca –su dialéctica del contraste y la potencialidad comunicativa– que encuentran reflejo en algunas propiedades privativas del vino. Una bebida capaz «de extraer de sus objetos su contrario, de hacer, por ejemplo, de un débil un fuerte y de un silencioso un parlanchín» (Barthes, 2009: 64). Por lo tanto, la bebida que, debido a estos rasgos dionisiacos, permanecerá asociada desde la antigüedad a rituales religiosos y sociales de muy distinta naturaleza. E, igualmente, se trataría del licor que, a pesar de tener una asombrosa variedad de tonos, ha sido bautizado solo con dos palabras, blanco y tinto, como si sus nombres quisieran ser un correlato de su dios, el que pasa del blanco al negro.

4. El nombre y el color: las «marcas míticas» del vino

Las etiquetas establecidas en relación con los colores del vino son esencialmente dos: vinos tintos y vinos blancos, teniendo una posición secundaria los vinos rosados y/o claretes, según sea su denominación de origen. Se trata de una particular clasificación que no se atiene a la expresión de los diferentes cromatismos del licor, ni resulta descriptiva de sus tonalidades, una singularidad que ya recogíamos en la introducción de la mano del gran investigador del color Michel Pastoureau.

Tanto en los llamados vinos tintos como en los blancos su color es el resultado de la combinación de diferentes factores referidos a los colorantes naturales de la uva, al tipo de viduños o variedades de la vid, a su grado de maduración, junto a los procesos de elaboración y, posteriormente, a la edad del vino. Las sustancias químicas vegetales que contribuyen a teñir el mosto corresponden a los antocianos, pigmentos contenidos en el hollejo de las uvas tintas cuya gama cromática englobaría diferentes tonalidades del rojo al púrpura, incluyendo los granates, rubíes, morados; los taninos, colorantes naturales que se encuentran en la piel, las pepitas, el racimo o la madera de las barricas, con un cromatismo propio que abarcaría del amarillo al castaño oscuro con las correspondientes gamas intermedias; y las flavonas de la piel de las uvas que aportarían pigmentos amarillos (Ruiz Hernández, 1995). Todos estos elementos enriquecen de manera extraordinaria el color del vino, dotándolo de un atractivo que para Gaston Bachelard supone el mayor y más insondable de los misterios que encierra este néctar. Por eso se pregunta: «¿Cómo puede el vino tener tantos colores? ¿Cómo puede ser rojo o dorado? ¿Cómo puede, precisamente, llevar ya sea el signo del oro, ya sea el signo de la sangre?». El sabio francés encuentra la respuesta en clave alquimista, y, siguiendo los criterios de los «soñadores de la materia», sitúa al vino «en los dos polos de la mayor de las transmutaciones, la transmutación del oro viejo en juventud humana» (Bachelard, 2006: 274). Se trata, sin duda, de una interpretación extraordinariamente poética, sublime, si se quiere, de la significatividad del vino y sus colores que, además, también recoge o plantea los dos grandes registros cromáticos en los que podemos enmarcar casi todas las tonalidades de los diferentes fermentados, esto es: rojo y dorado.

Sin embargo, las denominaciones convencionalmente asimiladas por diferentes lenguas para referirnos a los colores del vino han sido, tradicionalmente, blanco y tinto, blanco y rojo, e incluso, blanco y negro. Explicarnos esta particularidad es un tema complejo por estar abierto a la historia cultural del color, a su imaginario simbólico y, en definitiva, al proceso de civilización. De manera que nuestro objetivo no puede ser otro que aproximarnos al conocimiento de algunos puntos de vista ofrecidos desde la investigación del color y del mundo clásico, contextos de referencia para la cultura del vino.

Un argumento indispensable como punto de partida atiende a la propia consideración de los colores como entidades independientes, significativas, y, por tanto, a la invención de sus nombres. Esta distinción sería progresiva y estaría relacionada con la presencia que determinados cromatismos fueron adquiriendo en la vida colectiva dependiendo de la importancia de la cosa que los colores representaban. De forma que la dimensión antropológica y simbólica de lo representado irá dotando de significados al color y a su funcionalidad como código o etiqueta encargada de distinguir, clasificar, asociar, oponer, jerarquizar las cosas en el mundo social (Pastoureau, 2009).

Al parecer, las primeras citas de nombres de colores con el sentido que les damos hoy se encontrarían en la lírica de la Grecia clásica en textos donde se describen las mejillas y los labios rojos-púrpuras de un rostro femenino (Ferwerda, 2006). Con anterioridad, en la literatura homérica, las referencias al color se habían introducido, preferentemente, mediante correlatos en los que determinadas sustancias o elementos se utilizaban para mencionar el colorido de las cosas, por ejemplo, «la mar vinosa» o «el cabello brillante». Se trataría de un tipo de vocabulario antiguo; de «una manera de nombrar los colores, un tanto irracional y extraña» (Sourieau, 1998: 302), correspondiente a un estadio cultural en el que comenzaba a surgir la noción abstracta de color. Estaríamos frente a un tipo de caracterización cromática situada entre la percepción y la idea de color que los estudiosos del mundo clásicos interpretan como «connotación afectiva» o «marca afectiva», de acuerdo con la cual, las cosas, sus colores, habrían sido *vistas* según se *pensaban* (Daraki, 2005).

También el pensamiento griego aporta las primeras reflexiones sobre el color. Algunas tan bellas como las realizadas por Empédocles, quien consideraba que los colores representaban el alma y las raíces del mundo existente, algo así como las primigenias señales de la vida en la tierra (siglos después, Rimbaud verá en los colores el misterio de los orígenes) (Brusatin, 1987: 37). Según Platón, el color tenía la cualidad de embellecer las cosas en tanto propiedad casual y cambiante de las mismas. Una característica que podía apreciarse en el aspecto de la tierra dominado por diversidad de colores, entre los que predominaban los púrpuras, dorados y blancos. Consideraba que los tonos blancos eran los que mejor encajaban con lo divino y situaba en su polo opuesto al color negro (Ferwerda, 2006). Su alumno más brillante, Aristóteles, a quien se le atribuye el primer tratado dedicado al análisis del color, *Sobre los colores*, nombra un número más elevado de colores: blanco, amarillo claro (o gris), rojo, púrpura, verde puerro, azul y negro y relaciona algunos de ellos con los cuatro elementos de la Naturaleza:

> Son simples los colores que se corresponden con los elementos, esto es, con el fuego, con el aire, el agua y la tierra. El aire y el agua son por su propia naturaleza blancos, el fuego y el sol, en cambio, amarillos, también la tierra es blanca por naturaleza, aunque presenta colores por efecto de la tintura. (Aristóteles, 2006: 105).

Nos encontraríamos, tanto en Platón como en Aristóteles, con interpretaciones primordiales respecto a la semántica del color y a la construcción de un imaginario simbólico que dotará de expresividad y emotividad a este mundo. No solo los pintores, también las elites religiosas, políticas y sociales entenderán pronto el poder de seducción y comunicación de los colores codificando y discriminando, en ocasiones, su empleo mediante una jerarquización de tipo suntuario. De ese modo, el color pasará a ser una categoría intelectual, un «fenómeno cultural» (Pastoureau, 2009: 17), portador de contenidos e información, avalados, en cada caso, por la especificidad del nombre propio.

Las primeras palabras utilizadas para nombrar el color y dar forma a su sustancia fueron blanco, negro y rojo. Se trataba de voces asociadas al cromatismo de materias primigenias, como la cal, el yeso, el aire, el agua (blanco); el carbón (negro); las arcillas y las tierras (rojo), que igualmente se relacionan con intangibles como la luz y el día (blanco); la oscuridad, las tinieblas y la noche (negro); el fuego y el principio vital, la sangre, (rojo). Una triada, la más remota, que representa el cromatismo básico compartido por las civilizaciones europeas-mediterráneas, africanas y asiáticas (Gage, 2001). Y, supone, además, la trilogía esencial del mundo antiguo a la que irán sumándose el color dorado –asociado al sol, la luz, la inteligencia, la belleza, el oro, el lujo; por eso, el color más noble–, y el púrpura –el de mayor prestigio, reservado a reyes o emperadores; según Virgilio, «el lejano color del alma clásica» (Brusatin, 1987). Estos serían los cinco colores primordiales –blanco, negro, rojo, dorado y púrpura– del colorismo de la civilización greco-romana. Una gama cromática que enlaza a la perfección con el colorido del vino por corresponder a los colores mencionados en sus etiquetas: blanco y tinto (para el tinto, rojo/negro), y a sus tonalidades reales: doradas, rojizas y púrpuras. Esta notable concordancia entre los colores emblemáticos de la antigüedad y el colorido del vino se enriquece gracias a otras referencias, esto es, al sentido icónico del color del vino, adjetivador de la mar homérica; a la magnificencia de su tintura, que reforzaba el color de la púrpura imperial; y a la especifica sustancia de los sarmientos de la vid, la de mayor prestigio para conseguir el color negro más buscado (Varichon, 2009). Todo un universo de correspondencias que contribuye a reforzar la dimensión simbólica del vino y sus colores en la cultura antigua.

En lo relativo a la presentación del vino, sus etiquetas más comunes, blanco y tinto o blanco y rojo, participan de un tipo de codificación, determinada por el contraste entre principios opuestos, que está arraigada en diferentes formas de pensamiento y, por tanto, muy presente en los sistemas de comunicación. De manera que estos colores mencionados en las etiquetas del vino, dotados de un simbolismo extendido, junto a la tipología de su código de relación, compartida culturalmente a nivel global, servirían para poner de manifiesto y a la vez reforzar la naturaleza universal del producto. Pues, aunque la simbología de los colores dependa, en buena medida, del espacio y el tiempo en el que se enmarcan, en el caso del blanco, el rojo y el negro existe un imaginario prácticamente común en todas las sociedades (Pastoureau, 2017). Hasta tal punto es así que la dialéctica establecida en las etiquetas del vino compondría uno de los cuadros simbólicos de mayor fuerza en todo Occidente. Porque los ejes blanco-rojo o blanco tinto (negro) participan de la trilogía cromática más antigua, cuyo simbolismo sigue manteniéndose en la actualidad. Son colores que hablan de la vida (blanco) y de la muerte (negro); de las ideas (blanco) y del ser (negro); del bien (blanco) y del mal (negro); de la luz (blanco) y de la oscuridad (negro); del agua (blanco) y la tierra (rojo); del fuego y la sangre (rojo); de la paz (blanco) y de la guerra (rojo). También, de la inocencia perdida (blanco), de la austeridad y la elegancia (negro), de la valentía, la alegría, el amor (rojo), (Cirlot, 2022; Pastoureau, 2006; Sanz y Gallego, 2001). Y en el caso del rojo, del color obligado para participar en los rituales dionisiacos (Bayard, 1990), como quedó reflejado en la pompeyana *Villa de los Misterios,* del siglo II a. C.

Los otros dos tonos que completan la gama del vino, en este caso, no tanto como colores nombrados en sus etiquetas, sino percibidos, son el purpura y el dorado. Un tándem de carga significativa poderosa -«la púrpura comporta con el oro la gloria del triunfo» (Ball, 2003: 259)- que, sumado a los otros tres tonos, blanco, rojo y negro, compondrá el código de riqueza privativo de las clases altas, dotado de un marcado sentido de la majestad en el mundo antiguo (Butler, 2010 y Pastoureau, 2009). Y como ocurría con el color rojo, el dorado-amarillo también está relacionado con el dios del vino, con las ropas que siempre viste; porque con ellas Dioniso resplandecía como el sol (Chevalier y Gheerbrant, 1982). De igual modo, la viña buscará a la estrella durante el día para captar sus rayos luminosos, acumular energía y transformarla en colores, sabores y aromas que, tras el proceso de fermentación de las uvas, devolverán a la copa de vino «los rayos de sol de un bonito día de verano». Entonces, el vino se convertirá en epítome de «la pura luz del pleno verano» –según el bello verso de Píndaro dedicado a Dioniso–, o, si nos atenemos a la tradición popular, el vino pasará a ser «el sol embotellado» (Blouin y Peynaud, 2003: 244).

De este modo, las diferentes denominaciones y formas cromáticas del vino serían susceptibles de adquirir una significatividad importante al ponerlas en conexión con el «universo ideológico» y los «sistemas simbólicos» de los que forman parte. Por eso, el color del vino no solo supondría el primer factor de atracción en la práctica de la cata, debido a la inmediatez en la recepción visual de sus tonalidades y al placer sensorial provocado por sus gamas suntuosas, sino un enlace con la dimensión mítica del licor; de la que aquí hemos acometido una primera aproximación explorando la presencia del vino en determinados imaginarios. Comprobando la poderosa relevancia del vino, que ha encontrado interesantes y extraordinarios reflejos a lo largo de la historia gracias a su condición de bebida «tótem» para distintas comunidades. Porque el vino, en su forma roja, tiene como hipóstasis la sangre, el líquido vital por excelencia; y en su forma humoral, «es ante todo una sustancia de conversión, capaz de cambiar las situaciones y los estados [...] de transmutar o de crear *ex nihilo*». Seguramente por ello, la práctica del vino funda una moral colectiva, está socializada y forma parte del decorado de las pequeñas y grandes ceremonias de nuestra vida; es decir, es agente primordial, mítico, de todo «un sistema de comunicación» (Barthes, 2009: 64 y 167).

5. Conclusiones

Entre otras, una de las diferencias entre el consumo corriente del vino y su cata es que el hecho de beber es generalmente mudo, mientras que la cata es necesariamente comentada. Es raro que quien bebe comente sus sensaciones, pues muchas veces ni las analiza, ni siquiera para sí mismo; a lo sumo dice que es bueno o es malo. En cambio, el catador o el *sumiller* están obligados a expresar lo que sienten; catan para conocer un vino y para hablar de él. Por eso, la valía de un catador no solo depende de su sensibilidad como instrumento receptivo, ni de su capacidad para reconocer los olores o los sabores o para apreciar su armonía, sino que depende también de su aptitud para describir esas impresiones. No es suficiente que tenga un buen paladar, sentidos justos y rectos, una memoria rápida y dócil y que sepa colocarse en las mejores condiciones para juzgar un vino; también tiene que saber expresar claramente sus vivencias sensoriales y debe poseer un vocabulario sobre la cata suficientemente extenso y preciso como para expresar sus percepciones y motivar un juicio.

Lo que crea la reputación de un catador es en gran parte su forma de hablar del vino, la claridad, la precisión y los matices de sus comentarios. Pero no hay que fiarse del elocuente: puede que hable mejor de lo que cata.

A pesar de la gran gama de matices y tonalidades, el color del vino gira en torno a tres colores: blanco, tinto y rosado, quedando este último un tanto marginado frente a la supremacía de los otros dos. Y en el imaginario colectivo siempre prevalece el tinto/rojo como el color propio del vino.

Nuestra aproximación al estudio de la significatividad cromática del vino, la hemos llevado a cabo en contacto con determinados panoramas asociados a la dimensión simbólica del licor.

En principio, destacamos algunas referencias de carácter literario, artístico y mitológico en las que la vid y el vino aparecen vinculados a escenarios idílicos, paradisiacos, que forman parte de la edad de oro; de mundos ideales, expresivos de los deseos y aspiraciones más íntimas de los seres humanos. Se trataría de hitos semánticos, generadores del imaginario simbólico del vino, de un universo presidido por Dionisos. En este sentido, nos ha interesado, también, conocer la identidad del dios del vino, algunos de cuyos rasgos pueden encontrar reflejo o correlato en características esenciales de la bebida y en la singularidad de sus nombres.

Partiendo de esta contextualización, hemos acometido el análisis de los distintos cromatismos del vino, los referidos en sus etiquetas y los percibidos en su sustancia. Para ello, ha sido necesario profundizar en la historia del color y conocer los procesos concernientes a su codificación como categorías merecedoras de nombre propio. Todo un desarrollo en el que los colores irán adquiriendo entidad junto al particular perfil simbólico. Advirtiendo en este capítulo un hecho que contribuye a prestigiar de manera notable el colorido del vino, como es, su coincidencia con la gama que distingue la cultura cromática del mundo clásico. Una gama que al estar representada por los colores: blanco, negro, rojo, dorado y púrpura, posee un simbolismo trascendente y aspiracional, relacionado con la vida, la muerte, la pasión, el lujo y el poder; con valores de naturaleza universal y eterna.

Esta importante serie de significados atesorados por los colores del vino nos ha llevado a interpretar sus etiquetas y cromatismo bajo la condición de «marca mítica». Un concepto que, basado en otros similares, caso de «connotación afectiva» y «marca afectiva», estaría encargado de identificar en la singularidad de los nombres y el simbolismo de los colores del vino los signos de un ancestral y excelso imaginario simbólico.

Referencias bibliográficas

Aristóteles, (2006): *Koloreeiburuz. Sobre los colores.* Vitoria-Gasteiz, ARTIUM. Centro-Museo vasco de Arte Contemporáneo, BASSARAI. (Trad.: Javier Alonso, Marleen Vandebroek y Maria Jose Kerejeta).

Assunto, Rosario (1991): *Ontología y teleología del jardín.* Madrid, Tecnos.

Bachelard, Gastón (2006): *La tierra y las ensoñaciones del reposo: ensayo sobre las imágenes de la intimidad.* México, Fondo de Cultura Económica. (Trad.: Rafael Segovia).

Ball, Philip (2003): *La invención del color,* Madrid, Turner. (Trad.: Rafael Segovia).

Baridon, Michel (2004): *Los jardines. Antigüedad. Extremo Oriente.* Madrid, Abada. (Trad.: Juan Calatrava).

Barthes, Roland (2009): *Mitologías.* Traducción de Héctor Schmucler, Madrid, Siglo XXI.

Bayard, Jean-Pierre (1990): «Symbolisme de la vigne». *L'Arc. Cahiers méditerranéens.* 3er Trimestre, 7–13.

Blouin, Jacques y Émile Peynaud (2003): *Enología práctica. Conocimiento y elaboración del vino.* Madrid, Mundi Prensa.

Brusatin, Manilo (1987): *Historia de los colores.* Barcelona, Paidós (Trad.: Rosa Premat).

Butler Greenfield, Amy (2010): *Un rojo perfecto. Imperio, espionaje y la búsqueda del color del deseo.* València, Universitat de València. (Trad.: Raúl González Arévalo).

Chevalier, Jean y Alain Gheerbrant (1982): *Dictionaire des symboles. Mythes, rêves, coutumes, gestes, formes, figures, couleurs, nombres.* Paris, Bouquins.

Cirlot, Juan Eduardo (2022): *Diccionario de símbolos*, Madrid, Siruela.

Daraki, Maria (2005): *Dionisos y la diosa Tierra.* Madrid, Abada. (Trad.: Belén Gala Valencia y Fernando Guerrero Jiménez).

Ferwerda, Rein (2006): *Introducción.* Aristóteles, *Koloreei buruz. Sobre los colores.* Vitoria-Gasteiz, ARTIUM. Centro-Museo vasco de Arte Contemporáneo, BASSARAI. (Trad.: Javier Alonso, Marleen Vandebroek y Maria Jose Kerejeta).

GAGE, John (2001): *Color y cultura. La práctica y el significado del color de la Antigüedad a la abstracción.* Madrid, Siruela. (Trad.: Adolfo Gómez Cedillo y Rafael Jackson Martín).

HAMVAS, Béla (2020): *La filosofía del vino.* Barcelona, Acantilado. (Traducción de Adan Kovacsics).

IMPELLUSO, Lucia (2007): *Jardines y laberintos.* Barcelona, Electa. (Trad.: Patricia Orts).

KERÉNYI, Karl (2011): *Dionisios. Raíz de la vida indestructible.* Barcelona, Herder. (Trad.: Adan Kovacksics).

MADERUELO, Javier (2005): *El paisaje. Génesis de un concepto.* Madrid, Abada.

PASTOUREAU, Michel (2009): *Negro. Historia de un color.* Madrid, 451 Editores. (Trad.: Julia Osuna Aguilar).

PASTOUREAU, Michel (2017): *Los colores de nuestros recuerdos.* Cáceres, Periférica. (Trad.: Laura Salas Rodríguez).

PASTOUREAU, Michel y Dominique SIMONNET (2006): *Breve historia de los colores.* Barcelona, Paidós. (Trad.: María José Ferió).

PEYNAUD Émile y Jacques BLOUIN (2002): *El gusto del vino.* Barcelona, Mundi-Prensa.

PEYNAUD, Émile et Jacques BLOUIN (1996): *Le goût du vin. Le grand libre de la dégustation.* 3.ᵉ edition. Paris, Dunod.

ROGER, Alain (2007): *Breve tratado del paisaje.* Madrid, Biblioteca Nueva. (Trad.: Maysi Veuthey).

RUIZ HERNÁNDEZ, Manuel (1995): *La cata y el conocimiento de los vinos.* Madrid, A. Madrid Vicente, Ediciones.

SANZ, Juan Carlos y Rosa GALLEGO (2001): *Diccionario Akal del color,* Madrid, Akal.

SEGURA MUNGUÍA, Santiago (2005): *Los jardines en la Antigüedad.* Bilbao, Universidad de Deusto.

SOURIEAU, Etienne (1998): *Diccionario Akal de Estética.* Madrid, Akal. (Trad.: Ismael Grasa, Xavier Meilán, Cecilia Mercadal y Alberto Ruiz de Samaniego).

SPINETO, Natale (2002): *Los símbolos en la historia del hombre.* Barcelona, Lunwerg. (Trad.: Ramón Ibero).

VARICHON, Anne (2009): *Colores. Historia de su significado y fabricación.* Barcelona, Gustavo Gili. (Trad: Mónica Rubio).

VIVANCO (2015): *Museo Vivanco de la cultura del vino.* Briones, Bodega. Fundación. Experiencias.

Gloria Martínez Lanzán

Si el vino hablara… El lenguaje de la cata

Resumen: A través de las fases de la cata -visual, olfativa y gustativa- los vinos van desvelando sus secretos y, al mismo tiempo, los colores, aromas y sabores del vino que forman parte del lenguaje propio de este subdominio vitivinícola se van abriendo al catador para permitirle definir todos los matices del vino que se manifiestan por medio de los sentidos. El último paso de este proceso será la valoración del vino en la que se plasman todas esas sensaciones en textos específicos, las llamadas notas de cata. En este artículo nos proponemos un doble objetivo, por una parte, recoger un buen número de términos de cata en español, inglés y francés y enmarcarlos dentro de las lenguas de especialidad y, por tanto, de la traducción especializada; y, por otra, analizar algunas notas de cata que constituyen un género textual dentro del dominio vitivinícola. El análisis nos permitirá comprobar en qué medida cada lengua destaca unos u otros aspectos, cuáles son los niveles de traducción y cuáles las dificultades que podemos encontrar al afrontar tanto la verbalización como el tipo de texto que la cata genera.

Palabras clave: Lenguas de especialidad. Terminología de la cata. Traducción especializada. Notas de cata. Géneros textuales.

Abstract: All along the stages of wine tasting -visual, olfactory and tasting- wines reveal their secrets whereas, at the same time, the colours, smells and tastes of wine that constitute a characteristic language of the wine domain and allow the wine-taster to define all the nuances of wine shown through his/her senses when tasting. The last stage of this process is the assessment of wine to describe these feelings in specific texts, the so-called tasting notes. The purpose of this article is a double one. On the one hand, a large number of wine-tasting terms in Spanish, English and French will be collected and considered as part of specialised languages; on the other hand, some tasting notes, which are a significant type of textual gender in the wine domain, will be analysed so as to check to what extent each language emphasizes some aspects, which the levels of translation are and which the difficulties that can be found when putting into words the wine-tasting terminology are as well as the type of text that it generates.

Keywords: Specialised language. Wine Tasting Terminology. Specialised translation. Tasting notes. Textual genders.

0. Introducción

La importancia del vino en nuestra sociedad es incuestionable. Si nos remontarnos al año 8000 a. C. podremos encontrar los primeros vestigios de la existencia de vides en diferentes partes del mundo (Peñín, 2008). También se han descubierto ánforas en el Neolítico y existen testimonios escritos que atestiguan la presencia del vino (Hidalgo, 2002), de manera que podemos decir que el vino existe desde que existe el mundo y el hombre se dedicó a la agricultura. En la actualidad el vino no forma parte de la dieta habitual como en la Edad Media, ni tampoco en la de marineros, conquistadores o ejércitos como era costumbre para infundirles valor. Sin embargo, desde finales del siglo pasado la llamada «cultura del vino» así como los «gurús del vino» han elevado esta bebida a objeto de culto y se han desarrollado nuevas formas de disfrute y conocimiento a través del enoturismo, la enoterapia, las enotecas, las reseñas en periódicos, revistas o en las numerosas publicaciones relacionadas con el vino. Muchas de ellas nos llevan a la cata o degustación que se convierte en una forma placentera de compartir impresiones y experiencias en torno a una copa de vino.

El dominio vitivinícola se enmarca dentro de los lenguajes de especialidad. Este a su vez, incluye varios subdominios tales como viticultura, enología, ampelografía, comercialización o cata. Si bien asumimos que algunos de estos subdominios son únicamente significativos para los expertos, dada la popularización del vino en la actualidad parece que todos podemos considerarnos un poco «expertos» puesto que la terminología utilizada pertenece en buena medida al ámbito de la lengua general, especialmente en el subdominio de la cata. Un corpus extraído de algunos diccionarios de especialidad[1] nos servirá para introducir el léxico de la cata a través de las distintas fases en las que esta se lleva a cabo. Presentaremos los términos en español, inglés y francés haciendo un breve recorrido por voces que cualquier diccionario de la lengua general recoge sin marca alguna de especialidad, pero que en el subdominio de la cata adquieren la categoría de términos y configuran una terminología propia.

Dado que utilizaremos tres lenguas podremos comprobar las posibles dificultades a las que deberá hacer frente el traductor ante este discurso especializado centrándonos en uno de los tipos de textos representativos que se generan en el dominio vitivinícola como son las «notas de cata». Hemos elegido 3 vinos de las páginas web de 3 bodegas españolas cuyas fichas técnicas -de las que únicamente hemos extraído las notas de cata- están escritas en las 3 lenguas mencionadas, lo

1 Ver apartado 2 y Corpus de Textos.

que nos permitirá comparar la estructura, así como las equivalencias e interferencias y el resultado de las decisiones traductológicas adoptadas.

1. Las lenguas de especialidad y el dominio vitivinícola

Las lenguas de especialidad o lenguajes especializados son aquellas que utilizan los expertos en una materia para compartir y transmitir conocimiento especializado mientras que el discurso o lengua general sirve para la comunicación entre hablantes que comparten una misma lengua sea cual sea su nivel de conocimiento de la misma. En realidad, algunos autores señalan aspectos comunes entre ambos tipos de lengua, por tanto, no existe una separación tajante, sino que algunos aspectos son compartidos.

Para Cabré (1993: 128), el discurso general es utilizado por los hablantes en situaciones que la autora denomina «no marcadas» mientras que señala otras situaciones «marcadas» en las que habría que observar aspectos tales como el tema, el tipo de interlocutor, la situación de comunicación o la intención del hablante que son propios del discurso de especialidad. Así pues, según esta autora, frente al discurso general, el lenguaje especializado se caracteriza por tres variables: tema, usuario y situación de comunicación que implican unas peculiaridades lingüísticas y textuales. Nos parece relevante la idea de Lerat (1997) para quien la lengua especializada es ante todo una lengua en situación de empleo profesional, es decir, una «lengua en especialidad». Por su parte, Kocourek (1991) apunta que una lengua de especialidad debería tender a la neutralidad y a la objetividad, aunque como veremos no vamos a encontrarlas en la terminología de la cata.

En cuanto a las funciones del lenguaje que plantean algunos autores (Jakobson, 1960; Halliday, 1973; Lyons, 1977), consideramos que tanto la referencial, clasificativa, textual o descriptiva tienen un papel destacado en el discurso de especialidad mientras que se restringen al máximo otras como la emotiva o la poética. Nuevamente veremos que no es este el caso del subdominio de la cata. En cuanto a las notas de cata, es evidente que el emisor busca conseguir una reacción positiva del receptor y no dudará en utilizar un lenguaje persuasivo para hacer que el mensaje no solo resulte atractivo y sugerente, sino que también haga partícipe al catador de ese lenguaje envolvente cuya aproximación le proporcione una sensación de exclusividad. En la medida en la que ese lenguaje especializado sea utilizado por una comunidad en la que el receptor puede incluirse, ese lenguaje será común e inclusivo y, en nuestra opinión, las metáforas -marca distintiva en este subdominio- perderán su función poética en favor de la función informativa al formar parte de un lenguaje de especialidad compartido.

Generalmente asumimos que la mayor diferencia entre el discurso general y el especializado estriba en la terminología específica de cada ámbito de especialidad. En muchos casos, esa terminología es percibida por el hablante no experto como una jerga ininteligible y hermética de la que queda excluido a pesar de la banalización que hoy en día se hace en los medios de comunicación en determinados campos de la ciencia, la economía o la tecnología. Sin embargo, parte de ese léxico especializado se ha popularizado y ha trascendido su ambiente restringido para formar parte de la competencia de los hablantes en proceso de adquirir conocimiento especializado como señala Cuadra García (2006). Aun así, nos parece que la vulgarización del lenguaje especializado no va necesariamente aparejada con una mayor y mejor comprensión del mismo.

Entonces, ¿cómo acceder a esa terminología específica? La presencia de terminología vitivinícola en los diccionarios de la lengua general como el DRAE que incluye marca de especialidad es inexistente. Ni siquiera en el ámbito de especialidad de la enología que marca el inicio de la ciencia moderna en nuestro país (Bajo Santiago, 2006; Ibáñez Rodríguez, 2006), se asigna marca de especialidad a los términos que incorpora. Únicamente podemos encontrar algunos términos utilizados en la elaboración del vino con marca de especialidad o diatécnica como Química (*Quim.*), y unos pocos términos como Agricultura (*Agric.)* que, según Ahumada (2001) es considerado el grado de menor especialización dentro de los establecidos para las lenguas de especialidad. Mucho se ha escrito sobre la presencia de terminología especializada (términos marcados) o el volumen de términos que deberían recoger los diccionarios generales (Guerrero Ramos, 1999; 2006; Alpízar, 1990; Rodríguez Díaz, 2003), sin embargo, en el caso de la vitivinicultura, tenemos que recurrir a los diccionarios especializados y, el lenguaje de la cata no es una excepción. Desde luego, está claro que el lenguaje vitivinícola forma parte del discurso especializado y así lo recogen numerosos estudiosos[2] como Ibáñez Rodríguez[3] (2006, 2007, 2010, 2017); Rossi (2010); Lerat (2006, 2010, 2020) o Stengel (2016) para quien «Le vin est une élément de discours technique et pratique, et tout autant scientifique».

2 El número de trabajos, artículos académicos y congresos en torno al vino es amplísimo, por tanto resultaría exhaustivo mencionarlos en su totalidad. Como muestra del interés que el vino despierta señalamos los cuatro congresos realizados por la Universidad de Valladolid organizados por el GIRTraduvino y celebrados en la Facultad de Traducción e Interpretación de Soria los años 2004, 2008, 2011 y 2019.

3 Solo citamos una pequeña muestra de los trabajos del Prof. Ibáñez Rodríguez. Su amplia bibliografía se puede consultar en https://girtraduvino.com/es/miembros/ dentro de la página del GIRTraduvino.

2. Sobre el lenguaje de la cata

Como señala Smith (2007), el químico describe cómo es el vino, mientras que el catador describe cómo sabe el vino; así, el primero es objetivo y el segundo meramente subjetivo. Entonces, ¿existe alguna conexión entre ambos? En realidad, aunque la cata es una experiencia subjetiva del catador individual; lo que catamos, es decir, los taninos, la acidez o la limpidez del vino son propiedades objetivas del propio vino. De manera, que objetividad y subjetividad van a ir de la mano en este lenguaje de especialidad.

Una de las características del léxico especializado de la cata es la abundante utilización de palabras que pertenecen al discurso general pero que adquieren la categoría de términos y que nos van a servir para describir sensaciones, olores, sabores y, en definitiva, para evaluar el vino. Mayoritariamente se trata de adjetivos y sustantivos y, puesto que pertenecen al discurso general, vamos a poder encontrarlos en los diccionarios de la lengua -con significados que salvo excepciones nada tienen que ver con el mundo del vino- por lo tanto, para deslindar su significado deberemos consultar los diccionarios especializados. Así, por ejemplo, en el DRAE para la entrada «anguloso» encontramos dos definiciones: «1. Que tiene ángulos (II esquinas). 2. Dicho especialmente del rostro humano: De formas huesudas y señaladas a causa de su delgadez». Como podemos observar, nada que ver con ese mismo término en el *Gran Diccionario del Vino* (Wiesenthal, 2011: 57): «Vino cuya aspereza y acidez dominan sobre las demás características». Esto nos lleva a un aspecto relevante de este subdominio que es el papel preponderante de la metáfora y, consecuentemente al sentido metafórico que impregna el léxico de la cata.

Otro rasgo destacado de las lenguas de especialidad debería ser la ausencia de elementos poéticos debiendo primar la función informativa expresada con una forma de lenguaje neutro carente de toda subjetividad. Sin embargo, el lenguaje del vino presenta un estatus particular pues se sirve de metáforas, metonimias y sinestesias para dotar de «realidad» a imágenes o sensaciones que están en la mente del catador y que debe trasmitir a otros destinatarios, Por tanto, la metáfora juega un papel muy destacado en este ámbito de especialidad como queda reflejado en numerosos trabajos (Courtois, 1984; Amoraritei, 2002; Coutier, 1994, 2006; Martínez Lanzán, 2006, 2008; Suárez-Toste, 2007; Fraile Vicente, 2010, 2020; Rossi, 2010; Planelles Iváñez, 2012; Negro Alousque, 2014; Wislocka, 2014; López Arroyo y Roberts, 2017), lo cual no deja de ser paradójico puesto que el lenguaje de especialidad debería ser neutro, objetivo y preciso y dejar de lado cualquier apelación a la subjetividad. Sin embargo, en el proceso de la cata, ante la dificultad de analizar sensaciones individuales y, por tanto, subjetivas con un vocabulario compartido y objetivo nos vemos forzados a utilizar un lenguaje algo ambiguo con una carga poética importante. De hecho, las comparaciones (este vino sabe a…), las personificaciones o los rasgos antropomórficos que se le asignan al vino (delgado, redondo, grueso…) o las hipérboles (un vino elegante, con clase…) responden al deseo de expresar todo lo que el catador experimenta en el paladar y que quiere suscitar y compartir con los demás.

Así pues, a falta de un lenguaje preciso, habrá que recurrir a la memoria del catador para asociar sabores y olores a lo ya conocido, por eso decimos que un vino «nos recuerda» o «se parece a» tal o cual sabor u olor, de ahí la importancia de la metáfora. De hecho, mientras que el arte o la técnica de hacer un vino requieren un lenguaje preciso y objetivo, el vocabulario para describir dicho vino será principalmente subjetivo para poder dar salida a todo lo que el catador percibe a través de los sentidos. Para Le Guern (1973: 68), el papel de la metáfora se justifica por la necesidad pues se asume naturalmente como «la suppléance dans la dénomination en l'absence de terme propre». Según Demaecker (2006), la terminología de la cata se organiza según dos categorías, por una parte la que utilizan los especialistas (científicos, enólogos o catadores profesionales) con un vocabulario más restringido y términos propios y, por otra, la de los aficionados que representan el vino de una forma más global y utilizan un vocabulario que se ajusta a sus preferencias o sensaciones para los cuales el léxico del vino puede resultar abrumador. Como apunta Courtois (1984), si se quiere hablar de vino no se puede escapar de la metáfora, ni siquiera los expertos pueden substraerse a ella a pesar de su preocupación por la precisión. De ahí, que su presencia sea tan importante y tan constante en este subdominio y para Falgueras (2020: 40–41): «Las metáforas en el vocabulario del sumiller no tienen un papel ornamental, sino que son la base de su lenguaje especializado».

Las lenguas de especialidad deben tender a la precisión y a la univocidad, sin embargo, no podemos dejar de señalar fenómenos como la sinonimia o la polisemia que están presente en el dominio vitivinícola en general y en el subdominio de la cata en particular. Por lo tanto, aunque el catador o el traductor utilicen diccionarios especializados, en bastantes ocasiones, vamos a observar cierta vacilación en el uso de los términos, lo que contribuye a crear ambigüedad. Así, por ejemplo, en los textos especializados que utilizaremos para configurar la terminología de la cata *Dictionnaire Moët-Hachette du Vin* (1996), *Dictionnaire de la Langue du Vin* (Coutier, 2007), *Gran Diccionario del Vino* (Wiesenthal, 2011), *Diccionario Espasa del Vino* (Peñín, 1999), *Diccionario Profesional del Vino* (Serdio, 2015), *La Petite Encyclopédie du Vin* (2018), *The Oxford Companion to Wine* (Robinson, 2006) y *Les mots du vin et de l'ivresse* (Courtois, 1984) vemos remisiones a otros términos sinónimos o equivalentes aunque con matices ligeramente diferentes por lo que en el proceso de traducción de la terminología vitivinícola no siempre vamos a poder aplicar la fórmula de traducción de uno-a-uno, sino que se presentaran diversas opciones de términos cuasisinónimos.

2.1. Fases de la cata

«The experience of tasting is a complex one in which taste, smell and feel are intermingled; and one of the things that differentiate experts from others is their ability to separate and decompose the sensory experience» (Lehrer, 1975: 903). Teniendo en mente esta idea, vamos a adentrarnos en el proceso de la cata que se estructura en tres fases a través de las cuales el catador va a ir apreciando, analizando y finalmente evaluando el vino.

El léxico de la cata es amplísimo por lo que solo podemos limitarnos a recoger una pequeña parte de esa terminología trilingüe[4] sin entrar apenas en el significado de los términos que pueden consultarse en ENOTERM[5] -la base de datos terminológica del dominio vitivinícola del GIRTraduvino- además de en otras fuentes documentales (diccionarios especializados, glosarios, etc.). Como señala Amoritei (2002), las relaciones semánticas que se establecen en el lenguaje de la cata tienen muy poco que ver con las de la lengua común, de ahí las dificultades tanto al expresar como al tratar de descifrar la terminología de este subdominio de especialidad. Por su parte, Lehrer (2010) afirma que la mayoría de los descriptores denotan cosas cotidianas que la mayoría de las personas puede relacionar pues se refieren a plantas, flores, minerales, hierbas o especias, entre otras y también al cuerpo humano como nariz o cuerpo o con rasgos de personalidad o conductas humanas; si bien las percepciones de aroma y sabor son muy subjetivas y variables dependiendo de cada persona y es que la idea de subjetividad va a planear a lo largo del léxico de la cata, puesto que el léxico utilizado no está creado *ad hoc* sino que la mayoría de los términos son usados en otros muchos contextos. Esta reconoce que el experto hace un uso más preciso del lenguaje que el catador puesto que necesita comunicarse de forma precisa, sin ambigüedad; además ha recibido un entrenamiento al respecto del que el catador normalmente carece. De ahí, que a los no expertos les resulte complicado interpretar mucha de esa terminología.

Está claro que la cata es un proceso sensorial pues todos los sentidos participan en él por lo que no es nada fácil de llevar a cabo. Si bien la vista/*sight*/*vue*,

---

4 Como ya apuntamos en la introducción el léxico específico y las notas de cata que analizaremos estarán en español, inglés y francés.

5 https://girtraduvino.com/es/recursos/ (consultada: 20/05/2021).

el olfato/*smell*/*odorat* y el gusto/*taste*/*goût* tienen un peso mayor, no podemos obviar el oído/*hearing*/*oüil*, debido a las sensaciones que se perciben al abrir una botella de vino o al verterlo en la copa y lo mismo ocurre con el sentido del tacto/*touch*/*toucher* que facilita la percepción de las impresiones que despierta el vino tanto en los labios como en la boca. Para Smith (2007) los sentidos de la vista, el tacto y el oído requieren un conocimiento objetivo, mientras que el gusto y el olfato tienen un fuerte contenido de subjetividad por lo que resulta ciertamente complicado poner en palabras nuestra propia experiencia sensorial. En cualquier caso, todos y cada uno de los sentidos se ponen en funcionamiento cuando catamos un vino[6] y a través de ellos el vino nos habla de una u otra manera como veremos a continuación.

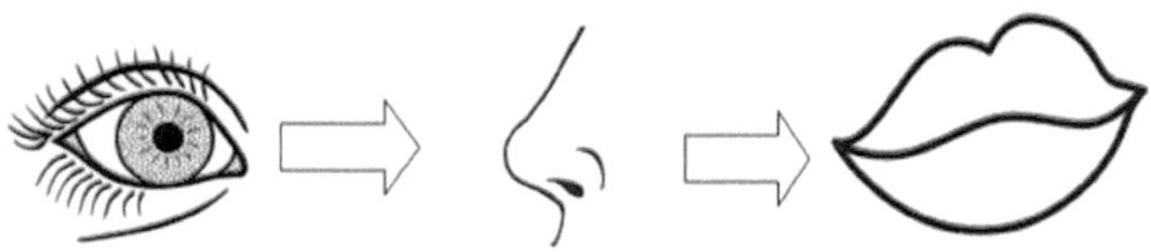

Fig. 4.1: *Los principales sentidos utilizados en las fases de la cata*[a].

[a]Imágenes bajo licencia Creative Commons.

2.1.1. Fase visual/Looking at wine/Examen visuel

En esta primera fase vamos a observar el vino en la copa y nos fijaremos en aspectos como el color/*colour*/*couleur*, la brillantez/*brilliance*/*brilliance*, la limpidez/*limpidity*/*limpidité* o la intensidad/*intensity*/*intensité*.

Esta fase podría considerarse la más objetiva de las tres y, por tanto, la más sencilla de verbalizar. El color del vino nos va a dar muchas pistas sobre lo que percibiremos al final del proceso. Así, en un vino tinto una mayor intensidad del color prometerá un vino robusto, rico en taninos mientras que un color más apagado nos hará pensar en un vino ligero de cuerpo y con menor persistencia aunque no por ello deje de ser agradable. Tampoco la metonimia queda al margen de esa fase pues es normal referirse al ojo/*eye*/*oeil* del vino cuando lo relacionamos con el cuerpo. Por lo que respecta a los **colores/*colours*/*couleurs***, la gama de matices puede presentar cierta ambigüedad; así, según el vino sea blanco/*white*/*blanc*, hablaremos de un vino de color verdoso/*greenish*/*vert*; pálido/*pale yellow*/

6 Por razones de espacio el léxico de la cata aquí recogido es muy limitado, por lo que damos únicamente unas breves pinceladas sobre este riquísimo vocabulario.

pâle; pajizo/*straw*/*paille*; dorado/*golden*/ *doré* o ámbar/*amber*/ *ambré*, entre otros. Si se trata de un vino rosado/*rosé*/*rosé*, el vino será de color piel de cebolla/*onion skin*/*pelure d'oignon*; salmón/*salmon*/*saumon*; rosa/*rose*/*rose* o frambuesa/*raspberry*/*framboise* y, de un vino tinto/*red*/*rouge* diremos que es púrpura/*purple*/ *pourpre*; violeta/*violet*/*violet*; cereza/*cherry*/*cerise*; granate/*garnet*/*grenat* o rubí/ *ruby*/*rubís*. Estos son solo algunos ejemplos de colores que pueden formar parte de colocaciones con adverbios como ligeramente/*slightly*/*légérement* + color o con otros adjetivos, por ejemplo, si decimos que un vino es rojo oscuro o *yellow gold* o *rouge franc* se nos ofrece un amplio abanico de colores y matices en el que los más brillantes corresponderán a los vinos más jóvenes mientras que los colores más apagados indicarán que el vino es más viejo y, en algunos casos, que está oxidado. El antropomorfismo del vino también podremos observarlo en el color, así vestiremos al vino con una capa/*colour*/*robe*[7] -se observa inclinando la copa y poniéndola sobre un fondo blanco- que puede ser alta, baja o media según su intensidad cromática o diremos que un vino tinto es joven/*young*/*jeune* si presenta un color vivo o púrpura mientras que si el color es más atenuado hablaremos de un vino viejo/*old*/*vieux*, por lo que podremos observar la **edad** del vino similar a la vida humana que va desde su juventud a su crianza/*maturing*/*élevage* y finalmente a su envejecimiento/*ageing* /*vieillissement*.

El examen visual también nos indicará la **limpidez/*limpidity*/*limpidité*** del vino, es decir, la ausencia de partículas en él. En cuanto a la falta de limpidez, esta se manifiesta en los vinos blancos en la presencia de cristales de bitartratos/ *tartrates*/ *cristaux de bitartrates* y en los vinos tintos en los sedimentos/*deposits*/ *dépôts*, es decir, las materias sólidas precipitadas en el vino que se producen en la elaboración o en el envejecimiento y que pueden producir enturbiamiento/ *turbidity*/ *turbidité* aunque esto no siempre significa que el vino no sea apto para el consumo, ya que generalmente se trata más de una cuestión de estética que de la calidad o del estado del vino. Así mismo, observaremos la **efervescencia/*effervescence*/*effervescence***, es decir, la presencia o ausencia de CO2 que se manifiesta en las burbujas/*bubbles*/*bulles* lo que nos mostrará si se trata de un vino efervescente/*sparkling*/*effervescent* o si por el contrario estamos ante un vino tranquilo/*still*/*tranquille*, lo que nuevamente nos remite a la similitud del vino con algunos rasgos de la personalidad humana. Además, podremos observar la **fluidez/*fluidity*/*fluidité*** del vino que se reflejará en las llamadas lágrimas/ *tears*/*larmes* -gotas que se deslizan por la copa- que evidencian la presencia de

7 En inglés no existe un término específico y se habla de «colour».

glicerol/*glicerol*/*glycérol*. Estas gotas también se asimilan a partes del cuerpo humano y se las llama piernas/*legs*/*jambes*, entre otros nombres.

En esta primera fase ya podemos empezar a entender un poco el vino, aunque su voz todavía suena muy baja.

2.1.2. Fase olfativa/Smelling wine/Examen olfactive

Una vez observado el color del vino y almacenado el vocabulario correspondiente, pasamos a la 2.ª fase en la que juega un papel determinante el sentido del olfato o la nariz/*nose*/*nez* del vino y en la que necesariamente vamos a tener que recurrir a nuestras sensaciones olfativas para tratar de identificar los olores/*smells*/*odeurs* del vino. El olfato nos va a desvelar olores agradables, es decir, sus virtudes, pero también desagradables, o sea sus defectos.

El enorme número de olores que podemos detectar hace necesaria una cierta clasificación. Hasta la fecha se han detectado más de 900 compuestos volátiles en el vino, de los cuales unos 100 contribuyen a su aroma según Serdio (2015). Peynaud y Blouin (2002) señalan que fue Linneo quien los agrupó en siete categorías hace más de dos siglos, sin embargo, apuntan a la diversidad de clasificaciones existentes; de hecho, ellos mismos incluyen diez series. Casamayor (2014) recoge seis familias básicas aunque con unos subapartados muy amplios, por su parte en Casamayor y Moisseeff (2018) encontramos quince familias aromáticas desglosadas en otros tantos subapartados y en *La Petite Encyclopedie du Vin* (2018) también figuran diez familias de aromas con algunas diferencias en las series con respecto a la clasificación de Peynaud y Blouin.[8] Así pues, vemos que no existe un consenso al respecto por lo que vamos a recoger las series de aromas más comunes tratando de organizar así el léxico de la cata en esta 2.ª fase en la que el catador deberá detectar, interpretar y valorar tres tipos de aromas.

Familias/series de aromas[9]

1. **vegetal/*vegetal*/*végétal***
   hierba/*grass*/*herbe*; helecho/*bracken*/*fougère*; champiñón/*mushroom*/*champignon*; musgo/*moss*/*mousse*…
2. **floral/*flowery*/*floral***
   rosa/*rose*/*rose*; violeta/*violet*/*violette*; tilo/*linden*/*tilleul*; jazmín/*jasmine*/*jasmin*…

---

8 Son interesantes las ruedas de los aromas aunque algo abrumadoras para el lego en la materia. Pueden consultarse en diversas páginas web. Ver Recursos vitivinícolas.

9 En Anexo 1 incluimos nuestra propia tabla de aromas en las tres lenguas.

3. **frutal/*fruity/fruité***
   frutas rojas/*red fruits/fruits rouges* (cereza/*cherry/cerise*; fresa/*strawberry/fraise*; frambuesa/*raspberry/framboise*...); frutas negras /*black fruits/fruits noirs* (arándano/*blueberry/airelle*; mora/*blackberry/mûre*...); manzana/*apple/pomme*; limón/*lemon/citron*; naranja/*orange/orange*; melocotón/*peach/pêche*...
4. **balsámica/ *balsamic/ balsamique***
   resina/*resin/résine*; sándalo/*sandal/santal*; pino/*pine/pin*; abeto/*fir/sapin*...
5. **especiada/*spicy/épice***
   canela/*cinnamon/cannelle*; vainilla/*vanilla/vanille*; nuez moscada/*nutmeg/noix muscade*; pimienta/*pepper/poivre*...
6. **animal/*animal/animal***
   venado/*venison/venaison*; cuero/*leather/cuir*; piel/*fur/fourrure*...
7. **empireumática/*empyreumatic/empyreumatique***
   tostado/*toasted/grillé*; tabaco/*tobacco/tabac*; café/*coffee/café*; cacao/*chocolate /cacao*; ahumado/*smoky/fumé*...
8. **química/*chemical/chimique***
   azufre/*sulphur/souffre*; yodo/*iodine/iode*; petróleo/*oil/pétrole*...
9. **confitería/*confectionery/confiserie***
   brioche/*brioche/brioche*; miel/*honey/miel*...
10. **lácteos/*lactic/lactique***
    mantequilla/*butter/beurre*; nata/*cream/crème*; leche/*milk/lait*...
11. **mineral/*mineral/minérale***
    pedernal/*flint stone/pierre à fusil*; creta/*chalk/craie*...

Estos son solo unos pocos ejemplos de la amplísima gama de aromas que vamos a tratar de identificar y reconocer; aromas que serán de tres tipos, como veremos a continuación.

En un primer momento oleremos el vino que tenemos en la copa sin moverla y descubriremos los **aromas primarios/*primary aromas/arômes primaires***. Son aromas varietales que proceden de la variedad de uva con la que se ha elaborado el vino. Por ejemplo, la pinot noir se asocia con cereza/*cherry/cerise*; la syrah con violeta/*violet/violette* o la cabernet sauvignon con pimienta/*pepper/poivron*. El simple hecho de oler ya nos va a evocar olores conocidos.

Posteriormente, con un movimiento de rotación de la copa se liberarán nuevas notas olfativas, pero ¿qué aromas vamos a detectar? En este punto serán los **aromas secundarios/*secondary aromas/arômes secondaires*** que se desvelan durante la fermentación alcohólica/*alcoholic fermentation/fermentation alcoolique* o la fermentación maloláctica /*malolactic fermentation/fermentation* *malolactique* del vino. Así, apreciaremos olores a levadura/*yeast*/*levure*; plátano/*banana*/*banane*; mantequilla/*butter*/*beurre*; queso/*cheese*/*fromage* o nata/*cream*/*crème*, entre otros muchos.

Por último, trataremos de descubrir los **aromas terciarios/*tertiary aromas*/*arômes tertiaires*** que se desarrollan durante la fase de crianza/*maturing*/*élevage* en barrica -crianza oxidativa- o durante el envejecimiento/*ageing*/*vieillissement* en botella cuando se producen los aromas de reducción/*reduction odours*/*bouquet de réduction*. Estos aromas terciarios componen lo que se conoce como *bouquet*[10] del vino. Son aromas que van desde los de tipo animal a los balsámicos, pero destacan especialmente los empireumáticos. Sin embargo, también podemos descubrir otros aromas que desvelan defectos del vino y que pueden deberse a una mala calidad de la uva -si esta se ha vendimiado demasiado verde, demasiado madura o en malas condiciones o los derivados de un proceso de vinificación o una crianza inadecuadas o a una falta de higiene durante estos procesos o de la propia bodega, entre otras-.

2.1.3. Fase gustativa/Sipping wine/Examen gustatif

Hasta aquí, en la 1.ª fase hemos tratado de identificar el color del vino y ciertas cualidades aparejadas al sentido de la vista; en la 2.ª hemos podido detectar series de olores y aromas del vino a través del olfato y en esta última fase el gusto va a jugar un papel primordial, no solo porque vamos a probar el vino, sino porque tras catarlo será el momento de hacer una valoración general de todas las impresiones que el vino manifiesta. Así se habla de la boca/*mouth*/*bouche* del vino y de las diferentes apreciaciones en las fases en las que se desarrolla denominadas ataque/*attack*/*attaque*, evolución/*evolution*/*évolution* y final de boca/*finish*/*fin de bouche* (*impression finale*); esta nos indicará también la persistencia aromática/*aromatic persistence*/*persistance aromatique* (PAI), es decir, el tiempo en el que el vino es recordado o permanece en nuestra mente después de haber sido ingerido. Esta persistencia se mide en segundos o caudalias/*caudalies*/*caudalies*, así el vino se definirá como largo/*long*/*long* o corto/*short*/*court* en boca.

Cuando el vino entra en la boca, las papilas de nuestra lengua van a percibir cuatro sabores básicos: amargo/*bitter*/*amer*; ácido/*acid*/*acide*; salado/*salty*/*salé* y dulce/*sweet*/*sucré*. Nuevamente vamos a tener que recurrir a nuestra memoria para verbalizar las sensaciones que percibimos apelando a los sabores conocidos

---

10 Aunque en el diccionario de la Real Academia Española (2014) encontramos la forma hispanizada «buqué», está generalizado el término francés tanto en español como en inglés.

o a los aromas que nos evoca el vino. Además de estos sabores elementales, la boca es sensible a la temperatura del vino, a su viscosidad, a la presencia o ausencia de gas carbónico y a la astringencia. También en la boca se desvela el equilibrio/*balance*/*équilibre*, la elegancia/*elegance*/*élégance* o la armonía/*harmony*/*harmonie* del vino y, por supuesto, sus defectos como el gusto a corcho/*bouchonné*/*goût de bouchon* -debido a la mala calidad del corcho/*cork*/*liège* que se ha utilizado para fabricar el tapón/*cork*/*bouchon* que transmite al vino un característico olor o el gusto a azufre/*sulphur taste*/*goût de soufre* que se asocia con huevos podridos/*rotten eggs*/*oeufs pourris*, entre otros-.

El paso final del proceso de la cata es la evaluación o valoración global del vino que tiene mucho de describir, comunicar y compartir experiencias y, es en este momento en el que vamos a tener que recurrir especialmente a la metáfora y a la metonimia para culminar la tarea. El vino es un ser vivo idealizado al que se le atribuyen cualidades antropomórficas, se lo dota de un cuerpo con rasgos físicos y psicológicos, así como de carácter y personalidad humanos. Si bien estas cualidades pueden ser positivas o negativas, en las notas de cata que las bodegas transmiten al visitante o en las que figuran en la contraetiqueta/*counter label*/*contre-étiquette* de sus botellas los defectos del vino no tienen cabida, como podremos comprobar en el apartado 3.1. Veamos algunas de las características del vino que deberíamos reconocer tras haber realizado la cata.

El vino va evolucionando a lo largo de su vida al igual que las personas, de ahí que lo encontremos según las etapas (**edad**) como joven/*young*/*jeune*; viejo/*old*/*vieux*; maduro/*mature*/*mûr* o decrépito/*hoary*/*chenu*.

El vino presenta una **estructura** que lo hace ligero/*light*/*léger*; sólido/*solid*/*solide*; amplio/*full-bodied*/*ample*; complejo/*complex*/*complexe*; poderoso/*powerful*/*puissant*; estructurado/*structured*/*structuré*. Si la estructura es excesiva estaremos ante un vino grosero/*coarse*/*grossier*. Esta estructura se asienta en un cuerpo con unos rasgos físicos que hacen al vino descarnado/*thin*/*décharné*; delgado/*thin*/*grêle*; graso/*rich*/*grass*; carnoso/*meaty*/*charnu* o corpulento/*robust*/*corsé*.

Si hablamos de la **fluidez** del vino lo podemos calificar como fluido/*fluide*/*fluide*; pastoso/*pasty*/*pâteux*; untuoso/*unctuous*/*onctueux* o viscoso/*viscous*/*visqueux*; todos ellos adjetivos que proporcionan al vino una sensación envolvente.

En cuanto a su **personalidad** y **carácter**, el vino será encantador/*charming*/*charmant*; amable/*agreeable*/*aimable*; generoso/*generous*/ *généreux*; fogoso/*spirited*/*fougeux*; franco/*sound*/*franc*; leal/*honest*/*loyal*; noble/*noble*/*noble*; nervioso/*nervy*/*nerveux*; severo/*severe*/*sévère* o desequilibrado /*unbalanced*/*déséquilibré*.

El vino también tiene sexo, puede ser viril/*virile*/*viril* y masculino/*masculine*/*masculin* pero también femenino/*feminine*/*féminin* por lo que presentará rasgos asociados tales como la suavidad y puede ser suave/*smooth*/*souple* o aterciopelado/*velvety*/*velouté*. Como apunta Courtois (1984: 13) el vino invita a una relación erótica, pues es acariciante/ *caressing*/*caressant* y también amoroso/ *lovely*/*amoureux*.

Finalmente, un buen vino es elegante/elegant/*élégant*; fino/*fine*/*fin* y redondo/ *round*/*rond* si es equilibrado/*balanced*/*équilibré*; por el contrario, de un vino defectuoso podremos decir que es plano/*flat*/*plat* si carece de acidez/*acidity*/ *acidité*; que está picado/*pricked*/*piqué* si desprende un fuerte olor a vinagre/*vinegar*/*vinaigre* o que es anguloso/*angular*/*anguleux* si es un vino ácido/*acid*/*acide* y astringente/*astringent*/*astringent*.

Aunque el número de términos mencionado aquí es limitado, si consultamos cualquier diccionario de especialidad para tratar de comprender su significado -dentro del contexto de la cata- resulta sorprendente la cantidad de adjetivos, sustantivos o fraseología propia que se puede concentrar en la definición de cualquiera de estos términos y, por tanto, la dificultad para entender el léxico en su totalidad como podremos constatar en la acumulación terminológica de la mayoría de las definiciones. A modo de ejemplo incluimos tres definiciones de términos diferentes que aparecen con bastante frecuencia en las notas de cata[11]: 1) «redondo» Descriptor de un vino que, o bien es «**armónico**» o equilibrado, que **no tiene aristas**; o bien es «**grande**» y «**pleno**» en boca; o se utiliza para un vino que **no está hecho** y se encuentra en su fase óptima de consumo« (Serdio, 2015: 400); 2) *«meaty» **Substantial** and **full-bodied** in **flavour**, often just as the **tannin** is starting to **reveal the fruit**» (Robinson, 2000: 202); 3) «élégant» Se dit d'un vin qui, au-delà de l'**équilibre**, presente des qualités de **charme** et d'**harmonie**, sans moindre **lourdeur** (La Petite Encyclopédie du Vin, 2018: 376)*. Seguramente para comprender en su totalidad estas definiciones debamos volver a consultar algunos de los términos que figuran en las definiciones en el correspondiente diccionario especializado.

3. Las fichas de cata

Son numerosos los tipos y géneros textuales que podemos encontrar en el dominio vitivinícola desde manuales de viticultura o enología dirigidos a un público experto o semiexperto pasando por artículos en revistas especializadas o folletos turísticos (rutas del vino, enoturismo en general), entre otros. Todos ellos se articulan en un amplio número de textos tales como monografías, enciclopedias,

---

11 La negrita es nuestra para destacar los adjetivos, sustantivos o fraseología que puede requerir nuevas búsquedas para comprender en su totalidad esa misma definición.

guías, folletos de bodegas, manuales, anuncios sobre el vino, etc.; pero como apunta Ibáñez Rodríguez (2012, 2017) quizás el más emblemático y conocido de estos géneros sea la nota de cata. Según la tipología de Swales (1990), la nota de cata se ajusta a la definición de un evento comunicativo y presenta un formato estructurado, aunque flexible que se utiliza dentro del discurso particular de un colectivo y cuyo control está en manos de los expertos. De hecho, dichas notas no son textos sino evaluaciones -pues se llevan a cabo tras la cata- que están destinadas a la promoción de un vino ante una audiencia general, aunque el lenguaje utilizado pueda resultar críptico para los no expertos.

Cuando tratamos de las notas de cata con anterioridad (Martínez Lanzán, 2008), muchas de las bodegas consultadas presentaban sus vinos con una nota de cata que coincidía generalmente con la que se encontraba en la contraetiqueta de la botella de vino y normalmente incluía consejos sobre maridaje, por tanto, funcionaba como un texto independiente y las informaciones relativas a la bodega o al viñedo se recogían en otras secciones de las páginas web de dichas bodegas. En la actualidad estas notas de cata/*tasting notes*/*notes de dégustation* las encontramos formando parte de las llamadas «fichas técnicas» como un apartado más de las mismas aunque por sí solas constituyen un género textual relevante en este ámbito de especialidad. Estas fichas de cata de bodegas españolas siguen un patrón similar. Podríamos decir que casi están homologadas y en todas ellas encontramos una amplia información técnica bastante similar sobre el producto. En las 3 bodegas elegidas[12] sus fichas de cata recogen detalles tales como los que aparecen en la Tabla 4.1:

12 Ha sido más trabajoso de lo esperado encontrar bodegas en las que las fichas de cata estuvieran en las tres lenguas elegidas. El inglés es la lengua extranjera preferida mientras que el francés tiene menor presencia. Sin embargo, hemos encontrado información de bodegas en alemán y chino, no de forma generalizada, pero claramente en alza, por lo que asumimos que la comercialización de los productos hacia nuevos mercados tiene que ver con la política informativa de las bodegas y la difusión de sus productos.

Tab. 4.1: *Apartados de un modelo de ficha técnica de cata*

bodega	*cellar*	*cave*
añada	*vintage*	*cuvée*
variedades de uva	*grape varieties*	*cépages*
viñedo	*vineyards*	*vignoble*
vendimia	*harvest*	*vendanges*
elaboración/vinificación	*vinification*	*élaboration/vinification*
crianza	*ageing*	*élevage*
botella	*bottle*	*bouteille*
capacidad	*capacity*	*capacité*
embotellado	*bottling*	*mis en bouteille*
nota de cata	*tasting notes*	*note de dégustation*
servicio y maridaje	*serving and pairing*	*service et accord mets-vins*

También se menciona, aunque no en todas las fichas, el tipo de vino, la calidad del roble utilizado en la barrica o los premios obtenidos en diferentes concursos, lo que hace que los vinos resulten más atractivos para el posible comprador. Sin embargo, de todos estos detalles, nos vamos a ocupar únicamente del que consideramos más relevante para el catador aficionado y potencial comprador para quien el apartado más interesante es, sin duda, la nota de cata. Es decir, lo que supuestamente el mismo va a experimentar al degustar un vino durante la visita a una bodega o enoteca o que puede encontrar en la contraetiqueta de la botella[13] o en la reseña de un periódico o revista, por tanto, necesita acercarse a ese vocabulario específico y especializado. De ahí, que solo hagamos referencia a estas notas de cata -que pueden funcionar como textos autónomos- dejando de lado los numerosos apartados de la ficha técnica.

3.1. Las notas de cata y su traducción

Las fichas están generalmente elaboradas por la propia bodega por lo que en ellas primará el carácter informativo y expositivo del producto. Por una parte, se utilizarán términos suficientemente técnicos para definir el vino de forma que los expertos puedan apreciar la singularidad del producto, pero su objetivo principal es atraer al posible comprador, por lo que deberá recurrirse a imágenes sugestivas y evocadoras que atraigan la atención y el deseo del cliente hacia ese vino.

13 También a la botella, al igual que al vino, se le atribuyen rasgos antropomórficos, así hablamos de los hombros, el cuello o la espalda donde se coloca la contraetiqueta.

Los textos elegidos están escritos originalmente en español y traducidos al inglés y al francés. Dado que se trata de notas de cata, se sigue el mismo orden de presentación observado en el proceso de la cata, atendiendo a las tres fases: visual, olfativa y gustativa y se incluye una apreciación final. A primera vista, los términos empleados pertenecen al discurso general como ya hemos comentado y no deberían presentar dificultades de comprensión, si se toman separadamente. Sin embargo, considerados en su conjunto observamos que cuando el vino habla no siempre entendemos lo que quiere decirnos y es que tanto en la descripción como en la evaluación del vino es constante la presencia de un lenguaje figurativo del que adolecen otras lenguas de especialidad. Tengamos también en cuenta que al tratarse de reflejar imágenes que representan sensaciones organolépticas estas pueden ser ambiguas dada su subjetividad por lo que la terminología puede resultar imprecisa, por lo que el traductor debe prestar especial atención para traspasar las imágenes de LO a LT de la forma más precisa posible haciéndolas comprensibles, de ahí que quizás haya que buscar referentes en LT para atraer la atención del potencial comprador/catador; pues como apunta Suarez Toste (2009) la metáfora que planea a lo largo de todo el proceso de la cata no es un universal, por tanto, los referentes culturales que nos sirven en una lengua pueden no ser aplicables a otra.

Como hemos apuntado, el trasvase entre discurso general y especializado es constante, así como el uso metafórico que se hace en las traducciones de las notas de cata. Bonet (2002) señala que la traducción ideal es aquella que no se perciba como traducción, es decir, que el lector de TM reciba el texto como si hubiera estado redactado en su propia lengua. Numerosos autores apuntan a conceptos tales como equivalencia, inequivalencia o interferencia (Toury, 1978, 1979; Rabadán, 1991; Wotjak, 2010) en relación con la traducción y los límites entre la fidelidad al texto original o la libertad de adaptación a la LM. Tricás (1995) afirma que todo texto debería ser traducible aunque presente serias dificultades y puede que algunos elementos no tengan un equivalente aproximado en LT y, como hemos comprobado, el equivalente no siempre es biunívoco sino que al traductor se le presentan varias opciones, por tanto, como señala Nord (2020) no siempre resulta fácil, al menos en los textos que nos ocupan, elegir entre todos los posibles candidatos dado que no existe una terminología precisa y además fenómenos como la polisemia o la sinonimia obligan al traductor a tomar decisiones constantemente. Al tratarse de sensaciones organolépticas, la terminología puede resultar vaga y las palabras pueden no significar exactamente lo mismo, por lo tanto, se necesita precisión para evitar la ambigüedad, pero también el excesivo tecnicismo.

Esta ambigüedad terminológica queda patente en los textos especializados, así en el *Dictionnarie Moët-Hachette du Vin* (1996: 122-Español) para el término español «suave» encontramos hasta cuatro subentradas diferentes en inglés y francés: I. *pleasant/coulant*; II. *mellow/moelleux*; III. *supple/souple* y IV. suave/ suave, de ahí la dificultad a la hora de elegir un término u otro. También Coutier (2007: 51) ofrece sinónimos para un buen número de entradas de su diccionario. A modo de ejemplo, para el término «acéré» nos ofrece cinco términos: *aigu, incisif, mordant, pointu* y *tranchant*. Y, sin embargo, si se consideraran aisladamente esos términos no serían sinónimos y los diccionarios ofrecerían diferentes significados puesto que como expone Lehrer (2007: 134–135) «each word has a range of senses that differ from one another. If those who use these terms as wine descriptors were to define them, I suspect that they would come up with discrete definitions» por lo que concluye que esta sinonimia se circunscribe al lenguaje del vino. De ahí que el traductor pueda tener problemas al traducir dichos términos, pues en realidad está traduciendo palabras más que textos, a diferencia de lo que suele ocurrir en otros subdominios de la viticultura o de otros ámbitos de especialidad.

Centrándonos en las notas de cata elegidas, observamos que siguen una estructura muy similar y un esquema en el que podemos seguir las tres fases en las que se organiza el proceso de la cata. Primero se menciona el color incidiendo en señalar todos sus matices; después se hace referencia a los aromas y se despliega un amplio abanico de ellos para despertar en el catador el interés por probar el vino y finalmente la nota se cierra con las sensaciones gustativas y la valoración general del vino con la clara intención de dar la impresión de que estamos ante un vino excepcional. Veremos que en estas notas no solo se cumple la función informativa, sino que además el lenguaje que en ellas se utiliza es persuasivo y la acumulación de adjetivos que se despliega contribuye a realzar y potenciar el valor del propio vino y, por supuesto para captar la atención y el interés del futuro catador/comprador/consumidor.

Tab. 4.2: *Nota de cata de Vivanco reserva (Bodegas Dinastía Vivanco)*

NOTA 1. Vivanco reserva		
Color rojo púrpura intenso, con un ribete teja que denota su crianza en barrica. Este vino ofrece aromas de canela y salvia, todo rodeado de unas notas frutales de cereza y moras negras y un componente mineral. Profundo y maduro en el paladar, ofrece un paso de boca envolvente, aterciopelado y sedoso.	*Intense, purple-red, with a brick rim evincing barrel ageing. This wine offers aromas of cinnamon and sage surrounded by fruity notes of cherries and blackberries underscored by a mineral component. Deep, and ripe on the palate, with a velvety, silky, enveloping mouthfeel.*	*Robe rouge bigarreau soutenue, avec une frange tuilée témoignant du passage en barrique. Arômes de cannelle et de sauge, derrière lesquels se dissimulent de notes de cerise et de mûres noires, avec une composante minérale. Belle profondeur et maturité au palais, avec un passage en bouche enveloppant, velouté et soyeux.*

Tab. 4.3: *Nota de cata de Lindes de Remelluri (Bodegas Remelluri)*

NOTA 2. Lindes de Remelluri		
De color rojo cereza intenso, con reflejos granates. Muy expresivo, desplegando aromas complejos de fruta negra madura con toques especiados y notas de vainilla y regaliz. Amplio, potente, redondo, carnoso. Final largo y distinguido.	*Intense cherry red color, with garnet reflections. Very expressive, displaying complex aromas of ripe black fruit with spicy touches and notes of vanilla and licorice. Broad, powerful, round, fleshy. Long and distinguished finish.*	*Robe rouge cerise intense aux reflets grenat. Très expressif, affichant des arômes complexes de fruits noirs mûrs avec des touches épicées et des notes de vanille et de réglisse. Large, puissant, rond, charnu. Finale longue et distinguée.*

Tab. 4.4: *Nota de cata de Enate Chardonnay 234 (Bodegas Enate)*

NOTA 3. Enate Chardonnay 234		
Color amarillo pálido con reflejos glaucos. Complejo e intenso aroma varietal de manzana verde, melocotón maduro, hinojo y frutas exóticas (guayaba, fruta de la pasión), sobre un discreto fondo mineral. Paladar amplio, graso, con un paso limpio y fresco gracias a su acidez sostenida. Final ligeramente almibarado.	Pale yellow in colour with a silvery green sheen. Complex and intense varietal aromas reveal green apple, ripe peach, fennel and exotic fruit (guava and passion fruit) against a subtle mineral background. Full and unctuous on the palate yet clean and fresh due to lively acidity. A lightly honeyed finish leaves a lingering impression.	Une robe jaune pâle aux reflets vert clair. Complexe et intense arôme variétal de pomme verte, de pêche mûre, de fenouil et de fruits exotiques (goyave, fruits de la passion) sur un fond minéral discret. Ce vin est ample, gras avec un passage vif et frais grâce à une acidité soutenue. En fin de bouche il est légèrement doux amer.

Es recurrente el uso y la densidad de los adjetivos yuxtapuestos o en colocaciones con sustantivos, adverbios u otros adjetivos intensificadores. Todos ellos tienen una notable carga positiva lo que refuerza la sensación de que el vino nos está ofreciendo lo mejor de sí mismo y merece ser catado. Por las propias características de este género textual y la estructura del mismo, van a ser escasas las frases completas -de hecho, en la Tabla 4.3 no figura ninguna oración en ninguno de los tres idiomas- y aunque el lenguaje es impersonal, la elección del vocabulario resulta claramente persuasivo y envolvente al describir el vino de una forma poética intensificando sus bondades. Todo ello encaminado a captar el interés del potencial comprador o del catador.

Dado que la traducción es casi literal, las equivalencias en las tres lenguas son claras, las estructuras sintácticas son muy simples y las colocaciones juegan un papel destacado. Únicamente en francés se observan ligeras desviaciones de la estructura de LO. De hecho, en la Tabla 4.2 el proceso de transferencia se ve alterado y podemos observar que tanto en español como en inglés la traducción es literal, así mientras que en francés la estructura utilizada incita a pensar que se encubren o se disimulan los aromas en las otras dos lenguas se desvelan:

- Este vino ofrece aromas de canela y salvia**, todo rodeado d**e unas notas frutales de cereza y moras negras y un componente mineral.
- *This wine offers aromas of cinnamon and sage* ***surrounded by*** *fruity notes of cherries and blackberries underscored by a mineral component.*
- *Arômes de cannelle et de sauge,* ***derrière lesquels se dissimulent*** *de notes de cerise et de mûres noires, avec une composante minérale.*

Por otra parte, en la Tabla 4.3 se lleva a cabo una traducción literal basada en colocaciones léxicas de diverso tipo, sin ningún margen para la creatividad.

Finalmente, en la Tabla 4.4, encontramos no solo estructuras totalmente diferentes, sino que también los referentes utilizados para describir el vino parece que hacen referencia a apreciaciones sobre tres vinos diferentes:

- Final ligeramente **almibarado**.
- *A lightly* ***honeyed*** *finish leaves a* ***lingering impression****.*
- *En fin de bouche il est légèrement* ***doux amer****.*

Sin embargo, dadas las escasas variaciones que se observan en las tres notas de cata, podríamos decir que los traductores de las mismas se han ceñido a una traducción lo más ajustada posible al texto original español reproduciendo la profusión de adjetivos y transfiriendo las relaciones metafóricas que configuran buena parte del lenguaje de la cata. Podemos concluir que la función prioritaria de las notas de cata es la informativa que se transmite a través de textos expositivos en los que suele prescindirse de estructuras conectivas a favor de oraciones simples, aunque también son muy escasas frente a las colocaciones que conforman una parte muy importante de esas notas y configuran una fraseología propia. En todas ellas el mensaje que se transmite es claramente persuasivo con la intención de que catador/comprador adopte una actitud positiva hacia el producto que se le presenta.

4. Conclusiones

Como planteamos en la introducción, el lenguaje del dominio vitivinícola es ciertamente una lengua de especialidad utilizada por los expertos para la comunicación y la transmisión de conocimiento especializado que se sirve de una terminología específica y en la que prima básicamente la función informativa o referencial. Sin embargo, dentro de este dominio nos encontramos con el subdominio de la cata cuyo lenguaje presenta un estatus especial puesto que comparte buena parte del léxico con la lengua general, pero obviamente su significado es muy diferente como hemos podido constatar a lo largo de este trabajo en el que hemos simulado una cata con sus diferentes fases y los descriptores más comunes en español, inglés y francés para comprobar el uso especializado de palabras del discurso general que se convierten en términos especializados.

Las lenguas de especialidad se describen normalmente como biunívocas, monosémicas y neutras -sin espacio para la emotividad, más propio de contextos literarios- además en ellas prima la precisión, la claridad y la objetividad. Nada más lejos de estos presupuestos que el lenguaje de la cata en el que la metaforización adquiere carta de naturaleza y, es que la metáfora viene a cubrir un vacío terminológico hasta el punto de que la terminología de este subdominio podríamos decir que se basa principalmente en la metáfora pues esta permite dar respuesta a los estímulos visuales, olfativos y gustativos activados en el catador durante el proceso de la cata. El recurso a la metáfora o la metonimia, tan frecuentes en el lenguaje de la cata, tratan de hacer más comprensible la verbalización tanto oral -durante la cata activa- como textual a través de las notas de cata en las que se registran dichas percepciones y en las que se lleva a cabo la evaluación del vino.

El proceso de la cata da lugar a un producto que se vehicula en pequeños textos que constituyen un tipo textual prototípico dentro del dominio vitivinícola, son las notas de cata que hemos utilizado para llevar a cabo un breve análisis de las mismas. Hemos observado que presentan unos patrones muy similares en las tres lenguas lo que parece indicar que existe una cierta homologación textual, sintáctica y terminológica, es decir, que siguen un patrón estandarizado basado en la observación de las fases visual, olfativa y gustativa. Sin embargo, aspectos como la sinonimia o la polisemia pueden ser fuente de ambigüedad tanto para el hablante como para el traductor y, a veces la decisión traductológica puede no ser totalmente satisfactoria; aunque como señala Smith «there is no standard of taste for evaluating the quality of wine, and if there were objective facts to get right there would be no divergence of opinion between expert wine critics» (Smith, 2007: 43). Lo que nos lleva a concluir que por lo que respecta al lenguaje de la cata todo es aceptable, por tanto, lo que debemos hacer es escuchar al vino cuando nos habla para poder nosotros mismo hablar de él.

Anexo 1

AROMAS PRIMARIOS O VARIETALES

VINOS BLANCOS	SERIE VEGETAL	hierba, menta, té, heno, champiñón…
	SERIE FLORAL	flor del naranjo, lila, jazmín, acacia…
	SERIE FRUTAL	naranja, melocotón, pera, manzana, piña, mango…
	SERIE MINERAL	tiza, piedra de sílex, petróleo…
VINOS TINTOS	SERIE VEGETAL	pimiento verde, humus…
	SERIE FLORAL	flores secas, rosa, violeta…
	SERIE FRUTAL	cereza, mora, frambuesa…
	SERIE ESPECIADA	pimienta, tomillo, laurel…

AROMAS SECUNDARIOS O DE FERMENTACIÓN

VINOS BLANCOS Y TINTOS	SERIE DE FERMENTACIÓN	pan, galletas, levadura, brioche, pastelería…
	SERIE LÁCTEA	leche, yogur, mantequilla fresca, nata…
	SERIE AMÍLICA	caramelo ácido, esmalte de uñas, plátano…

AROMAS TERCIARIOS O DE CRIANZA

VINOS BLANCOS	SERIE DE MADERA Y BALSÁMICA	roble, vainilla, pino, tabaco, ahumado…
	SERIE FLORAL	manzanilla, flores secas…
	SERIE FRUTAL	frutos secos: almendra, nuez, avellana…
	SERIE CONFITERÍA	miel, bizcocho, coco…
VINOS TINTOS	SERIE DE MADERA Y BALSÁMICA	eucalipto, tabaco, coco, incienso…
	SERIE VEGETAL	trufa, sotobosque, champiñón…
	SERIE FRUTAL	frutas rojas y negras maduras, higos…
	SERIE EMPIREUMÁTICA	café, cacao, pan tostado…
	SERIE ANIMAL	cuero, venado, almizcle…
	SERIE ESPECIADA	vainilla, canela, regaliz…
	SERIE QUÍMICA	disolvente, barniz…

PRIMARY OR VARIETAL AROMAS

WHITE WINES	*VEGETAL SERIES*	*grass, mint, tea, hay, mushroom…*
	FLOWERY SERIES	*orange blossom, lilac, jasmine, acacia…*
	FRUITY SERIES	*orange, peach, pear, apple, pineapple, mango,…*
	MINERAL SERIES	*chalk, gunflint, petrol, …*
RED WINES	*VEGETAL SERIES*	*green pepper, humus, …*
	FLORAL SERIES	*dry flowers, rose, violet,…*
	FRUITY SERIES	*cherry, blackberry, raspberry, …*
	SPICY SERIES	*pepper, thyme, bay, …*

SECONDARY OR FERMENTATION AROMAS

WHITE & RED WINES	*FERMENTATION SERIES*	*bread, biscuits, yeast, brioche, confectionery, …*
	LACTIC SERIES	*milk, yogurt, fresh butter, cream, …*
	AMYL ALCOHOL SERIES	*bonbon anglais, nail varnish, banana, …*

TERTIARY OR AGEING AROMAS

WHITE WINES	*WOODY AND BALSAMIC SERIES*	*oak, vanilla, pine, tobacco, smoky,…*
	FLORAL SERIES	*camomile, dry flowers, …*
	FRUITY SERIES	*nuts: almond, nut, hazel, …*
	CONFECTIONERY SERIES	*honey, pastry, coconut, …*
RED WINES	*WOODY AND BALSAMIC SERIES*	*eucalyptus, tobacco, coconut, incense, …*
	VEGETAL SERIES	*truffle, undergrowth, mushroom, …*
	FRUITY SERIES	*ripe red and black fruits, figs, …*
	EMPYREUMATIC SERIES	*coffee, cocoa, toasted bread, …*
	ANIMAL SERIES	*leather, venison, musk, …*
	SPICY SERIES	*vanilla, cinnamon, liquorice, …*
	CHEMICAL SERIES	*solvent, varnish, …*

ARÔMES PRIMAIRES OU VARIÉTAUX

VINS BLANCS	*SÉRIE VÉGÉTALE*	*herbe, menthe, thé, foin, champignon, …*
	SÉRIE FLORALE	*fleur d'oranger, lila, jasmin, acacia, …*
	SÉRIE FRUITÉE	*orange, pêche, poire, pomme, ananas, mangue, …*
	SÉRIE MINÉRALE	*craie, silex, pétrole, …*

ARÔMES PRIMAIRES OU VARIÉTAUX

VINS ROUGES	*SÉRIE VÉGÉTALE*	*poivron vert, humus, …*
	SÉRIE FLORALE	*fleurs séchées, rose, violette, …*
	SÉRIE FRUITÉE	*cerise, mûre, framboise, …*
	SÉRIE ÉPICÉE	*poivre, thym, laurier, …*

ARÔMES SECONDAIRES OU FERMENTAIRES

VINS BLANCS ROUGES	*SÉRIE FERMENTAIRE*	*pain, biscuits, levure, brioche, pâtisserie, …*
	SÉRIE LACTÉE	*lait, yaourt, beurre frais, crème, …*
	SÉRIE AMYLIQUE	*bonbon anglais, vernis à ongles, banane, …*

ARÔMES TERTIARIES OU D'ÉLEVAGE

VINS BLANCS	*SÉRIE BOISÉE ET BALSAMIQUE*	*chêne, vanille, pin, tabac, fumé, …*
	SÉRIE FLORALE	*camomille, fleurs séchées, …*
	SÉRIE FRUITÉE	*fruits secs: amande, noix, noisette, …*
	SÉRIE CONFISERIE	*miel, cake, noix de coco, …*
VINS ROUGES	*SÉRIE BOISÉ ET BALSAMIQUE*	*eucalyptus, tabac, noix de coco, encens, …*
	SÉRIE VÉGÉTALE	*truffe, sous-bois, champignon, …*
	SÉRIE FRUITÉE	*fruits rouges et noirs mûrs, figues, …*
	SÉRIE EMPYREUMATIQUE	*café, cacao, pain grillé, …*
	SÉRIE ANIMALE	*cuir, venaison, musc, …*
	SÉRIE ÉPICÉE	*vanilla, cannelle, réglise, …*
	SÉRIE CHIMIQUE	*solvent, vernis, …*

Referencias bibliográficas

Ahumada, Ignacio (2001): «Problemas de definición enciclopédica en las palabras especializadas», en M. Bargalló et al. (eds.), *Las lenguas de especialidad y su didáctica: Actas del Simposio Hispano-Austriaco*. Tarragona, Universidad Rovira i Virgili, 59–67.

Alpízar, Rodolfo. (1990): «El término científico y técnico y el diccionario académico». *NRFH*, XXXVIII, 133–139.

Amoraritei, Loredana (2002): «Le Métaphore en Oenologie». *Metaphorik.de*, 3, 4–16.

Bajo Santiago, Francisca (2006): «La terminología enológica del español en el siglo XIX: la influencia francesa», en M. Ibáñez Rodríguez y M. T. Sánchez Nieto (coords.), *El lenguaje de la vid y el vino y su traducción*. Valladolid, Universidad de Valladolid, 167–194.

Bonet, Josep (2002): «La calidad de la traducción según sus objetivos», en J. García Pardos (aut.), *Texto, terminología y traducción*. Salamanca, Almar, 169–188.

Cabré, M. Teresa (1993): *La terminología. Teoría, metodología, aplicaciones*. Barcelona, Antártica/Empuries.

Casamayor, Pierre (2014): *Ma première dégustation*. Paris, Hachette.

Casamayor, Pierre y Michaël Moisseeff (2018): *Les arômes du vin*. Paris, Hachette.

Coutier, Martine (1994): «Tropes et termes: le vocabulaire de la dégustation du vin». *Meta*, 39 (4), 662–675.

Coutier, Martine (2006): «Un projet de dictionnaire de langue thématique: La langue du goût du vin (domaine français)», en M. Ibáñez Rodríguez y M. T. Sánchez Nieto (coords.) *El lenguaje de la vid y el vino y su traducción*. Valladolid, Universidad de Valladolid, 117–135.

Cuadra García, M.ª Teresa (2006): «Lingüística de Corpus y Lingüística Computacional: Aportaciones a un Proyecto Lexicográfico sobre la Cata de Vino (inglés-español)», en M. Ibáñez Rodríguez y M. T. Sánchez Nieto (coords.), *El lenguaje de la vid y el vino y su traducción*. Valladolid, Universidad de Valladolid, 253–288.

Demaecker, Christine (2006): «Les métaphores du vin et leurs traduction», en M. Ibáñez Rodríguez y M. T. Sánchez Nieto (coords.), *El lenguaje de la vid y el vino y su traducción*. Valladolid, Universidad de Valladolid, 297–304.

Falgueras, Meritxell (2020): *Con vino con todo*. Madrid, Oberon.

Fraile Vicente, Esther (2010): «La traducción de las metáforas del vino», en M. Ibáñez Rodríguez, *et al.* (coords.), *Vino, lengua y traducción*. Valladolid, Universidad de Valladolid, 141–173.

Fraile Vicente, Esther (2020): «Las metáforas del enoturismo y su traducción» en M. Ibáñez Rodríguez (ed.), *Enotradulengua: Vino, lengua y traducción*. Berlin, Peter Lang, 169–200.

Guerrero Ramos, Gloria (1999): «¿Tecnolectos, lenguajes (lenguas) específicos, especiales, especializados o de especialidad», en J. Fernández González *et al.* (eds.), *Lingüística para el siglo XXI*. Salamanca, Universidad de Salamanca, 879–887.

Guerrero Ramos, Gloria (2006): El léxico vitivinícola en la tradición lexicográfica del español, en M. Ibáñez Rodríguez y M. T. Sánchez Nieto (coords.), *El lenguaje de la vid y el vino y su traducción*. Valladolid, Universidad de Valladolid, 137–165.

Halliday, M. A. K. (1973): *Explorations in the Functions of Language*. London, Arnold.

Hidalgo, Luis (2002): *Tratado de viticultura general*. (3.ª ed.). Madrid, Mundi-Prensa.

Ibáñez Rodríguez, Miguel (2006): «Aproximación al estudio del lenguaje de la vid y el vino en el ámbito francés y español», en M. Ibáñez Rodríguez y M. T. Sánchez Nieto (coords.), *El lenguaje de la vid y el vino y su traducción*. Valladolid, Universidad de Valladolid, 101–115.

Ibáñez Rodríguez, Miguel (2007): «La comunicación vitivinícola: vino, lengua y traducción». Le Bulletin de l'OIV. Organisation internationale de la vigne et du vin, Vol. 80. Núm. 911-912-913, 77–96.

Ibáñez Rodríguez, Miguel (2010): «El dominio vitivinícola: de la cepa a la copa», en M. Ibáñez Rodríguez, *et al.* (coords.), *Vino, lengua y traducción*. Valladolid: Universidad de Valladolid, 227–258.

Ibáñez Rodríguez, Miguel (2012): «Traducir el vino», en M. J. Salinero Cascante y E. González Fandos (eds.), *Vino y alimentación: Estudios humanísticos y científicos*. Logroño, Universidad de La Rioja, 49–68.

Ibáñez Rodríguez, Miguel (2017): La traducción vitivinícola. Un caso particular de traducción especializada. Granada, Comares.

Jakobson, R. (1960): «Closing Statement: Linguistics and Poetics», en T. A. Sebeok (ed.), *Style in Language*. Cambridge (MA), The MIT Press, 350–377.

Kocourek, Rostislav (1991): *La langue française de la technique et de la science*. Wiesbaden, Oscar Brandstetter Verlag.

Le Guern, Michel (1973): *Sémantique de la métaphore et la métonymie*. Paris, Larousse.

Lehrer, Adrienne (1975): «Talking about Wine». *Language*, 51(4), 901–923.

Lehrer, Adrienne (2007): «Can Wines Be Brawny?: Reflexions on Wine Vocabulary», en B. C. Smith (ed.), *Questions of Taste*. Oxford, Oxford University Press, 127–140.

Lehrer, Adrienne (2010): «What's New in Wine Language?», en M. Goded Rambaud y A. Poves Luelmo (coords.), *Proceedings of the First International Workshop on Linguistic Approaches to Food and Wine Description (Actas del 1er Congreso Internacional sobre Aproximaciones Lingüísticas a la Descripción de la Comida y del Vino)*. Madrid, UNED, 37–55.

Lerat, Pierre (1997): *Las lenguas especializadas.* Barcelona, Ariel Lingüística.

Lerat, Pierre (2006): «Dénominations spécialisées, connaissances professionelles et connaissances linguistiques en terminologie. Le cas du vin», en M. Ibáñez Rodríguez y M. T. Sánchez Nieto (coords.), *El lenguaje de la vid y el vino y su traducción*. Valladolid, Universidad de Valladolid, 85–99.

Lerat, Pierre (2010): «La terminologie communautaire des opérations vitivinicoles», en M. Ibáñez Rodríguez, *et al.* (coords.), *Vino, lengua y traducción.* Valladolid, Universidad de Valladolid, 29–38.

Lerat, Pierre (2020): «La variabilité dans l'étiquetage des vins rouges» en M. Ibáñez Rodríguez (ed.). *Enotradulengua: Vino, lengua y traducción*. Berlin, Peter Lang, 249–269.

López Arroyo, Belén y Roda P. Roberts (2017): «Metaphors in Wine-tasting Notes in English and Spanish». *Herméneus* 19, 139–163.

Lyons, John (1977): *Semantics.* Cambridge, Cambridge University Press.

Martínez Lanzán, Gloria (2006): «El lenguaje de la cata. Análisis de alguno de sus términos», en M. Ibáñez Rodríguez y M. T. Sánchez Nieto (coords.), *El lenguaje de la vid y el vino y su traducción*. Valladolid, Universidad de Valladolid, 359–369.

Martínez Lanzán, Gloria (2008): «The Language of Wine Tasting: Specialised Language?», en M. Muñoz Calvo, C. Buesa Gómez y M. A. Ruíz Moneva (eds.), *New Trends in Translation and Cultural Identity*. Newcastle, Cambridge Scholars Publishing, 397–411.

Negro Alousque, Isabel (2014): «El lenguaje del vino a través de las notas de cata y la publicidad». *RSEL* 43(2), 151–174.

Nord, Christiane (2020): «Las dudas y el escopo en la traducción. El caso de la novela The Winemaker, de Noah Gordon», en M. Ibáñez Rodríguez (ed.), *Enotradulengua: Vino, lengua y traducción*. Berlin, Peter Lang, 15–28.

Peñín, José (2008): *Historia del vino*. Madrid, Espasa.

Peynaud Émile y Jacques Blouin (2002): *El gusto del vino.* Barcelona, Mundi-Prensa.

Planelles Iváñez, Montserrat (2012): «La lengua de la fase gustativa de la cata en el vino en francés y en español», en M. J. Salinero Cascante y E. González Fandos (eds.), *Vino y alimentación: Estudios humanísticos y científicos.* Logroño, Universidad de La Rioja, 197–210.

Rabadán, Rosa (1991): *Equivalencia y traducciónproblemática de la equivalencia translémica inglés-español*. León, Universidad de León.

Real Academia Española (2014): *Diccionario de la lengua española* (23.ª ed.). [Consulta en línea: https://dle.rae.es/; 16/06/2021].

Rodríguez Díez, Bonifacio (2003): «Las marcas en los diccionarios generales de lengua». *Estudios humanísticos. Filología*, 25, 139–157.

Rossi, Micaela (2010): «Le discourse autour du vin: expression lyrique ou langue specialisée?», en M. Ibáñez Rodríguez *et al.* (eds.), *Vino, lengua y traducción*. Valladolid, Universidad de Valladolid, CDRom II, 147–166.

Stengel, Kilien (2016): «L'interdiscours dans la degustation: une (re)signification des répresentations du vocabulaire du vin». [Consulta en línea: https://hal.archives-ouvertes.fr/hal-01246749 15/05/2021; 10/06/2021].

Smith, Barry C. (2007): «The Objetivity of Tastes and Tasting», en B. C. Smith (ed.), *Questions of Taste*. Oxford, Oxford University Press, 41–77.

Suárez Toste, Ernesto (2007): «Metaphor inside the wine cellar: On the Ubiquity of Personification Schemas in Winespeak». *Metaphorik.de* 12, 53–64.

Suárez Toste, Ernesto (2009): «Lenguaje y comunicación en el vino: aciertos y errores». *Vinaletras* 2, 78–87.

Swales, John M. (1990): *Genre Analysis: An Academic and Research Setting*. Cambridge, Cambridge University Press.

Toury, Gideon (1978): «The Nature and Role of Norms in Literary Translation», en J. S. Holmes, J. Lambert y R. Van den Broeck (eds.), *Literature and Translation: New Perspectives in Literary Studies*. Leuven, ACCO, 83–100.

Toury, Gideon (1979): «Interlanguage and its Manifestations in Translation». *META*, 24 (2), 223–231.

Tricás, Mercedes (1995): Manual de Traducción (Francés/Castellano). Barcelona, Gedisa.

Wotjak, Gerd (2010): «Cómo podemos asegurar que el traductor produzca un texto meta que sea comunicativamente equivalente y adecuado?», en R. Rabadán et al. (eds.), *Lengua, traducción y recepción en honor de Julio César Santoyo*. Universidad de León, Secretariado de Publicaciones y Medios Audiovisuales, 717–753.

Wislocka Breit, Bozena (2014): «Appraisal Theory applied to the wine tasting sheet in English and Spanish». *Ibérica* 27, 97–118.

Corpus de textos

Courtois, Martine (1984): *Les mots du vin et de l'ivresse*. Paris, Belin.

Coutier, Martine (2007): *Dictionnaire de langue du vin* (français). Paris, CNRS Éditions.

FOULON, Dominique (ed.) (1996): *Dictionnaire Moët-Hachette du Vin International*, Paris, Hachette.

MORVAN, Thierry (2018): *La Petite Encyclopédie du Vin*. Paris, Hachette.

PEÑÍN, José (1999): *Diccionario Espasa Vino.* Madrid, Espasa.

ROBINSON, Jancis (2006): The Oxford Companion to Wine. (3rd ed.). Oxford, Oxford University Press.

SERDIO, Ernesto de (2015): *Diccionario Profesional del Vino/ Professional Wine Dictionary* (2.ª ed.). Madrid, Global Marketing Strategies S.L.

WIESENTHAL, Mauricio (2011): *Gran diccionario del vino.* Barcelona, Edhasa.

RECURSOS VITIVINÍCOLAS

Bodegas

Vivanco [Consulta en línea https://vivancoculturadevino.es/es/; 12/05/2021]

Enate [Consulta en línea https://www.enate.es/; 12/05/2021]

Remelluri [Consulta en línea http://www.remelluri.com/; 12/05/2021]

Las ruedas de los aromas

[Consulta en línea https://www.thewinecellarinsider.com/wine-topics/wine-educational-questions/davis-aroma-wheel/; 31/05/2021].

[Consulta en línea https://aromaster.com/fr/produit/roue-des-aromes-du-vin/ ;31/05/2021].

[Consulta en línea https://www.vinetur.com/2014120317595/que-es-la-rueda-de-aromas-del-vino.html; 31/05/2021].

M.ª Esther Fraile Vicente y Andrea Martínez Martínez

Las metáforas en las notas de cata de vinos de etiquetas y redes sociales. Análisis contrastivo inglés-español

Resumen: Las metáforas juegan un papel primordial dentro del lenguaje del vino. Esto mismo sucede también dentro del género textual de las notas de cata. Sin embargo, partimos de la hipótesis de que estas metáforas no siempre actúan de la misma manera ni aparecen las mismas imágenes en los distintos tipos de notas. Esta investigación se centra en identificar, interpretar y clasificar la variedad de metáforas lingüísticas y conceptuales presentes en dos tipos de notas de cata menos estudiados hasta ahora: las etiquetas y las redes sociales (concretamente, Twitter). Se realizará una clasificación de las metáforas lingüísticas y conceptuales más relevantes, para llevar a efecto un análisis contrastivo entre estos dos tipos de notas, así como entre las lenguas española e inglesa. Nuestro objetivo es contribuir a un mejor conocimiento del lenguaje de estos tipos de notas de cata y las metáforas presentes en ellos, así como facilitar la labor de su traducción a los mediadores lingüísticos interesados en ellas.

Palabras clave: Nota de cata de vinos. Etiqueta. Redes sociales. Metáforas lingüísticas y conceptuales.

Abstract: Metaphors play an essential role in the language of wine. The same happens in the textual genre of wine tasting notes. However, our hypothesis is that these metaphors do not always act in the same way nor do the same images appear in different types of notes. This research focuses on identifying, interpreting and classifying the variety of linguistic and conceptual metaphors present in two types of wine tasting notes which have not yet been studied in depth: labels and social networks (specifically, Twitter). A classification of the most relevant linguistic and conceptual metaphors will be made in order to carry out a contrastive analysis between these two types of notes as well as between the Spanish and English languages. Our main aim is to contribute to a better understanding of the language of these two types of tasting notes and the metaphors present in them, as well as to facilitate the work of translating them for linguistic mediators.

Keywords: Wine tasting note. Label. Social networks. Linguistic and conceptual metaphors.

1. Introducción, justificación e hipótesis

La nota de cata de vinos es uno de los géneros textuales más representativos y populares del mundo vitivinícola (Caballero, 2009) y que ha recibido más estudios[1], aunque todavía no se ha tratado de presentar una visión completa del género, sus tipos textuales y las diferencias entre ellos (López y Roberts, 2016a). Igual que sucede con otros textos de este ámbito, las metáforas son frecuentes en ellas, pero ¿en qué se diferencian las metáforas que se emplean en las notas de cata en general de las que se utilizan, por ejemplo, en un texto enoturístico? Es más, ¿qué semejanzas y diferencias existen entre distintos tipos de notas de cata en relación con las metáforas presentes en ellos? Por otro lado, tampoco son frecuentes los estudios contrastivos que comparen las metáforas presentes en las notas de varias lenguas[2] (López y Roberts, 2015a). La presente investigación pretende contribuir en cierto grado al conocimiento del género nota de cata, pues analiza las diferencias entre dos de sus tipos textuales basándose principalmente en las metáforas frecuentes en cada uno de ellos.

Hemos elegido el género nota de cata por su importancia cuantitativa en el discurso del vino, por su importante función de aculturación (los aficionados aprenden a describir y evaluar vinos leyendo estas notas) y por el alto grado que presenta de lenguaje figurado (Caballero y Suárez, 2010). Además, centrarnos en un género textual nos permite seleccionar contextos manejables y representativos para identificar las metáforas más frecuentes y las razones que explican su presencia (Caballero y Suárez, 2010).

Por nuestra parte, concebimos la nota de cata de vinos como un género textual amplio con diferentes tipologías textuales que presentan ciertas diferencias entre unas y otras, dependiendo de las funciones que posean los textos y el medio en el que aparezcan. Así, nos centramos en el estudio de dos de esos tipos textuales, las etiquetas y las redes sociales, que son menos conocidos y tienen funciones textuales distintas a las de otros tipos.

Aunque son varias las figuras retóricas presentes en las notas de cata, elegimos la metáfora y nos planteamos el objetivo de analizar el carácter y la variedad de metáforas presentes en cada una de estas dos variedades de notas. De este modo,

1 Peynaud (1987), Coutier (1994), Amoraritei (2002), Suárez (2006, 2008), Felipe y Fernández (2006), Wipf (2010), Alder (2011), Gray (2012), Derbyshire (2013), Puckette (2014), López y Roberts (2014, 2015a, 2016a, 2016b), entre otros.

2 Estudiosos recientes que hablan de las metáforas del vino: Amoraritei (2002), Gluck (2003), Caballero (2009), Wipf (2010), Negro (2011), Luque (2019). Los que lo hacen contrastando las lenguas española e inglesa: Suárez (2006, 2008), Caballero y Suárez (2008, 2010), López y Roberts (2014, 2016a, 2017), entre otros.

examinamos cada uno de los textos de las etiquetas y redes sociales de nuestro corpus para identificar las metáforas lingüísticas y clasificarlas en relación con las metáforas conceptuales a las que pertenezca el tenor o término real. La hipótesis de la que partimos es que probablemente las metáforas no siempre actúen de la misma manera ni aparezcan las mismas imágenes en estos dos tipos de nota de cata.

Finalmente, estudiamos las metáforas de las notas de cata desde el punto de vista de la traducción. Lo hacemos así porque la buena labor del traductor es fundamental para que el vino sea elegido por el comprador y se exporte mejor, ya que no solo hay que cuidar la calidad del producto, sino también de todo lo que lo rodea (etiqueta, publicidad, traducciones, estrategia empresarial…). Así, explicamos las diferencias entre las metáforas y notas de cata de ambas lenguas, para que el traductor se familiarice con las convenciones de estos dos tipos textuales y sepa redactar, traducir y adaptar una nota de cata de vinos adecuadamente.

2. La nota de cata de vinos

En primer lugar, debemos definir qué es una *nota de cata* de vinos. Diremos que se trata de un *género textual* dentro del área de conocimiento de la enología, es decir, «un modelo comunicativo que sirve como guía en cuanto a formato y estructura para los textos que reflejan una misma finalidad, emplean un léxico común y van dirigidos a un tipo concreto de lector» y, por tanto, está determinado por un contexto sociocultural e histórico (Martínez Martínez, 2020). Por consiguiente, en una nota de cata juegan un papel determinante aspectos comunicativos, lingüísticos, contextuales, pragmáticos, textuales y semióticos, y por ello es considerada un género textual.

Una nota de cata suele estar escrita por catadores expertos (enólogos, productores de vino, sumilleres y profesionales) e ir dirigida a una audiencia con conocimientos del campo, aunque los destinatarios de este género también incluyen *amateurs* y amantes del vino no expertos que ganan experiencia gradualmente al leer estas notas con regularidad (Caballero y Suárez, 2010).

Suelen ser textos cortos, aunque no hay consenso sobre el número de palabras mínimo y máximo de que se componen (entre 10 y 300 palabras). Se dividen en notas de cata *evaluativas* y *descriptivas*, las primeras se centran en el producto y la función persuasiva del texto, las segundas en las experiencias sensoriales del escritor. Las notas evaluativas sirven de base para las descriptivas, de hecho, ninguna nota es únicamente descriptiva o evaluativa, sino que combinan varios grados de descripción y evaluación (Caballero y Suárez, 2010).

En cuanto a la estructura de una nota de cata, suele copiar los tres pasos clave del ritual de la cata, la descripción del color del vino, su olor (se denomina con la metonimia «nariz») y su textura en boca (metonímicamente «paladar»).Suele comenzar identificando el vino y ofreciendo una primera evaluación del mismo, y terminar con un último comentario evaluativo más recomendaciones de consumo. Tanto la descripción como la evaluación con lenguaje figurado presentan cierto grado de subjetividad, dado que los parámetros que se estudian pueden presentar distintas medidas o cantidades (Caballero y Suárez, 2010). Ciertamente, una de las cualidades más llamativas de las notas de cata de vinos es el lenguaje especializado que contienen que combina el lenguaje propio del ámbito vitivinícola y el vocabulario subjetivo que sugieren los sentidos, representado principalmente por las metáforas que son la razón de nuestro estudio.

López y Roberts (2014) identifican las mismas partes (*moves*) en las notas de cata en lengua inglesa, aunque las desarrollan más (*steps*). Mostramos su clasificación porque sirve a nuestros propósitos contrastivos, ya que proporciona terminología fundamental para las notas de cata en inglés, que completamos con algunos equivalentes de esos términos en español (Tabla 5.1):

Tab. 5.1: *Estructura de una nota de cata. Adaptada de López y* Roberts (2014*: 33–35)*

1. *Introductoryremarks* - identificación y primera evaluación
2. *Appearance* - vista, color
    a. *Colour hue and depth* - color
    b. *Clarity* - limpidez
    c. *Viscosity* - densidad
    d. *Effervescence* - efervescencia
3. *Aroma* - nariz
    a. *Fragance* - aromas
    b. *Intensity* - intensidad
    c. *Development* - envejecimiento, persistencia aromática[a]
4. *Taste* - boca
    a. *Flavors/ note* - sabor, gusto, notas
    b. *Finish* - final
    c. *Astringency (tannins, acidity)* - acidez, taninos, astringencia
    d. *Mouthfeel* (*palate, midpalate, attack, entry, aftertaste*) - textura en boca (paladar, paso de boca, ataque, entrada, retrogusto o posgusto)
    e. *Body/ structure* - cuerpo, estructura
    f. *Balance* - equilibrio, armonía
5. *Concluding remarks* - evaluación final y recomendaciones de consumo

[a] En español, puede hacer referencia tanto al envejecimiento del vino (crianza), que se analiza en la fase aromática con los aromas secundarios, como al desarrollo que tienen los aromas en copa, su evolución o persistencia aromática.

No obstante, no todas las notas de cata siguen la estructura anterior: es raro encontrar una nota que muestre los 5 pasos, incluso los 3 principales (color, nariz y boca) no se encuentran sistemáticamente en todas. Se suelen conservar aroma y gusto, mientras que apariencia es la que puede no estar (López y Roberts, 2016a). Además, debido a la diversidad de emisores, receptores y medios en que se producen las notas de cata, se puede decir que no hay un estándar para escribirlas, por lo que, en lugar de buscar semejanzas entre ellas, podría ser más interesante analizar las diferencias entre sus distintos tipos textuales, como hacemos en esta investigación. En esta línea, López y Roberts (2016a) ya sugieren la posible existencia de diferentes tipos textuales en las notas de cata, pues además de diferencias entre las notas de distintas lenguas, las reconocen también dentro de una misma lengua, entre distintos géneros y sus tipos, en cuanto a contenido, formato y estilo, relacionadas con el autor, el medio y el propósito o función de dichas notas:

> We had hypothesized that tasting notes produced by different types of authors for different types of publications and for different purposes would have identifiable differences, which could help shed more light on the subgenre of tasting notes and clearly distinguish types of tasting notes (López y Roberts, 2016a: 397).

Recogemos, a continuación, varios estudios contrastivos que han investigado las diferencias entre las notas de cata y sus tipos textuales en inglés y español, para confrontarlos a la luz de nuestro análisis.

2.1 Diferencias entre las notas de cata de vinos en inglés y español

En primer lugar, Felipe y Fernández (2006: 215–251) analizan las diferencias entre las notas de cata en inglés y español en cuanto a su función, organización textual, léxico, emisor y receptor tipo:

- La nota de cata en español tiene una función fundamentalmente informativa (da cuenta de la pertenencia a una determinada DO, el tipo de vino y la añada), más una función conativa representada por las apreciaciones subjetivas que emplea el emisor. El vino ocupa un papel fundamental en la organización textual, como indican la posición que ocupan los términos «Boca», «Nariz» y «Vista» dentro de las notas de cata y la inclusión de características propias y específicas del vino en estos apartados. Es muy frecuente el empleo de sustantivos y adjetivos especializados del campo del vino («retronasal», «posgusto», «taninos», «granate») y la densidad léxica sugiere que el emisor presupone el mismo grado de abstracción de la materia en el receptor (Felipe y Fernández, 2006: 221 y 239).

- Las funciones de las notas de cata inglesas coinciden con las de las españolas, si bien podríamos destacar cierta predominancia de la función conativa sobre la informativa. No obstante, la nota en lengua inglesa no presenta una división externa en apartados y la subjetividad está unida con la objetividad: los comentarios sobre el vino y la nota de cata aparecen condensados y mezclados, lo que parece implicar que el grado de conocimiento que el emisor cree que tiene el receptor es mucho menor que en las notas en lengua española. El receptor inglés parece estar mucho más interesado en el precio, el país de origen del vino, la calificación que le otorga la revista y la región, a juzgar por la información que aparece en posición inicial. En cambio, no siempre conoce datos específicos del vino (tipo, aromas, temperatura de consumo) y cuando aparecen, el léxico presenta un grado menor de abstracción, los términos propios del campo se sustituyen con palabras del lenguaje general (*Spain*, *price*, *score*). Los términos especializados no tienen una frecuencia de uso tan relevante, los adjetivos propios para definir las características de un vino («aterciopelado», «balsámico», «granate») tienden a sustituirse por adjetivos menos específicos (*red*) (Felipe y Fernández, 2006: 223).

López y Roberts (2016a) llevan a cabo un estudio más detallado de dos tipos textuales de notas de cata en español e inglés, en concreto las de bodegas y revistas especializadas. Las investigadoras identifican diferencias de contenido, formato y estilo entre las notas de estas dos lenguas, que pueden ser significativas para nuestro análisis contrastivo de las notas de etiquetas y redes sociales:

- Diferencia de contenido. La fase de la apariencia del vino (color) suele describirse más en español.
- Diferencia de formato. El español prefiere el formato de nota dividido en partes que se distinguen claramente con títulos, frente al formato de párrafo compacto del inglés.
- Diferencias de estilo. En español usan más superlativos las notas de las bodegas, aunque están escritas por enólogos, mientras que en inglés los usan más las revistas especializadas escritas por críticos de vino. El español parece emplear menos figuras retóricas que el inglés. En inglés parece haber más intervenciones personales, las notas de las revistas especializadas incluyen más referencias al lector, y el uso del imperativo solo se observa en las notas de esta lengua, que son menos formales y reflejan más las características del lenguaje hablado.

No obstante, nos resulta más interesante para el objeto de este trabajo la parte en la que comparan las características de cada tipo de nota de cata (Ndc), de bodegas y revistas especializadas, en español:

Tab. 5.2: *Diferencias entre las notas de bodegas y revistas especializadas en español (López y* Roberts, 2016a*: 374–397)*

	Ndc de bodegas en español	**Ndc de revistas especializadas en español**
Diferencias de contenido	Aunque la apariencia suele describirse más en español, no incluyen la descripción del color.	Incluyen la descripción del color.
Diferencias de formato	Usan más el formato dividido en partes.	A pesar de que el español prefiere el formato dividido, usan más el párrafo compacto.
Diferencias de estilo	A diferencia del inglés, usan más superlativos, aunque están escritas por enólogos y provienen de hojas técnicas de cata que contienen todo tipo de datos técnicos.	A diferencia del inglés, usan menos superlativos, aunque están escritas por críticos de vino que suelen verse a ellos mismos como guías.
	Aunque el español suele usar menos figuras retóricas, parecen usarlas más, cuando lo esperado sería que los enólogos usaran un estilo menos florido.	Parecen usar menos figuras retóricas, cuando lo esperado sería que los críticos de vino usaran un estilo más florido.
	Aunque el inglés parece usar más intervenciones personales, los enólogos suelen preferir la 1.ª persona del plural.	Aunque el inglés parece usar más intervenciones personales, los críticos suelen preferir la 1.ª persona del singular.
	Parecen incluir menos referencias al lector.	Parecen incluir más referencias al lector, aunque menos que en inglés.
	El imperativo no suele aparecer.	El imperativo puede aparecer.
	El estilo puede ser más formal, menos conversacional.	Aunque el español suele preferir un estilo más formal, el estilo puede ser más conversacional.

Las autoras sugieren que las notas de cata en inglés muestran mayor variación que las del español que presentan mayor homogeneidad y que, en general, hay más diferencias entre los tipos en inglés. Con todo, a nosotras nos parece que también son suficientemente significativas las distinciones entre los tipos en español. Tomaremos estas diferencias entre tipos de notas en español e inglés como punto de partida para refutarlas o corroborarlas a la luz de los resultados de nuestro análisis. Indagaremos si las características que López y Roberts identifican en las notas de cata de bodegas y revistas especializadas coinciden o no con las que nosotras observamos en las de etiquetas y redes sociales. *A priori*, podría suponerse que haya cierta cercanía entre las notas de cata de las bodegas y las etiquetas de vinos, en cuanto que los emisores serían los mismos (enólogos), mientras que quizá no haya tanta entre las de las revistas especializadas (escritas por críticos de vino) y las redes sociales (emitidas por aficionados), pero antes, queremos describir cómo concebimos las metáforas del vino.

3. Las metáforas del lenguaje del vino

La concepción de *metáfora* ha ido evolucionando a lo largo del tiempo, pero estamos descubriendo que esta figura es todo lo que se ha dicho de ella y mucho más: un ornamento literario, una analogía que relaciona semejanzas entre objetos, una extensión de significado, un fenómeno cognitivo que permite crear terminología especializada (como la del vino), pues se vale de palabras de la lengua general que adquieren un significado especializado dentro de un área de estudio. En efecto, resulta sorprendente que las expresiones más típicas de la cata y que más llaman la atención a los aficionados no sean tanto los términos especializados, como las palabras en apariencia más comunes, que se usan metafóricamente y plantean problemas de comprensión (Amoraritei, 2002; Suárez, 2008).

Es opinión generalizada que las metáforas se usan en enología debido a la falta de términos para describir el aroma y el gusto del vino. Sin embargo, las metáforas, y otras figuras retóricas, más allá de compensar la falta de términos propios de la cata, se han convertido en sus señas de identidad (López y Roberts, 2016a). La lengua del vino no se puede concebir sin las figuras retóricas que «establecen relaciones inéditas» (Falgueras, 2009) y la metáfora es la base de la lengua de la cata, pues a través de ella las palabras de la lengua general confieren su personalidad al discurso de la degustación, y plantean problemas de comprensión y traducción.

La metáfora es un proceso mental que asocia los significados de dos palabras de dos dominios aparentemente distintos, aplica las propiedades del término metafórico para describir el otro, suprime algunas de sus características y selecciona o enfatiza otras (Fraile, 2010). No se transfieren solo propiedades semánticas, sino todo un sistema de implicaciones asociadas con el tenor y el vehículo, por lo que, para comprender la metáfora, es necesario conocer no solo esas asociaciones de términos, sino más bien los campos conceptuales de esas metáforas (Caballero y Suárez: 2008). De esta forma, para poder hablar del vino con otras personas lo conceptualizamos como una serie de realidades completamente distintas a él, de las que podemos hablar con más precisión:

> Así nos referimos al vino como a un ser vivo (y a menudo un ser humano), un edificio, una joya, o un tejido. Es habitual entre catadores referirse a un vino como «una filigrana de orfebrería», «una estructura bien construida o ensamblada», o «dotada de un tacto

aterciopelado». En ningún caso deja el vino de ser un líquido, pero estas descripciones ayudan a entender su estructura y tacto en boca (Suárez, 2008: 81).

En esta línea, la de abordar el análisis de la metáfora en contextos reales, Ibarretxe y Caballero (2014) sostienen que cada género textual (contexto) puede interpretar una misma metáfora de forma distinta, resaltando u ocultando algunos de sus matices semánticos. Así, por ejemplo y de acuerdo con los autores, cada uno de los géneros de notas de cata que analizamos en esta investigación podría seleccionar distintas propiedades semánticas de cada metáfora conceptual o interpretarlas de forma distinta. Mostramos a continuación la metodología y resultados del análisis de las metáforas de las notas de cata de vino presentes en etiquetas y redes sociales.

4. Metodología

Como se ha comentado anteriormente, nos centramos en dos tipos de notas de cata que son menos conocidos y no se han estudiado en profundidad. Se han recogido doce textos en cada uno de los idiomas y de cada tipo textual, conformando de esta manera un corpus comparable bilingüe de 48 textos con notas de cata en español de España y notas de cata en inglés de Estados Unidos, tanto de etiquetas de vinos como de la red social Twitter. Se han conseguido los materiales por diversas fuentes: de etiquetas de botellas en restaurantes, bares, tiendas, etc. Y, para aquellas etiquetas a las que no teníamos acceso presencial y para las redes sociales, nos hemos valido básicamente de Internet[3]. Se han contrastado todos los textos para verificar su procedencia y asegurarnos de que estábamos ante vinos españoles y estadounidenses, y para comprobar el origen de los usuarios de Twitter y los vinos de los que hablan.

Además, comentaremos las dificultades metodológicas principales que hemos experimentado en el estudio de las metáforas de la lengua del vino, que se refieren a su identificación, clasificación e interpretación, así como las soluciones que hemos adoptado frente a ellas (Caballero y Suárez, 2010).

La identificación de las metáforas conlleva la dificultad de distinguir el lenguaje figurado y el no figurado en los textos implicados. Para resolverla, hemos combinado varios puntos de vista, el del conocedor y el del aficionado al vino,

3 La búsqueda de notas de cata en redes sociales se ha realizado en Twitter, especialmente en perfiles como @urbanwinegeek, @alifeinwine, @expertoenvinos, @sibaritastur, o las cuentas de las bodegas. En cuanto a las etiquetas de vinos estadounidenses, las hemos podido conseguir a través de las páginas web de las bodegas en las que aparece la imagen de la etiqueta o el buscador de etiquetas *Colnect*.

que suelen coincidir en las metáforas más llamativas, pero no siempre están de acuerdo en las metáforas técnicas convencionales:

> A good example of this was the case of the adjectives hard, long or round; all are standard in wine commentary, to the extent that they would not be normally regarded as metaphorical by a professional wine critic or many of his/her readers for that matter. Yet, for someone outside the wine community, it is difficult to see how wines can be thus qualified, unless the terms are regarded as used in a non-literal, figurative way, however commonplace they may be in the wine realm (Caballero y Suárez, 2010: 271).

Usamos los criterios de identificación de metáforas de Caballero y Suárez (2010), pues consideramos metafóricas las expresiones que se emplean para entender o referirse al vino, sus cualidades o elementos, pero pertenecen a un campo semántico diferente del vino, y tenemos en cuenta también la forma lingüística (colocaciones incongruentes como a *wine «bursting» fromtheglass*) y el potencial de la expresión de activar relaciones entre dos campos semánticos a nivel conceptual (un vino que se califica como *tightly-knit, broadshouldered*).

Por otro lado, clasificamos las metáforas en categorías porque ello nos ayuda a entender el concepto que expresan y su uso. Seguimos la clasificación tradicional según los campos semánticos más frecuentes de las metáforas lingüísticas. En este sentido, como Caballero y Suárez (2010), reconocemos metáforas conceptuales y sinestésicas, pues se complementan:

> Indeed, the distinction is particularly relevant in the case of wine since, while conceptual metaphors help describe this beverage in all its complexity (alluding to its structural properties, kinship relationships with other wines, etc.), synaesthetic metaphors help convey the sensory experiences afforded by wine (Caballero y Suárez, 2010: 273).

Partimos de la clasificación de metáforas conceptuales de la lengua del vino de Fraile (2020), que matizamos a la luz de nuestros resultados, para superar las dificultades que hemos encontrado, como explicamos más adelante (Caballero y Suárez, 2010): existen límites poco precisos entre los campos semánticos de algunas metáforas, así como entre las metáforas conceptuales y las sinestesias, de hecho algunas metáforas pueden ser tanto conceptuales como sensoriales y, en una misma nota, incluso en una misma oración, se encuentran metáforas de distintos campos semánticos.

A continuación, presentamos los resultados del análisis exhaustivo que hemos llevado a cabo de cada uno de los textos de nuestro corpus, para encontrar las metáforas lingüísticas que aparecen en ellos, clasificarlas de acuerdo con las metáforas conceptuales con las que se relacionan y hallar diferencias entre los tipos de notas de cata y las dos lenguas implicadas.

5. Resultados

Con el fin de conocer mejor las características de las notas de cata, en primer lugar, atendemos a los rasgos generales de estos textos que hemos encontrado en etiquetas y redes sociales para, posteriormente, conocer a fondo las metáforas lingüísticas y conceptuales que se emplean en ellos. Hemos analizado los rasgos generales (de contenido, formato y estilo) de nuestras notas de cata, partiendo de los resultados obtenidos por Felipe y Fernández (2006) y López y Roberts (2016a), para conocer si las características que observaron estos autores siguen vigentes y son comunes a otros tipos textuales o, por el contrario, han cambiado con el paso de los años y son diferentes en etiquetas y redes sociales.

En cuanto a las diferencias de contenido, la mayor parte de las notas de cata de las etiquetas en español incluyen la información de las tres fases más importantes de la cata (visual, olfativa y gustativa), pero podemos afirmar que la más importante es la aromática, pues todos los textos presentan los datos de esa fase. Además, algunos textos incluyen una presentación del vino antes de adentrarse en la cata. En cambio, en las redes sociales en español, solo un 16,66 % de los textos explican las características del vino en estas tres fases, y se sirven en algunas ocasiones de adjetivos comunes al aroma y al gusto para ser más concisos y emplear menos caracteres. Igual que sucede en las etiquetas, se tiende a presentar el vino antes de «catarlo». En las etiquetas en inglés, no se da tanta importancia al color del vino (fase visual) como en español, sino que principalmente se tratan las fases olfativa y gustativa. En cambio, normalmente añaden otro tipo de información como la variedad de uva, la procedencia o el maridaje. Las redes sociales en inglés restan importancia a las tres fases de la cata y engrandecen la calidad del vino gracias, en gran parte, a la procedencia y la variedad de uva, empleando un lenguaje más directo para llegar al público. Suelen utilizar términos generales que sirven tanto para el aroma como para el gusto, como ocurre también en español (datos que concuerdan en general con lo señalado por Felipe y Fernández, 2006; López y Roberts, 2016a).

Atendiendo al formato, ambos tipos en español prefieren situar toda la información de la nota de cata en un solo párrafo, lo que nos sorprende en las etiquetas, pues en un principio nos parecía que podrían ser semejantes a los textos de las bodegas que prefieren el formato dividido en fases, según López y Roberts (2016a). En nuestro corpus, el 50 % de las notas de cata de las etiquetas tiene un solo párrafo y los que tienen más párrafos suelen presentar la información por medio de un sustantivo o sintagma nominal introductorio. En cambio, el 83,33 % de las notas de cata de las redes sociales presenta la información en un único párrafo y, en el caso de que se divida el contenido en diferentes párrafos, no se encuentran sustantivos introductorios. Esto puede deberse al límite de caracteres que se permite utilizar en Twitter o, lo que es probable también, a la tendencia que tenemos de imitar las redes sociales estadounidenses por su origen y desarrollo en este país. Las notas de cata de etiquetas en lengua inglesa también prefieren organizarse en un párrafo, pero el porcentaje es el mismo que en español (58,33 %), por lo que este formato no es tan común como lo era en el estudio de López y Roberts (2016a), y no se suele encontrar sustantivos introductorios. Sin embargo, en las redes sociales, todos los textos en inglés presentan esta característica y no tienen, por lo general, sustantivos o sintagmas introductorios.

En cuanto al estilo, y a diferencia de lo observado por López y Roberts (2016a), en las notas de cata de etiquetas en español observamos un mayor uso de figuras retóricas que intentan engrandecer la calidad del producto para conseguir la venta del mismo, por lo que, además de metáforas, sinestesias y metonimias, encontramos hipérboles, paralelismos, oxímoron… En las redes sociales, el número de figuras retóricas es menor debido a su breve extensión. Además, las notas de cata en inglés suelen emplear más verbos (normalmente en presente simple), pues se trata de textos más dinámicos y elaborados con el uso de figuras retóricas abundantes (metáfora, personificación, doble sentido, hipérbole…) para crear un texto más narrado que en español, especialmente en las etiquetas.

En nuestro estudio, hemos identificado en primer lugar las metáforas lingüísticas presentes en los textos de nuestro corpus para posteriormente analizar cada una de ellas y clasificarlas en metáforas conceptuales. Así, se detalla a continuación (Tabla 5.3) el número total de metáforas lingüísticas que se han encontrado en cada tipo textual y en cada lengua:

Tab. 5.3: *Número total de metáforas lingüísticas en cada tipo textual y lengua*

	Español	Inglés
Etiquetas	111	98
Redes sociales	82	65
Total	193	163

Como se puede observar, las metáforas lingüísticas son menos frecuentes en las redes sociales. Esto se debe a la longitud del texto, pues en Twitter, donde está acotada la longitud textual a 280 caracteres, se tiene que reducir y simplificar la información. Esto quiere decir que, por lo general, las notas de cata de Twitter son textos más breves y, por tanto, dan cabida a menos metáforas. Por otra parte, las metáforas son más habituales en español que en inglés.

Agrupamos ahora las metáforas lingüísticas en metáforas conceptuales, con el objetivo de encontrar diferencias entre los tipos textuales y lenguas respecto a las categorías y frecuencia en ellos de estas concepciones metafóricas superiores.

5.1. Diferencias en las categorías de metáforas entre los tipos y las lenguas

En la Tabla 5.4, se recogen las categorías y subcategorías de metáforas conceptuales que hemos encontrado en las notas de cata de etiquetas y redes sociales en español e inglés. Hemos fraccionado algunas de las metáforas conceptuales en subdivisiones para así ser más específicos en la clasificación. Al mismo tiempo, acompañamos las metáforas conceptuales de ejemplos de metáforas lingüísticas en ambas lenguas, que creemos pueden ser útiles para los traductores, ya que algunas de ellas son equivalentes en la traducción:

Tab. 5.4: *Categorías y subcategorías de metáforas conceptuales en los distintos tipos textuales y lenguas (con ejemplos)*

Etiquetas en español	Etiquetas en inglés	Redes sociales en español	Redes sociales en inglés
1) SERES VIVOS 1a) Seres humanos (*amable*) 1b) Animales (*con cuerpo*) 1c) Vegetales (*vivo*)	1) SERES VIVOS 1a) Seres humanos (*character*) 1b) Animales (*wild*) 1c) Vegetales (*lush*)	1) SERES VIVOS 1a) Seres humanos (*lágrima*) 1b) Animales (*con cuerpo*) 1c) Vegetales (*vivo*)	1) SERES VIVOS 1a) Seres humanos (*generous*) 1b) Animales (*nose*) 1c) Vegetales (*ripe*)
2) TIEMPO 2a) Edad y cuidado de un ser vivo (*crianza*) 2b) Paso del tiempo, evolución y duración (*prolongado*)	2) TIEMPO 2a) Edad y cuidado de un ser vivo (*aging*) 2b) Paso del tiempo, evolución y duración (*finish*)	2) TIEMPO 2a) Edad y cuidado de un ser vivo (*madurez*) 2b) Paso del tiempo, evolución y duración (*final*)	2) TIEMPO 2a) Edad y cuidado de un ser vivo (*years old*) 2b) Paso del tiempo, evolución y duración (*at the end*)
3) MATERIALES Y SUSTANCIAS 3a) Volumen y cuerpos geométricos (*redondo*) 3b) Telas y prendas de vestir (*sedoso*) 3c) Construcción, madera y metales (*entrada*) 3d) Mecanismos y técnicas (*de bajos rendimientos*) 3g) Tamaño y peso (*ligero*)	3) MATERIALES Y SUSTANCIAS 3b) Telas y prendas de vestir (*layers*) 3c) Construcción, madera y metales (*building*) 3e) Recipientes (*dishes*) 3g) Tamaño y peso (*heavy*) 3h) Líquidos y gases (*sip*)	3) MATERIALES Y SUSTANCIAS 3a) Volumen y cuerpos geométricos (*fondo*) 3b) Telas y prendas de vestir (*capa*) 3c) Construcción, madera y metales (*estructurado*) 3d) Mecanismos y técnicas (*pulido*) 3 f) Minerales (*rubí*) 3g) Tamaño y peso (*largo*)	3) MATERIALES Y SUSTANCIAS 3a) Volumen y cuerpos geométricos (*concentrated*) 3b) Telas y prendas de vestir (*layered*) 3c) Construcción, madera y metales (*structure*) 3g) Tamaño y peso (*big*) 3h) Líquidos y gases (*smoky*)

(*continúa en la siguiente página*)

Tab. 5.4: Continuado

Etiquetas en español	Etiquetas en inglés	Redes sociales en español	Redes sociales en inglés
4) SINESTESIAS 4a) Vista (*limpio*) 4c) Tacto (*suave*) 4d) Gusto (*dulcemente*) 4e) Olfato (*perfume*)	4) SINESTESIAS 4a) Vista (cristal clear) 4c) Tacto (*crisp*) 4d) Gusto (*sweet*)	4) SINESTESIAS 4b) Oído (*estruendosa*) 4c) Tacto (*fresco*)	4) SINESTESIAS 4a) Vista (*supple*) 4c) Tacto (*silky*) 4d) Gusto (*sweet*) 4e) Olfato (*whiff*)
5) ALIMENTOS Y AGRICULTURA (*Tempranillo*)	5) ALIMENTOS Y AGRICULTURA (*toasty*)	5) ALIMENTOS Y AGRICULTURA (*afrutado*)	5) ALIMENTOS Y AGRICULTURA (*fine-grained*)
6) MOVIMIENTO Y DESPLAZAMIENTO 6a) Medios de transporte/ viaje (*paso*) 6b) Lugar (*cocina*)	6) MOVIMIENTO Y DESPLAZAMIENTO 6a) Medios de transporte/ viaje (*step*) 6b) Lugar (*cuisine*)	6) MOVIMIENTO Y DESPLAZAMIENTO 6a) Medios de transporte/viaje (*llega*) 6b) Lugar (*mercado*)	6) MOVIMIENTO Y DESPLAZAMIENTO 6a) Medios de transporte/viaje (*delivering*)
7) RELIGIÓN Y ARTE 7a) Música (*notas*) 7b) Pintura (*tonos*)	7) RELIGIÓN Y ARTE 7a) Música (*notes*) 7b) Pintura (*nuances*)	7) RELIGIÓN Y ARTE 7a) Música (*notas*) 7b) Pintura (*tono*)	7) RELIGIÓN Y ARTE 7b) Pintura (*layered*)
8) CALIDAD, SINGULARIDAD Y EXCELENCIA (*equilibrado*)	8) CALIDAD, SINGULARIDAD Y EXCELENCIA (*excellence*)	8) CALIDAD, SINGULARIDAD Y EXCELENCIA (*equilibrado*)	8) CALIDAD, SINGULARIDAD Y EXCELENCIA (*pleaser*)
9) INTENSIDAD (*intenso*) 10) LUZ (*brillante*) 11) LIMPIEZA (*limpio*) 12) DELICADEZA (*delicado*)	10) LUZ (*sparkling*) 11) LIMPIEZA (*clean*) 12) DELICADEZA (*hints*) 13) EMOCIÓN (*exciting*) 15) AUTOR (*signature*) 16) DINERO Y JOYAS (*richly*)	9) INTENSIDAD (*intenso*) 10) LUZ (*brillante*) 12) DELICADEZA (*delicado*)	9) INTENSIDAD (*intense*) 10) LUZ (*bright*) 12) DELICADEZA (*delicate*) 14) REALIDAD (*real*) 16) DINERO Y JOYAS (*rich*)

Observamos en primer lugar que la lengua inglesa utiliza una mayor variedad de categorías de metáforas conceptuales que el español, mientras que es a partir de la metáfora 7) RELIGIÓN Y ARTE, donde comienzan las mayores diferencias, es decir, a partir de la mitad de la tabla o la mitad de las categorías, pues tanto las etiquetas como las redes sociales en inglés presentan una mayor variedad de metáforas, aunque esta lengua quizá muestre un número ligeramente menor de subcategorías de metáforas conceptuales.

Por otra parte, vemos diferentes comportamientos respecto a las subdivisiones de la metáfora 3) MATERIALES Y SUSTANCIAS, pues en las etiquetas en inglés no aparece ninguna metáfora de *Volumen*, pero sí metáforas de *Recipientes*, lo que diferencia a estos textos de los demás. En esta categoría, observamos una diferencia en cuanto a las lenguas, pues la subdivisión *Líquidos y gases* solo la encontramos en la lengua inglesa. En cambio, las metáforas de *Minerales* solo aparecen en las redes sociales en español.

Siguiendo con la metáfora conceptual 4) SINESTESIAS, descubrimos más variedad en las etiquetas en español y en las redes sociales en inglés, pero en ninguna de estas dos aparece la sinestesia del *Oído*, que solo se presenta en las redes sociales en español, lo que resulta interesante al ser los textos en los que menos variedad de sinestesias hay.

La categoría 6) MOVIMIENTO Y DESPLAZAMIENTO está en todos los tipos textuales y lenguas, pero en las redes sociales en inglés solamente vemos una subdivisión. Es decir, estos textos son los únicos en los que no se observa la presencia de la subcategoría de *Lugar*.

En la metáfora 7) RELIGIÓN Y ARTE estas notas de cata se diferencian de la clasificación de Fraile (2020: 177–198), pues las subdivisiones que presenta son diferentes. En nuestro análisis, no hemos encontrado ninguna metáfora lingüística que podamos incluir en las secciones *Religión y magia* o *Arte y espectáculos*. Sin embargo, hemos podido comprobar que las subcategorías *Música* y *Pintura* son bastante comunes. Por eso, ambas aparecen tanto en etiquetas como en redes, excepto las metáforas del mundo de la *Música* en las redes sociales en inglés.

Llama la atención que las metáforas de 9) INTENSIDAD no figuran en las etiquetas en inglés, pues estas, por lo general, buscan engrandecer el producto y, en cambio, en estas notas no se emplean metáforas de INTENSIDAD para buscar esta finalidad. Por otro lado, las metáforas de 11) LIMPIEZA solo se encuentran en las etiquetas en español, las de 13) EMOCIÓN y 15) AUTOR solo en las etiquetas en inglés, las relacionadas con 14) REALIDAD solo en las redes en inglés y las de 16) DINERO Y JOYAS únicamente en la lengua inglesa, aunque se hallan en ambos tipos.

Como vemos, se observa cierta variedad de metáforas conceptuales y diferencias entre los tipos textuales y las lenguas de trabajo, pero también es importante hablar de los casos conflictivos de metáforas con que nos hemos topado. Así, las metáforas 14) REALIDAD y 15) AUTOR solo se encuentran en inglés, como ya hemos dicho. Esto se debe a que se ha encontrado únicamente un ejemplo en cada una de ellas, pero nos ha parecido interesante incluirlo para analizar la frecuencia con que se repiten esas metáforas lingüísticas y ver cómo influye su presencia en la clasificación, es decir, observar en qué puestos aparecen estas metáforas conceptuales.

Otro caso llamativo es el de las SINESTESIAS, pues muchas de ellas son metáforas lingüísticas que se catalogan dentro de otras metáforas conceptuales por sus campos semánticos, pero también se encasillan en la categoría SINESTESIAS porque pertenecen a un sentido. Por ejemplo, la palabra «sedoso» se incluye dentro de la metáfora 3b) *Telas y prendas de vestir* porque hace referencia a la seda, pero, a su vez, cuando se habla del gusto del vino y se emplea este término, en verdad se refiere a su textura, por lo que se están «confundiendo» los sentidos. Por esta razón, es por la que muchas sinestesias también se incluyen en otras divisiones.

Por último, hay metáforas lingüísticas que se refieren a más de una metáfora conceptual, por ejemplo, el término «vivo» hace referencia a cualquier ser vivo. Por tanto, va a estar incluido en las tres subdivisiones de SERES VIVOS (*Seres humanos*, *Animales* y *Vegetales*).

5.2. Diferencias en la frecuencia de las metáforas entre los tipos y las lenguas

En segundo lugar, prestamos atención a cuáles de las metáforas anteriores son más frecuentes en las notas de etiquetas y redes sociales en español e inglés, como recoge la tabla 5.5.

Tab. 5.5: *Frecuencia de las metáforas conceptuales en cada tipo textual y lengua*

Puesto[a]	Etiquetas en español	Etiquetas en inglés	Redes sociales en español	Redes sociales en inglés
1.º	1a) Seres humanos	1a) Seres humanos	1a) Seres humanos	1a) Seres humanos
2.º	4c) Tacto	4c) Tacto	4c) Tacto	3a) Volumen y cuerpos geométricos
3.º	1b) Animales	8) CALIDAD, SINGULARIDAD Y EXCELENCIA	1b) Animales	9) INTENSIDAD
4.º	10) LUZ	1b) Animales	2b) Paso del tiempo, evolución y duración	8) CALIDAD, SINGULARIDAD Y EXCELENCIA
5.º	7a) Música	10) LUZ	5) ALIMENTOS Y AGRICULTURA	4c) Tacto
6.º	5) ALIMENTOS Y AGRICULTURA	7a) Música	9) INTENSIDAD	2b) Paso del tiempo, evolución y duración
7.º	9) INTENSIDAD	2b) Paso del tiempo, evolución y duración	8) CALIDAD, SINGULARIDAD Y EXCELENCIA	4e)Olfato
8.º	3a) Volumen y cuerpos geométricos	16) DINERO Y JOYAS	3c) Construcción, madera y metales	3g) Tamaño y peso

Tab. 5.5: Continuado

Puesto[a]	**Etiquetas en español**	**Etiquetas en inglés**	**Redes sociales en español**	**Redes sociales en inglés**
9.º	2a) Edad y cuidado de un ser vivo	12) DELICADEZA	7a) Música	2a) Edad y cuidado de un ser vivo
10.º	7b) Pintura	7b) Pintura	3b) Telas y prendas de vestir	12) DELICADEZA
11.º	11) LIMPIEZA	6b) Lugar	3a) Volumen y cuerpos geométricos	3h) Líquidos y gases
12.º	8) CALIDAD, SINGULARIDAD Y EXCELENCIA	6a) Medios de transporte/viaje	12) DELICADEZA	1b) Animales
13.º	4e)Olfato	3b) Telas y prendas de vestir	7b) Pintura	16)DINERO Y JOYAS
14.º	3g) Tamaño y peso	1c) Vegetales	3g) Tamaño y peso	10) LUZ
15.º	3b) Telas y prendas de vestir	15)AUTOR	3d) Mecanismos y técnicas	6a) Medios de transporte/viaje
16.º	12) DELICADEZA	13) EMOCIÓN	2a) Edad y cuidado de un ser vivo	4d) Gusto
17.º	2b) Paso del tiempo, evolución y duración	5) ALIMENTOS Y AGRICULTURA	10) LUZ	3c) Construcción, madera y metales
18.º	1c) Vegetales	4d) Gusto	6b) Lugar	1c) Vegetales
19.º	4a) Vista	3c) Construcción, madera y metales	6a) Medios de transporte/viaje	14) REALIDAD
20.º	3d) Mecanismos y técnicas	2a) Edad y cuidado de un ser vivo	4b) Oído	7b) Pintura
21.º	6b) Lugar	11) LIMPIEZA	3 f) Minerales	5) ALIMENTOS Y AGRICULTURA
22.º	6a) Medios de transporte/viaje	4a) Vista	1c) Vegetales	4a) Vista
23.º	4d) Gusto	3h) Líquidos y gases		3b) Telas y prendas de vestir
24.º	3c) Construcción, madera y metales	3g) Tamaño y peso		
25.º		3e) Recipientes		

[a] Por cuestiones de espacio, eliminamos en esta tabla el nombre de la metáfora conceptual general de aquellas que tienen subdivisiones porque ya aparece en la tabla anterior.

Comenzamos cotejando los dos tipos textuales en una misma lengua, para después analizar las diferencias entre un mismo tipo textual en cada lengua. Las metáforas de etiquetas y redes sociales en español comparten la preferencia por las 3 primeras metáforas de la escala (*Seres humanos*, *Tacto* y *Animales*). Una diferencia llamativa, sin embargo, es la importancia que las redes sociales conceden a la *Evolución del vino* y el *Paso del tiempo* (4.º lugar). Esto quiere decir que se da más importancia al envejecimiento del vino en las redes sociales que en las etiquetas en español (17.º). También aparecen en puestos superiores en las redes sociales en español las metáforas CALIDAD (7.º puesto frente al 11.º en las etiquetas) y *Construcción* (8.º frente al 24.º). Sin embargo, otras metáforas relevantes dentro de las etiquetas en español son *Música* (en 5.º puesto, cae a la 9.ª posición en las redes sociales) y LUZ (del 4.º lugar en las etiquetas al 17.º en las redes). Finalmente, algunas categorías en español solo aparecen en las etiquetas (LIMPIEZA, *Olfato, Vista*), mientras que otras solo en las redes sociales (*Oído, Minerales*).

Etiquetas y redes en inglés muestran diferencias más claras en las primeras posiciones. En las redes sociales en inglés, tenemos en 2.º lugar *Volumen y cuerpos geométricos*, e INTENSIDAD en 3.ª posición, pero estas categorías ni siquiera aparecen en las etiquetas de esta lengua, al igual que *Olfato* y *Lugar* (7.º y 11.º en las redes). El caso contrario lo encontramos con *Música*, que obtiene el 6.º puesto en las etiquetas en inglés, pero no entra en la clasificación de las redes sociales, al igual que AUTOR (15.º), REALIDAD (19.º), LIMPIEZA (21.º) y *Recipientes* (25.º). Como singularidad, en las etiquetas en inglés aparecen dos metáforas que solo están presentes en este tipo y lengua: AUTOR y REALIDAD. La presencia de una metáfora de AUTOR nos parece interesante, ya que se muestra que en las etiquetas en inglés se destaca quién hace el vino y se trata a esta persona como un artista que no hace un trabajo mecanizado, sino que deja huella y eleva la calidad del vino como si se tratase de una obra de arte. Por otra parte, la metáfora LUZ ocupa un lugar privilegiado en las etiquetas (5.º puesto) para descender en las redes sociales al décimo cuarto. Algunas categorías aparecen en posiciones bastante alejadas entre etiquetas y redes en inglés, las más llamativas son, en las etiquetas, *Animales* (del 4.º al 12.º lugar en las redes), *Pintura* (del 10.º al 20.º), *Telas* (del 13.º al 23.º) y, en las redes, *Tamaño y peso* (del 8.º al 24.º en las etiquetas), *Edad y cuidado de un ser vivo* (del 9.º al 20.º), *Líquidos y gases* (del 11.º al 23.º). En este sentido, observamos una gran diferencia en el uso de las metáforas de *Edad y cuidado de un ser vivo* y *Tamaño y peso* que tienen elevada frecuencia en las redes y no así en las etiquetas en inglés.

Ahora analizamos las diferencias entre un mismo tipo textual en cada lengua. En las etiquetas, ambas lenguas coinciden en las SINESTESIAS para describir impresiones *Táctiles* (2.º puesto) como indican muchos estudiosos[4], así como en la relevancia del *Ser humano* que aparece en primer lugar y la metáfora *Pintura* en 10.ª posición. Es decir, prefieren el uso de las metáforas predominantes en las notas de cata, así como tratar el vino como una obra de arte. Aunque hay pocos casos en los que coinciden en la tabla de clasificación, vemos algunas metáforas que tienen posiciones parecidas, como son *Animales* (3.º y 4.º), LUZ (4.º y 5.º), *Música* (5.º y 6.º), *Vista* (19.º y 22.º) y *Telas* (15.º y 13.º).En cuanto a las diferencias entre las etiquetas de ambas lenguas, en inglés, muestran un mayor número total de metáforas conceptuales (24 frente a 25). El español usa SINESTESIAS que implican a cuatro sentidos, mientras que el inglés parece centrarse solo en las de *Vista*, *Tacto* y *Gusto*. En inglés, se recalca más la CALIDAD Y SINGULARIDAD de los vinos (3.º en inglés, 12.º en español), la DELICADEZA (9.º en inglés, 16.º en español), el LUGAR (11.º en inglés, 21.º en español) y los *Medios de transporte* (12.º en inglés, 22.º en español). En español, en cambio, las metáforas de *Paso del tiempo, evolución y duración* (17.º), LUGAR (21.º) y *Medios de transporte* (22.º) ocupan los últimos puestos, mientras que en inglés están entre los puestos superiores de la tabla. La metáfora MATERIALES Y SUSTANCIAS es importante en ambas lenguas, aunque se desarrolla de distinta manera, pues se escogen distintos elementos: en español, *Volumen* (8.º), *Tamaño* (14.º), *Telas* (15.º) y *Mecanismos* (20.º), frente a *Telas* (13.º), *Construcción* (19.º), *Líquidos y gases* (23.º), *Tamaño y peso* (24.º) y *Recipientes* (25.º) en inglés. En cambio, la lengua inglesa no da tanta importancia a los ALIMENTOS (6.º en español, 17.º en inglés), la LIMPIEZA (11.º en español, 18.º en inglés), la INTENSIDAD (7.º en español) ni al *Olfato* (13.º en español); estas dos últimas ni siquiera aparecen en inglés. Por último, vemos diferencias en cuanto a las categorías que solo aparecen en uno de los idiomas: en español, las metáforas INTENSIDAD (7.º), *Volumen* (8.º), *Olfato* (13.º) y *Mecanismos* (20.º) y, por el contrario, en inglés, las metáforas DINERO Y JOYAS (8.º), AUTOR (15.º), EMOCIÓN (16.º) y *Líquidos y gases* (23.º).

En cuanto a las redes sociales en inglés y español, las diferencias que hemos observado en cuanto a las metáforas que contienen coinciden con algunas de las que hemos señalado en las notas de las etiquetas de vino, pero en otros casos no. Así, por ejemplo, en los textos de las redes sociales, y a diferencia de las etiquetas, el inglés prefiere el *Volumen* en la 2.ª posición a la sinestesia del *Tacto* (5.º). Esta diferencia sugiere tanto una disimilitud entre las dos lenguas como los dos tipos textuales. Igual que ocurría en las etiquetas, las metáforas en inglés están más

4 Ejemplos de estos estudiosos son Amoraritei (2002), Suárez (2008), Caballero y Suárez (2010) y Caballero y Paradis (2015).

divididas y se clasifican en más categorías, también con una diferencia de una (22 en español frente a 23 en inglés). Vemos algunos puestos parecidos, como CALIDAD (3.º en español, 4.º en inglés), *Paso del tiempo* (7.º en español, 6.º en inglés), DELICADEZA (9.º en español, 10.º en inglés), *Medios de transporte* (12.º en español, 15.º en inglés) y *Construcción* (19.º en español, 17.º en inglés). En cambio, la única semejanza que hay entre ambas lenguas es el puesto número uno, con *Seres humanos*, la misma en estos dos tipos textuales e idiomas. En las notas de cata de las etiquetas, señalábamos como diferencia entre las dos lenguas que en inglés no aparecían sinestesias del *Gusto*; en las notas de las redes sociales en esta lengua, sin embargo, sí aparecen, mientras que curiosamente no se encuentran en español. En este caso, de nuevo, podemos estar ante una diferencia interlingüística o entre los dos tipos textuales. Más allá del *Gusto*, vemos otras diferencias en cuanto a las sinestesias empleadas en cada lengua, pues en español se juega con el *Oído* (solo aparece en las redes sociales en español) y el *Tacto*, mientras que el inglés amplía su abanico a cuatro sinestesias, dejando de lado el *Oído*. Por otra parte, las redes sociales en inglés enfatizan tanto la INTENSIDAD como la CALIDAD del vino, colocando estas metáforas en 3.ª y 4.ª posición, mientras que en español no tienen puestos tan privilegiados (6.º y 7.º). Otra diferencia que encontrábamos en las etiquetas que también está presente en las redes sociales es la de los MATERIALES Y SUSTANCIAS. De este grupo, no aparecen las mismas subdivisiones en ambas lenguas. De esta manera, en español encontramos metáforas de *Construcción* (8.º), *Telas* (10.º), *Tamaño* (14.º), *Mecanismos* (15.º) y *Minerales* (21.º). En inglés, en cambio, el *Volumen* adquiere una mayor importancia, estableciéndose en 2.º lugar, seguido del *Tamaño* (8.º), *Líquidos y gases* (11.º), *Construcción* (17.º) y *Telas* (23.º). Con todo esto, ambas lenguas prestan atención a la descripción de la evolución del vino (*Paso del tiempo, evolución y duración*), a diferencia de lo que ocurría en las etiquetas en español donde estas metáforas no se usaban tanto. El inglés, no obstante, parece enfatizar más esta cuestión, pues además de la anterior, le dedica otra metáfora que ocupa el noveno lugar de la tabla (*Edad y cuidado de un ser vivo*). Finalmente, observamos disparidades en relación con las metáforas que solo aparecen en una de las lenguas. Así, en español aparecen las categorías *Música* (9.º), *Mecanismos* (15.º), LUGAR (18º), *Oído* (20º) y *Minerales* (21º), mientras que en inglés vemos las novedades del *Olfato* (7.º), *Líquidos y gases* (11.º), DINERO Y JOYAS (13.º), *Gusto* (16.º), REALIDAD (19.º) y *Vista* (22.º).

Presentamos seguidamente las conclusiones de nuestro trabajo que giran en torno a dos vertientes, por un lado, la evolución que hemos observado en estos tipos de notas de cata en cuanto a contenido, forma y estilo en cada lengua, por otro, las diferencias que hemos advertido entre ellos en relación con las categorías y subcategorías de metáforas conceptuales que contienen con más frecuencia.

6. Conclusiones

Gracias a un primer análisis, en el que partíamos de las conclusiones de los estudios de Felipe y Fernández (2006) y López y Roberts (2016a), hemos podido observar cómo han cambiado estos tipos de notas de cata en los últimos años. En un principio, las notas de cata de las etiquetas en español se solían redactar en varios párrafos con un sintagma nominal introductorio para cada fase. Esta era la mayor diferencia entre las notas de cata de España y de Estados Unidos. En cambio, cada vez aparecen más con un solo párrafo compacto, como sucede en inglés. En el caso de las redes sociales en español, es aún mayor el porcentaje de notas que engloba toda la información en un único párrafo. Estos datos nos indican que podemos estar ante un caso de lo que podríamos llamar «americanización» de las notas de cata en español, pues se tiende a copiar el estilo de las notas de Estados Unidos, sobre todo en las redes sociales. Puede ser, por tanto, que el hecho de que Estados Unidos haya inventado y desarrollado las redes sociales haya influido en las notas de cata españolas y que, a causa de la presencia que dichas redes tienen hoy en día en nuestras vidas, estemos interiorizando y, por tanto, imitando su estilo. En cambio, las redes sociales en inglés parecen irse acercando al estilo de las notas de cata en español que valoran cada vez más las características organolépticas del vino, especialmente el aroma. Por tanto, parecen intercambiarse las tendencias entre etiquetas y redes en inglés y español. Al mismo tiempo, las redes en inglés suelen preocuparse menos por el lugar de procedencia del vino (esta subcategoría no aparece), que era uno de sus principales intereses según Felipe y Fernández (2006), aunque las etiquetas siguen dando gran importancia al origen y procedencia del caldo. Esto quiere decir que podríamos estar ante cierto cambio de tendencia en los tipos textuales más modernos en inglés.

El análisis exhaustivo, comparativo y contrastivo que hemos llevado a cabo de las metáforas lingüísticas de nuestro corpus, nos ha permitido observar que, en ambas lenguas, las notas de cata de las etiquetas contienen un número mayor de metáforas lingüísticas que las de las redes sociales, probablemente debido a la breve extensión de estas últimas y a su limitación de caracteres. También hay más metáforas conceptuales en las etiquetas que en las redes sociales. La razón que aducimos es que las etiquetas son textos menos breves, en los que se tiene más libertad a la hora de jugar con el uso de las metáforas. Con todo, el lenguaje de las redes sociales es más directo, pues busca impactar a un lector dinámico que no permanece demasiado tiempo ante la misma pantalla.

El análisis anterior también nos ha permitido proponer una clasificación de algunas de las metáforas conceptuales (Tabla 5.6) que se albergan en las notas de cata de vinos de etiquetas y redes sociales, tanto en español como en inglés, que podría resultar útil para el estudio de otros tipos textuales de este amplio género textual:

Tab. 5.6: *Clasificación de metáforas conceptuales de las notas de cata de etiquetas y redes sociales en español e inglés (Fraile y Martínez, 2021)*

1) SERES VIVOS
1a) Seres humanos
1b) Animales
1c) Vegetales
2) TIEMPO
2a) Edad y cuidado de un ser vivo
2b) Paso del tiempo, evolución y duración
3) MATERIALES Y SUSTANCIAS
3a) Volumen y cuerpos geométricos
3b) Telas y prendas de vestir
3c) Construcción, madera y metales
3d) Mecanismos y técnicas
3e) Recipientes
3 f) Minerales
3g) Tamaño y peso
3h) Líquidos y gases
4) SINESTESIAS
4a) Vista
4b) Oído
4c) Tacto
4d) Gusto
4e) Olfato
5) ALIMENTOS Y AGRICULTURA
6) MOVIMIENTO Y DESPLAZAMIENTO
6a) Medios de transporte/viaje
6b) Lugar
7) RELIGIÓN Y ARTE
7a) Música
7b) Pintura
8) CALIDAD, SINGULARIDAD Y EXCELENCIA
9) INTENSIDAD
10) LUZ
11) LIMPIEZA
12) DELICADEZA
13) EMOCIÓN
14) REALIDAD
15) AUTOR
16) DINERO Y JOYAS

En relación con las lenguas, mientras que el español emplea mayor cantidad de metáforas lingüísticas que el inglés, es la lengua inglesa la que muestra más categorías de metáforas conceptuales, aunque estas tienden a presentar menos subdivisiones que en español. Las categorías de metáforas conceptuales que emplea el inglés, diferentes a las de las notas de cata en español parecen indicar que la lengua anglosajona concede más valor artístico al vino y su autor (EMOCIÓN, REALIDAD, AUTOR, DINERO Y JOYAS), mientras que en español un vino podría considerarse más como producto de una labor mecanizada (*Mecanismos*), cuyo valor reside en su grandeza (INTENSIDAD y *Volumen*).

Parece confirmarse nuestra hipótesis de que, a pesar de que ambos tipos textuales de nota de cata comparten las metáforas conceptuales que aparecen en los primeros puestos de la escala (*Seres humanos, Tacto, Animales*, CALIDAD, INTENSIDAD), cada tipo textual, etiquetas y redes sociales, se caracteriza también por el uso de metáforas conceptuales distintas o selecciona subcategorías diferentes de una misma metáfora conceptual. En este sentido, hemos descubierto una casuística muy variada: metáforas conceptuales que presentan subcategorías bastante distintas dependiendo del tipo de nota y lengua (MATERIALES Y SUSTANCIAS), metáforas conceptuales específicas de una lengua (EMOCIÓN, AUTOR, REALIDAD, DINERO Y JOYAS), de un tipo textual (LIMPIEZA), de un tipo textual y una lengua (EMOCIÓN, AUTOR, REALIDAD); también subcategorías de metáforas que parecen específicas de una lengua (*Líquidos y gases, Mecanismos*), de un tipo y una lengua (*Recipientes, Minerales, Oído*).

Podemos concluir, por tanto, que el vinose sigue considerando un SER VIVO e identificándose con un *Ser humano*, con lo que esta se confirma como la metáfora conceptual más prolífica en este campo. El vino es una persona en cuanto al vínculo que se establece con él gracias a las metáforas lingüísticas y conceptuales que se emplean en estos textos, pues se presenta y se explican sus características como si de una persona se tratase, otorgándole de esta manera viveza, poder de decisión y dinamismo.

Además, en las etiquetas españolas e inglesas, y en las redes en español, la segunda figuración más abundante, que ocupa el segundo lugar, es la SINESTESIA del *Tacto* que, aunque no es una fase de la cata, es el sentido más importante a la hora de catar, pues el olfato y especialmente el gusto del vino, se perciben en gran parte gracias a la textura y sensibilidad del sentido del tacto. Su presencia en todos los tipos y las dos lenguas confirma la gran importancia de este tipo de sinestesia dentro del lenguaje del vino y en la nota de cata. En este punto, no obstante, las redes en inglés se distancian, pues esta sinestesia cae al quinto puesto, dando mayor importancia al *Volumen*, la INTENSIDAD y la CALIDAD, con lo que deducimos que el tipo de las redes sociales en inglés sigue prefiriendo captar la atención del lector con la gran CALIDAD de un vino antes que explicar sus características. Las redes en lengua inglesa también se diferencian porque las metáforas del *Olfato* solo se encuentran en ellas, que parecen valorar más esta característica del vino que los otros tipos textuales. Por otro lado, las redes sociales en español también muestran sus peculiaridades, en cuanto que son el único tipo en el que no aparecen las metáforas del *Gusto* y la *Vista*, y, por el contrario, sí contienen las del *Oído*. De esta forma, hemos observado interesantes diferencias entre las dos lenguas que estudiamos y los dos tipos de nota de cata, en relación con las SINESTESIAS y el uso que hacen de los sentidos para catar el vino.

Para finalizar, este estudio supone una continuación al realizado por Esther Fraile (2020) pero, a su vez, el inicio de futuras investigaciones, pues partiendo de las metáforas conceptuales que se han trabajado en este artículo, su clasificación y sus características, se podrían sistematizar las metáforas lingüísticas más empleadas para cada una de ellas y establecer equivalentes de traducción en español y en inglés, lo que sería de gran ayuda para los traductores de estas notas. Además, otra publicación en el futuro será la tesis doctoral de Andrea Martínez, tutelada por los doctores Miguel Ibáñez y Esther Fraile, que presentará las características del género textual de la nota de cata de vinos y de cada uno de sus tipos textuales, atendiendo entre estos rasgos a las figuras retóricas y las metáforas.

REFERENCIAS BIBLIOGRÁFICAS

ALDER, Adam (2011): «The Purpose of Tasting Notes». [Consulta en línea: http://www.vinography.com/archives/2011/02/the_purpose_of_tasting_notes.htm; 8/09/2021].

AMORARITEI, Loredana (2002): «La Métaphore en Oenologie». *Metaphorik*, 3, 4–16.

CABALLERO, Rosario (2009): «Cutting across the Senses: Imaginery in Winespeak and Audiovisual Promotion», en C.Forceville y E. Urios (eds.), *Multimodal Metaphors*. Berlin / NewYork, Mouton de Gruyter, 73–94.

CABALLERO, Rosario y Ernesto SUÁREZ (2008): «Translating the senses: Teaching the metaphors in winespeak», en F. Boers y S. Lindstromberg (eds.), *Cognitive Linguistic Approaches to Teaching Vocabulary and Phraseology*, Berlin & New York: Mouton de Gruyter, 240–260.

CABALLERO, Rosario y Ernesto SUÁREZ (2010): «A Genre Approach to Imagery in Winespeak», en G. Low, Z. Todd, et al. (eds.), *Researching and Applying Metaphor in the Real World*. Antwerp: John Benjamins, 265–287.

CABALLERO, Rosario y Carita PARADIS (2015): «Making sense of sensory perceptions across languages and cultures». *Functions of Language*. 22, 1.

COUTIER, Martine (1994): «Tropes et termes: le vocabulaire de la dégustation du vin». *Meta*, XXXIX, 4, 662–673.

DERBYSHIRE, David (2013): «Wine-tasting. It's Junk Science». [Consulta en línea: http://www.theguardian.com/lifeandstyle/2013/jun/23/wine-tasting-junk-science-analysis; 8/09/2021].

FALGUERAS, Meritxell (2009): «La poética del vino». *Wines and the city*. [Consulta en línea: http://www.winesandthecity.com/2009/11/23/la-poeticadel-vino/; 13/09/2021]

FRAILE, Esther (2010): «La traducción de las metáforas del vino», en M. Ibáñez et al. (eds.), *Vino, lengua y traducción II*. Valladolid, Secretaría de Publicaciones Universidad de Valladolid, 141–173.

FRAILE, Esther (2020): «Las metáforas del enoturismo y su traducción», en M. Ibáñez (ed.), *Enotradulengua: Vino, lengua y traducción*. Berlín, Peter Lang, 169–200.

FELIPE, M.ª del Rosario y Martín FERNÁNDEZ (2006): «Diseño y elaboración de herramientas lingüísticas aplicadas a la traducción especializada: las normas de traducción», en *El lenguaje de la vid y el vino y su traducción*, Secretariado de Publicaciones e Intercambio Editorial, Universidad de Valladolid, 215–251.

GRAY, Blake (2012):«Struggling with Wine Tasting Notes». [Consulta en línea: http://palatepress.com/2012/10/wine/struggling-with-tasting-notes/; 8/09/2021].

GLUCK, Malcolm (2003): «Wine Language. Useful Idiom or Idiot-Speak?», en Jean Aitchison and Diana M. Lewis (eds.), *New Media Language*. London, Routledge, 107–115.

IBARRETXE, Iraide y Rosario CABALLERO (2014): «Una aproximación al estudio de los eventos de movimiento metafórico desde la tipología semántica y el género». *Anuari de filologia. Estudis de lingüística*, 4, 139 155.

LÓPEZ, Belén y Roda ROBERTS (2014): «English and SpanishDescriptors in WineTastingTerminology». *Terminology*, 20(1), 25–49.

LÓPEZ, Belén y Roda ROBERTS (2015a): «Unusual Sentence Structure in Wine Tasting Notes. A Contrastive Corpus-Based Study». *Languages in Contrast*, 15 (2), 162–180.

LÓPEZ, Belén y Roda ROBERTS (2016a): «Differences in wine tasting notes in English and Spanish». *Babel* 62 (3), 370–401.

LÓPEZ, Belén y Roda ROBERTS (2016b): «The Phraseology of the Language of Wine in English and Spanish». *Debate Terminológico*, 2–14.

LÓPEZ, Belén y Roda ROBERTS (2017): «Metaphors in Wine-tasting Notes in English and Spanish». *Hermēneus. Revista de traducción e interpretación*, 19, 139–163.

LUQUE, Francisco (2019): *La metáfora conceptual en las lenguas de especialidad: estudio comparativo francés-español del discurso de la cata de vino*. Tesis doctoral. Universidad de Córdoba. [Consulta en línea: https://core.ac.uk/download/pdf/286115557.pdf; 8/09/2021].

MARTÍNEZ, Andrea (2020): «Figuras retóricas en las notas de cata de vinos», en M. Ibáñez Rodríguez (ed.): *Enotradulengua*. Peter Lang, 305–322.

NEGRO, Isabel (2011): «La metáfora en el discurso enológico español [Metaphors in Spanish Winespeak]», en M.ª Luisa Carrió Pastor et al. (eds.), *La investigación y la enseñanza aplicadas a las nuevas tecnologías*. Valencia, Universidad Politécnica de Valencia, 479–489.

PEYNAUD, Émile (1987): *The Taste of Wine: Art and Science of Wine Appreciation*. San Francisco, The Wine Appreciation Guild.

PUCKETTE, Madeline (2014): «How to Write Excellent Wine Tasting Notes». [Consulta en línea: http://winefolly.com/review/write-excellent-wine-tasting-notes/; 8/09/2021].

SUÁREZ, Ernesto (2006): «El lenguaje de cata en los foros de internet: una comparativa EE. UU.-España», en *El lenguaje de la vid y el vino y su traducción*, Secretariado de Publicaciones e Intercambio Editorial, Universidad de Valladolid, 321–326.

SUÁREZ, Ernesto (2007): «Metaphor inside the wine cellar: On the Ubiquity of Personification Schemas in Winespeak». *Metaphorik*, 12, 53–63.

SUÁREZ, Ernesto (2008): «Lenguaje y comunicación en el vino: aciertos y errores», in *Vino y lenguaje márketing*, 78–87.

WIPF, Betina (2010): *Wine Writing Meets MIPVU: Linguistic Metaphor Identification of Tasting Notes*. MA Thesis. Unpublished. Amsterdam,VrijeUniversiteit.

Inés González Aguilar

Genres textuels vitivinicoles en français langue étrangère: les notes de dégustation

Resumen: Demostrada la utilidad de los géneros textuales dentro de la enseñanza-aprendizaje de las lenguas extranjeras, este trabajo constituye una reflexión sobre la inclusión del género textual *nota de cata* dentro de la enseñanza del francés como lengua extranjera. Empezando por la revisión del concepto de género textual, así como el repaso del género concreto de la nota de cata, también estudiaremos la presencia de los géneros textuales vitivinícolas en los manuales de francés del siglo pasado. Finalmente, este capítulo concluye con la elaboración de un modelo y una secuencia didácticos en pos de la originalidad creativa dentro de la clase de francés como lengua extranjera.

Palabras clave: Géneros textuales. Francés lengua extranjera. Nota de cata. Cultura vitivinícola.

Abstract: Given the usefulness of text genres in the teaching and learning of foreign languages, this work presents a reflection on the introduction of the text genre 'tasting notes' in the teaching of French as a foreign language. After a review of the concept of text genre, as well as a review of tasting notes as a specific genre, the presence of wine textual genres in French textbooks of the last century will be discussed. This chapter concludes with the presentation of a didactic model and sequence aiming at creative originality in the French as a foreign language classroom.

Keywords: Text genres. French as a Foreign Language. Tasting notes. Wine culture

0. Introduction

Les derniers courants didactiques ainsi que les initiatives publiques et provenant du secteur privé de l'éducation ont mis en valeur l'innovation quant aux démarches éducatives[1] et les contenus à didactiser. C'est à ce titre que nous avons voulu apporter notre contribution à la recherche en didactique des langues étrangères. Notre appartenance au groupe de recherche GIRTraduvino a considérablement marqué notre parcours professionnel jusqu'à nous rendre compte que le secteur vitivinicole offre de nombreuses possibilités d'exploitation. Ainsi, s'offre à nous

1 Il suffit de taper «premios innovación educativa» sur internet pour se rendre à l'évidence de leur grand nombre.

l'occasion d'exposer certaines de nos appréciations sur la didactisation des genres textuels dans le domaine vitivinicole. Cependant, conscients des limites imposées par le format de cette publication, nous avons cerné le thème autours d'un genre textuel concret : les notes de dégustation.

Nous nous sommes proposés de prouver que le thème vitivinicole est un détour original qui permet de contourner les thèmes standards établis pour l'enseignement des langues étrangères. À ce sujet, le groupe de recherche GIR-Traduvino a pour but d'étudier la langue vitivinicole, sa traduction, voire son application à d'autres domaines comme l'éducation. Il reste encore nombre de pistes à exploiter pour rendre cette langue plus attrayante et accessible aux enseignants ainsi qu'aux étudiants.

Ainsi, nos recherches se sont d'abord penchées sur la définition du genre textuel, à commencer par constater l'existence de différentes approches d'après les diverses écoles : francophones, anglophones, etc. Pourtant, en vue de l'exploitation didactique au sein d'un cours de langue étrangères, l'approche de Bronckart (Bronckart, 2006; 2007; 2004) semble la plus judicieuse. De plus, il réunit au sein de l'interactionnisme socio-discursif nombre de courants précédents sur les genres textuels. Les auteurs (Guimarães-Santos, 2012; Jacquin et al., 2018), dont les recherches en didactique des langues tournent autour de ce même interactionnisme socio-discursif, ont été d'autant plus révélateurs car ils offrent une application à partir des théories de Bronckart. Finalement, nous avons approché la langue vitivinicole de par le long travail de Miguel Ibáñez Rodríguez (2004, 2006), et plus précisément les notes de dégustation à travers Fraile Vicente et Martínez Martínez (2020a, 2020b).

Par conséquent, notre objectif principal est de démontrer que les genres textuels vitivinicoles sont non seulement transposables à l'entourage didactique de l'enseignement du français langue étrangère en Espagne, mais surtout qu'ils constituent un moyen novateur d'aborder certains sujets et acquérir les compétences linguistiques prônées par le Cadre Européen Commun de Référence pour les Langues (à partir de maintenant CECRL). Pour y parvenir, nous avons d'abord fait le point sur les genres textuels vitivinicoles présents dans les ouvrages pour apprendre le français en tant que langue étrangère en Espagne. Puis, nous nous sommes interrogés sur la possible didactisation du genre textuel, notes de dégustation, en fonction de ses caractéristiques particulières et de son niveau de correspondance avec les directrices du CECRL. Finalement, nous avons envisager la création du modèle didactique de ce genre.

Méthodologiquement, il s'agit d'une analyse qualitative qui ne vise aucunement l'élaboration d'un schéma de caractéristiques du genre textuel notes de dégustation mais une approche à ses valeurs pour l'apprentissage du français. Par ailleurs, nous avons constaté que le soutien de la recherche et la formation continue sont fondamentaux pour un enseignement de qualité dans les établissements d'enseignement. C'est pourquoi, la dernière partie de ce travail se place davantage dans la recherche-action afin qu'elle soit profitable à ce collectif.

Quant à la structure de ce projet, nous parcourrons les études sur les genres textuels en vue de leur utilisation à des fins didactiques afin de mettre en évidence leurs bienfaits. Par la suite, nous reprendrons les études qui érigent les notes de dégustation en tant que genre textuel en même temps qu'ils explicitent leurs caractéristiques. Ensuite, nous constaterons dans quelle mesure les genres textuels vitivinicoles ont été exploités à des fins didactiques en Français Langue Étrangère (FLE à partir de maintenant). Finalement, nous établirons les possibilités de didactisation des notes de dégustation ainsi que leur modèle didactique.

1. Le genre textuel

Que veut dire genre textuel? Comment délimiter les genres textuels? Ces questions se sont souvent répétées dans les études de nombreux linguistes. Cependant, nous n'avons aucunement l'intention de retracer l'histoire du genre textuel. Nous avons retenu les définitions qui nous ont semblées plus pertinentes dans le contexte de l'application du genre textuel à l'enseignement des langues étrangères. Par ordre chronologique, nous nous sommes premièrement penchés sur Bakhtine. Pour sa part, il constate que les genres littéraires ont été les plus étudiés mais tient à faire comprendre que le genre textuel est une notion plus ample qui comprend, à sa base, des énoncés :

> El uso de la lengua se lleva a cabo en forma de enunciados (orales y escritos) concretos y singulares que pertenecen a los participantes de una u otra esfera de la praxis humana. Estos enunciados reflejan las condiciones específicas y el objeto de cada una de las esferas no solo por su contenido (temático) y por su estilo verbal [...], ante todo, por su composición o estructuración. [...] y se determinan, de un modo semejante, por la especificidad de una esfera dada de comunicación. Cada enunciado separado es, por supuesto, individual, pero cada esfera del uso de la lengua elabora sus tipos relativamente estables de enunciados, a los que denominamos géneros discursivos. (Bajtín, 2009: 248)

À partir de cette définition, le lecteur se rendra à l'évidence d'une différence, quant à terminologie, pour se référer à ce que nous avons nommé genre textuel. Il faut préciser que, aux temps de Bakhtine, la différence entre genres textuels et genres discursifs n'avait pas encore été établie[2]. Par ailleurs, il faut remarquer la

2 Nous avons donc conservé les notions employées par Bronckart dans l'interactionnisme socio-discursif du fait de son actualité et sa précision.

relation entre les genres textuels et les activités quotidiennes des hommes, c'est-à-dire que le genre textuel part d'un besoin communicatif. À l'opposé de l'individualité des énoncés, les genres textuels se caractérisent par leur généricité, ce qui les rend reconnaissables, plus ou moins facilement, pour un public non spécialiste. Qui plus est, les genres textuels sont, non seulement des résultats de l'action de l'homme, mais aussi un facteur qui agit sur les activités humaines: «Porque el lenguaje participa en la vida a través de los enunciados concretos que lo realizan, así como la vida participa del lenguaje a través de los enunciados» (Bajtín, 2009: 251). Cette citation nous semble fondamentale du fait que, dans l'action d'enseigner, l'objectif est, d'une part, de donner les clés de la compréhension du monde à l'apprenant, mais aussi de convertir l'apprenant en acteur de la vie sociale. Dans la conception actuelle de l'apprentissage, l'étudiant n'est plus un réceptacle de contenus, mais un participant, comme tant d'autres, de la société. Malgré ses adroites affirmations, Bakhtine ne faisait que contempler certaines facettes du genre textuelle, insuffisantes pour justifier son emploi dans l'apprentissage des langues étrangères.

Plus récemment, Jean-Paul Bronckart, chercheur de l'Université de Genèvre à la Faculté de Psychologie et Science de L'Éducation, a rapproché la notion de genre textuel de l'espace éducatif et, plus concrètement, de l'enseignement des langues. C'est à ce titre que nous reprenons ici sa théorie, en rapport avec la psychologie du langage : l'interactionnisme socio-discursif. En outre des aspects généraux de sa théorie, qui s'appliquent à toutes les langues, les exemples fournis font référence à la langue française principalement, tel que le précise le traducteur en espagnole du livre *Actividad verbal, textos y discursos: por un interaccionismo socio-discursivo* (Bronckart, 2004). De notre part, nous visons aussi la langue française du fait que nous étudions l'enseignement de celle-ci en tant que langue étrangère dans le contexte de l'éducation en Espagne. Dans l'interactionnisme socio-discursif convergent les pensées philosophiques des auteurs les plus célèbres. De Vigotski, Bronckart retient la conception dualiste cartésienne entre le psychique et le physique tout en les réunissant d'après la psychologie moniste de Spinoza. Selon cette philosophie, le psychique et le physique ne seraient que des représentations de l'existence d'une substance unique (Bronckart, 2004). A cela, il faut ajouter la conception de Leontiez qui «designa las organizaciones fundamentales de comportamientos de organismos vivos, a través de los cuales esos organismos tienen acceso al medio ambiente y son susceptibles de construir a partir del mismo sus elementos de representación interna o de conocimiento» (Bronckart, 2004: 24). En outre, le langage a encouragé la communication et la négociation entre les êtres vivants jusqu'à doter de sens certains symboles, tel que l'explique Saussure. Si bien, ces signes possèdent des signifiés individuels, il possède aussi des signifiés inter-individuels grâce à la communication en rapport avec la théorie des mondes de Popper et Habermas (Bronckart, 2004). Ainsi nait la notion du monde social constitué par «conocimientos colectivos acumulados» (Bronckart, 2004: 27) en plus des mondes subjectif et objectif. De par le processus de sémiotisation des relations avec son entourage, l'individu modifie cette relation même :

> La semiotización origina de este modo una actividad propiamente verbal que se organiza en discursos o en textos. Y esos mismos textos, bajo el efecto de la diversificación de las actividades no verbales con las que están en interacción, se diversifican en géneros (Bronckart, 2004: 27).

À cela s'ajoute la perspective de Foucault d'après laquelle:

> Una comunidad verbal está, por tanto, constituida por múltiples formaciones sociales, y cada una de esas formaciones, en función de sus objetivos y sus intereses propios, elabora modalidades particulares de operativización de la lengua, lo que Foucault (1969) denominó formaciones discursivas. En una perspectiva que creemos perfectamente compatible con la nuestra, Foucault mostró que esas formaciones discursivas (que aquí llamaremos formaciones socio-verbales) son mecanismos que, en el mismo proceso de generar modalidades particulares de organización de los signos para configurar formas variadas de discursos (que llamaremos géneros de textos), moldean de una manera especial los conocimientos (objetos, conceptos, etcétera) de los miembros de una misma formación social (Bronckart, 2004: 28).

La complexité de l'interactionnisme socio-discursif rend compte de la difficulté même de cerner la relation entre l'homme et son entourage, question abordée à maintes reprises au cours de l'histoire de la philosophie et de la linguistique. Dans son ouvrage *Desarrollo del lenguaje y didáctica de las lenguas*, Bronckart (2007) explicite le lien entre l'apprentissage et les genres textuels. Il affirme que l'homme obtient ses connaissances de l'interaction avec son entourage dans le cadre d'activités collectives qui organisent l'action interactive. Ces premières connaissances acquises sont d'ordre pratique mais le processus ultérieur de sémiotisation se produit grâce à des textes qui s'inscrivent dans des genres spécifiques, au moyen d'une langue naturelle et ils sont porteurs d'un contexte socio-historique (Bronckart, 2007). L'étude dans la perspective socio-historique des structures préétablies, et donc des genres textuels, est l'idée défendue par Bronckart toujours étant que l'enseignant ne tombe pas dans le piège du réductionnisme socio-culturel. Pour cela, il doit prendre en compte les expériences vécues par l'étudiant. Celui-ci développe son intellectuel dans un monde qui a déjà fait objet d'une généralisation, objectivation (Bronckart, 2007).

Dans ce cadre de construction de la pensée et de l'apprentissage des relations sociales, l'apprenant réussit l'échange communicatif au moyen des genres textuels, sortes de conduit entre le texte et l'interaction social visée. Ils sont construits à partir de diverses possibilités préétablies par l'usage et donnent accès à la correcte réalisation de la tâche sociale :

> Los géneros de texto son el producto de configuraciones de elección entre algunas posibilidades momentáneamente 'cristalizadas' o estabilizadas por el uso. Estas elecciones devienen del trabajo realizado por las formaciones socioverbales para que los textos se adapten a las actividades que comentan, a un medio comunicativo dado y sean eficaces frente a ciertas implicaciones sociales, etc. (Bronckart, 2007: 79).

Pour promouvoir l'enseignement des genres textuels, il est nécessaire de comprendre que les agents se trouvent en situation d'action verbal, un contexte que l'enseignant devra reproduire lors de son cours. Par ailleurs, l'individu en question possède des connaissances préalables sur sa communauté et les genres textuels qui y sont présents. Dans une dernière étape de l'apprentissage, il adoptera un genre textuel pour son adéquation à la situation qui lui a été proposée afin de produire un nouveau texte qui satisfera les particularités déjà citées (Bronckart, 2007). D'après cette vision, le genre textuel devient le moteur qui permet de contextualiser les contenus ou savoirs que les apprenants doivent assimiler pour ensuite les réemployer dans la vie sociale. En effet, le savoir passe par différentes étapes : de son invention, à son exposition scientifique, puis à son exposition didactique et enfin, par son réemploi (Bronckart, 2007).

Dans cette visée, certains chercheurs ont développé leur études pratiques dans le but de placer le genre textuel au centre de l'apprentissage des langues étrangères. D'ailleurs, leurs travaux partent de l'interactionnisme socio-discursif de Bronckart et ils ont donné lieu à un ouvrage intitulé Les genres textuels en langues étrangères: entre théorie et pratique(Jacquin et al., 2018). Marianne Jacquin remarquait les éléments fondamentaux des genres textuels pour leur exploitation contextualisée en LE:

> La définition du genre textuel contient donc des dimensions externes au texte (fonction, situation de communication, contextes d'usage) et internes, à savoir des caractéristiques linguistiques et liées à la structure des textes, révélant le caractère prototypique du genre propre à résoudre des tâches communicatives (Jacquin et al., 2018: 13)

Ce résumé met en valeur les contenus linguistiques, traditionnellement à la base de l'apprentissage des langues étrangères, mais aussi la dimension communicative. Cette citation justifie l'importance des genres textuels dans l'approche actionnelle : méthodologie d'enseignement prônée par le CECRL qui organise les contenus autours de tâches communicatives à réalisées. Le professeur donne les outils indispensables pour que ses étudiants parviennent à accomplir une mission, pour ainsi dire, à laquelle ils seraient confrontés dans l'interaction sociale.

Ces lignes de Marianne Jacquin prouvent que le genre textuel est, lui aussi, encadré dans une situation de communication. D'ailleurs, elle réaffirme : « Il [le genre textuel] permet d'éviter l'éclatement des différentes activités langagières travaillées isolément en classe et la perte de sens du travail de l'élève due à une trop grande fragmentation des objets » (Jacquin et al., 2018: 15). Enfin, la définition du genre textuel qui, à notre avis, reprend tous les angles à maîtriser pour commencer la didactisation d'un genre textuel appartient à Germain Simons :

> Le genre textuel est un regroupement de productions langagières, écrites ou orales, relativement stables, qui s'inscrivent dans une société, une culture et un temps donnés. La maitrise des caractéristiques d'un genre textuel est un outil qui permet d'agir dans une situation de communication donnée, tant en réception qu'en production (Simons, 2019: 48)

À ce sujet, Guimarães soutenait les propos de Schneuwly et Dolz sur l'intérêt d'adopter les genres textuels comme unité de travail afin de développer les capacités langagières, d'action, discursives et linguistico-discursives. Conséquemment, ces auteurs sont tous en faveur d'un schéma de la communication tel que le décrivait Bajtín (2009) : une communication où le récepteur n'est pas seulement celui qui comprend mais qui inclut aussi l'interaction qui suit à la compréhension. De même, l'apprenant n'est pas seulement celui qui reçoit le savoir mais surtout l'individu qui devra passer de la compréhension à la production au sein du contexte interactif. Pour ce, le genre textuel dispose d'une structure fixe que l'apprenant peut assimiler en réception mais qui lui permet, de même, de passer à l'action productive au moyen de l'application des règles rassurantes de sa composition. Grâce à lui, l'apprenant apprend à développer des capacités (linguistiques, communicatives, etc.) qui l'habilitent à agir (et réagir) dans les situations de la vie sociale. D'ailleurs, les genres textuels donnent accès, dans certains cas, à des sphères de la société qui n'était pas à sa portée précédemment et parfois détentrices du pouvoir (Jacquin et al., 2018). C'est le cas, par exemple, de la lettre de réclamation. Elle octroie à l'individu le pouvoir de montrer son mécontentement mais aussi de réclamer alors que, sans les règles de production de ce genre textuel, la plainte ne suivrait pas le bon format pour atteindre le destinataire, détenteur du pouvoir de dédommager.

Malgré tous les bienfaits de l'enseignement des langues étrangères à travers les genres textuels que nous avons déjà exposés, le CECRL ne les cite que rarement. D'ailleurs, il fait référence aux genres textuels mais aussi aux types de textes sans pour autant les définir, tel que le constate Germain Simons (2019). En conséquence, les professeurs ne peuvent que très difficilement en comprendre l'utilité, surtout que ces notions sont souvent réduites à un schéma simplificateur qui ne rend pas compte de la richesse des genres textuels, d'après Simons : « selon les auteurs du CECRL, les notions de genres et de types textuels relèvent directement de la compétence pragmatique[3]. Par ailleurs les concepts de texte, type de textes et genres semblent être liés par une relation d'englobant/englobé » (Simons, 2019: 44). Pour finir, il remarque que les rares références aux genres textuels les situent aux niveaux les plus élevés de l'échelle des compétences (Simons, 2019). Pour notre part, ceci est une erreur par rapport à la conception du genre textuel car, en réalité, ils sont employés dès les niveaux les plus bas. Les cartes postales ou formulaires, présents au niveau A1 en sont la preuve. L'apprenant est confronté à des modèles stables le dotant d'assurance pour aborder les situations de communications de toutes sortes, même à un niveau moins élevé.

2. Les notes de dégustation en tant que genre textuel

En effet, la langue vitivinicole, sous tous ses formats, est au cœur des recherches menées par le groupe GIRTraduvino. Son directeur, Miguel Ibáñez Rodriguez (2020) a souvent abordé les particularités de la langue vitivinicole, notamment l'influence de la langue française dans ce secteur. Il prouve ainsi, que le culturel vitivinicole possède une valeur distinctive en français qui ont motivé le transfert terminologique en langue espagnole. Par conséquent, il n'est pas étonnant que les notes de dégustation aient été étudiées par certains des chercheurs impliqués afin de délimiter ses caractéristiques. C'est le cas de Fraile Vicente, chercheuse penchée sur les notes de dégustation.

Avant de diriger notre étude sur les notes de dégustation, il est nécessaire de contextualiser ce type de production textuelle. Premièrement, il faut les différencier de la fiche de dégustation. Si la fiche de dégustation prétend l'exhaustivité quant à la description du vin, les notes de dégustation ont pour objectif d'embellir les caractéristiques principales de la boisson en question. Par conséquent, les deux formats n'auront ni le même public ni se trouveront employés dans les mêmes situations communicatives. La fiche de dégustation, en raison de contenus plus détaillé, vise les spécialistes en œnologie qui cherchent à confirmer leurs impressions sur un vin. Cette fiche de dégustation se trouve en possession du domaine qui produit le vin, du caviste à la recherche de vins spéciaux ou sur internet, sur des pages spécialisées. En effet, son contenu le place dans le rang des textes techniques, spécialisés en la matière et dont le lecteur possèdera des connaissances exhaustives à ce sujet. Pour sa part, les notes de dégustation sont de

3 Marques orthographiques de l'auteur.

format plus court et n'ont pas la prétention de montrer tout le potentiel d'un vin mais plutôt d'attirer l'attention sur ce vin. C'est pour cette raison que Martínez Martínez (2020a) soulignait sa courte extension, sans pour autant en définir les limites car les notes de dégustation sont soumises à leur fonction : publicitaire. Ainsi, les lecteurs potentiels de ces textes ne sont pas forcément spécialistes en vin. Qui plus est, le plus important est que n'importe qui puissent lire ces quelques lignes incitatrices et se sentir séduit par cette boisson. Par conséquent, la longueur des notes de dégustation dépend entièrement de si l'objectif est atteint. En outre, l'accessibilité au texte est tout aussi importante car, pour vendre le vin, il faut l'associer à leur outil publicitaire : les notes de dégustation[4]. Ainsi, elles sont placées sur les bouteilles mêmes pour que les clients les consultent in situ, sur les sites internet des distributeurs de vins ou même sur les réseaux sociaux et autres moyens publicitaires.

Pour Fraile Vicente (2020: 174), les textes oenotouristiques englobent les notes de dégustation. Effectivement, ce genre textuel est l'un des attrayants des parcours touristiques autours du vin. Ici, les notes de dégustation servent de justification à la visite d'un domaine, d'un caviste ou d'une région concrète car le client y dégustera un vin excellent. Dans ce sens, les notes de dégustation comportent deux dimensions qui s'apparentent à celles des textes oenotouristiques:

- leur fonction informative : on retrouve l'information pertinente sur le vin en question.
- leur fonction publicitaire : chargé d'adjectifs et de connotations dont le textes peut se passer mais qui ont pour objectif de convaincre. (Fraile Vicente, 2020: 173).

Finalement, les travaux de Fraile Vicente et de Martínez Martínez viennent à prouver que les notes de dégustation constituent un genre textuel d'entre ceux qui enrichissent le secteur vitivinicole et qui se trouve à la portée d'un public très ample car elles comportent des péculiarités reconnaissables dans un ensemble de textes construits à partir d'une structure générique d'énoncés types et de caractéristiques linguistiques longuement étudiées chez ces deux auteures. Pourtant, au-delà de ce noyau facilement identifiable, les notes de dégustation sont ornées de la créativité individuelle de la plume créatrice. En effet, Martínez Martínez (citée chez Fraile Vicente, 2020: 175) met en valeur la subjectivité dont

4 Toutefois, il faut remarquer que le marketing du vin ne se limite aucunement aux notes de dégustation. Barahona Mijancos (2016) a longuement étudié les annonces publicitaires de vin au long de sa thèse.

font preuve ces courts textes. De fait, les notes de dégustation comportent trois parties : appréciations visuelles, olfactives et gustatives. Si bien la première étape semble objective car les couleurs sont appréciées de la même manière par tous les participants à une dégustation, les deux dernières parties sont absolument subjectives. Chacun peut percevoir différemment les odeurs et les saveurs d'après ses expériences précédentes. Cette subjectivité enrichit l'emploi de figures de style, propres à l'expression individuelle des perceptions. À ce sujet, Martínez Martínez (2020b) constatait l'emploi réitéré des métaphores dans la majorité des notes de dégustation aussi bien en langue espagnole qu'en anglais. De plus, elle soulignait la présence d'autres figures de style comme la personnification[5], l'ellipse, l'anastrophe, etc.

En définitive, les notes de dégustation constituent un genre textuel parmi d'autres dans le secteur vitivinicole mais elles possèdent certaines particularités qui les différencient de la fiche de dégustation, genre très proche à elles. D'ailleurs, le format de ce genre textuel, ni trop spécialisé ou technique, ni trop banal, le rend idéal pour sa didactisation en cours de FLE. Au cours des dernières lignes, nous avons tenu à parcourir la singularité de ce genre textuel sans pour autant entrer dans les détails de l'analyse textuelle déjà menée par Fraile Vicente et Martínez Martínez. Malgré tout, les prochaines lignes de ce travail illustreront plus précisément le lecteur au sujet de ce genre textuel en vue de son application à la didactique du FLE. Cette mise en évidence passera par une contextualisation sociale et historique, c'est-à-dire ses aspects externes ; puis par l'explication de ses spécificités linguistiques et génériques, à savoir de ses qualités internes (Jacquin et al., 2018).

3. Les genres textuels vitivinicoles dans l'enseignement FLE

Le culturel vitivinicole fait partie des recherches que nous menons dans le cadre de notre thèse et dont ce chapitre est la suite naturelle. Dans les travaux précédents cette étude, nous avons constaté les formes de parution des formes vitivinicoles ainsi que leurs représentations et les objectifs à atteindre. Nous avons reconnu l'évolution historique des formats vitivinicoles au long du XXe et XXIe siècle dans l'enseignement du français langue étrangère dans les établissements espagnols. Pour ce faire, nous avons sélectionner les manuels scolaires où la vitiviniculture semblait plus présente car ceux-ci témoignent de l'enseignement dispensé à chaque époque, sans qu'ils puissent être altérés par la mémoire et d'autres

5 Présente dans 95 % des notes de dégustation.

facteurs passagers et irréguliers. Dans les lignes suivantes, nous rappellerons les conclusions que nous avons obtenues de notre corpus pour dépeindre, à grands traits, les représentations significatives de l'histoire des genres textuels vitivinicoles.

Dans le suivi de l'évolution des genres textuels vitivinicoles en FLE, nous avons remarqué que ceux-ci différaient au fur des courants éducatifs et des méthodologies employées dans les manuels. Ainsi, les premières années du siècle dernier ont été marquées par la méthodologie traditionnelle, dont le genre littéraire était à la base. Pour les auteurs de ces ouvrages, la littérature est la forme textuelle la plus raffinée où l'on retrouve la meilleure expression de la langue française. Sans vulgarité, élaborée et élégante, la langue française littéraire est aussi le moyen d'enseigner le culturel du pays. En effet, il s'agit de l'enseignement de la civilisation, à savoir des manifestations stables de la culture du pays (Argaud, 2018: 3). Pour ce, on crée d'abord des anthologies littéraires comme *Trozos de literatura francesa* (Reyes, 1913), puis on les introduit dans des manuels suivant la méthodologie traditionnelle. Finalement, ils sont aussi présents dans la méthodologie éclectique comme dans *La France de notre époque, sciences, culture et vie* (Hernández & Pelorson, 1972). Bref, le genre littéraire a dominé une grande partie de l'enseignement du français langue étrangère et, notamment, au sein de l'apprentissage du culturel vitivinicole. Pourtant, avec l'avènement de la méthodologie directe, puis la méthodologie audiovisuelle et, plus récemment, la méthodologie communicative et l'approche actionnelle[6], les documents dits authentiques ont pris le dessus. Il s'agit de textes tirés de la vie quotidienne, parfois adaptés au niveau des étudiants, qui encouragent un enseignement basé sur la communication (orale ou écrite) contextualisée dans l'ordinaire, notamment les actions de tous les jours. On y retrouve toutes sortes de genres textuels, dès les petits niveaux, tel que nous l'avons expliqué précédemment. Plus précisément dans le cas de la vitiviniculture, nous retrouvons très tôt des menus de restaurant où l'on peut choisir un vin, voir des cartes de vins. Finalement, on rencontre fréquemment des cartes de France qui détaillent les régions vitivinicoles ainsi que les vins qui s'y fabriquent.

Bref, on ne peut nier la présence des genres textuels vitivinicoles en FLE. Pourtant, leur place n'a pas été assez représentative de la valeur réelle de la culture vitivinicole dans les sociétés française et espagnole. Souvent relégué à une

6 Les méthodologies ici citées sont définies par Puren (1988) et le lecteur trouvera dans ses ouvrages des définitions plus précises de leur construction, que, par souci de se dévier du sujet de cette contribution, nous avons omis.

brève mention lorsque l'on détaille les boissons, le vin n'a pas été le seul oublié afin de préserver l'ignorance enfantine sur les effets des boissons alcoolisées. Par chance, les livres scolaires conçus à partir de la méthodologie communicative, et surtout de l'approche actionnelle, ont revisité les représentations vitivinicoles sous un nouveau jour : l'œnotourisme. Celui-ci embrasse les paysages vitivinicoles, les régions où ils se trouvent mais aussi les activités de récollection du raisin. Ainsi, même si le sujet des vendanges a été constamment repris dans les premières méthodologies, aucun genre textuel concret n'est venu complémenter cette activité. En définitive, le culturel vitivinicole, sous forme oenotouristique se rapporte tout aussi aux activités touristiques qui se déroulent dans le cadre des régions vitivinicoles qu'à la géographie qu'aux coutumes transmise à travers les générations. Malgré tout, les auteurs ont relégué cette conscience culturelle jusqu'à très récemment, quand le CECRL a remis en valeur les échanges entre les peuples européens. Plusieurs raisons viennent à justifier ce manque de genres textuels vitivinicoles en FLE. Du point de vue de l'évolution de l'enseignement, Bronckart (2007) remarquait l'absence du social dans les traditions scholastiques, béhavioristes, voire cartésiennes de l'enseignement des langues. Toutes ces théories défendent l'existence d'un nombre limité de connaissances et tiennent peu en compte l'étudiant en tant qu'individu, le mettant à l'écart du processus d'apprentissage car devenu un réceptacle vide à combler. Pour ces raisons, les auteurs des livres scolaires ont longtemps oublié les besoins, et plus encore, les motivations des apprenants. Par ailleurs, la protection de l'enfance et des mineurs a aussi influencé le culturel vitivinicole en FLE. Aujourd'hui, il est impensable de parler d'alcool dans les classes à moins que le cours verse sur les préjudices occasionnés par l'ivresse, c'est-à-dire sous un angle scientifique ou moralisateur. Par conséquent, il est indispensable de présenter le culturel vitivinicole sous un angle différent en évitant ses formes compromettantes. Justement, nous nous sommes proposés de réhabiliter le culturel vitivinicole à travers un genre textuel concret : les notes de dégustation.

4. Les notes de dégustation : un genre textuel pour la classe FLE

Tout d'abord, il faut souligner que les notes de dégustation ne sont pas un genre méconnu de la société. Toute personne confrontée au choix d'une bouteille de vin se voir dans la situation nécessaire de lire le dos de l'étiquette où se trouve les notes de dégustation dans le but d'affiner leur sélection. Pourtant, tel que le remarquait Gamero Pérez, la plupart des genres textuels restent passifs chez l'individu jusqu'à ce qu'il soit amené à les utiliser en contexte communicatif, ce qui requière d'un apprentissage:

> El conocimiento de otros géneros suele ser de tipo pasivo; los hablantes pueden diferenciarlos, reconocer las desviaciones, o el uso no adecuado a la situación, pero son incapaces de crearlos ellos mismos, puesto que carecen de la competencia activa suficiente (Gamero Pérez, 2001: 52–53).

Par ailleurs, d'après Bajtín (2009), certains textes sont dépourvus de toute individualisation, c'est-à-dire que l'on n'y apprécie pas la marque personnelle de l'auteur. A l'opposé, les genres littéraires sont complètement individualisés car ils dépendent entièrement de l'inspiration créatrice. Les notes de dégustation, quant à elles, constituent un juste milieu entre ces deux tendances. Bien que l'on y apprécie une macrostructure en trois temps (visuel, olfactif, gustatif), le texte résultant est fortement marqué par l'écrivain qui peut choisir le degré de précision de sa définition ou encore le degré d'élaboration imaginative (par l'emploi de figures de style). Détentrices de spécificités (thème, structure, lexique) qui les différencient et les mettent en valeur par rapport à d'autres genres textuels, elles conservent, pour autant, une marge de subjectivité qui encourage l'originalité quant à l'interprétation des sensations mais aussi par rapport à l'utilisation de la langue. Cette perspective est idéale pour un cours FLE car elle offre un cadre stable, reconnaissable et analysable à l'aide de l'enseignant, mais laisse une marge d'originalité à l'étudiant à l'heure de passer à la manipulation de la langue. C'est-à-dire que le genre textuel ici étudié constitue un juste milieu, enclin à sa didactisation, entre l'impersonnalité et l'entrain artistique.

Au niveau du thème, les notes de dégustation permettent d'aborder des situations communicatives quotidiennes et l'accomplissement de tâches sociales. Il s'agit d'une particularité commune aux genres textuels et qui se révèle indispensable pour leur didactisation: «los géneros están inmersos siempre en un entorno sociocultural concreto; de hecho, nacen para resolver una situación comunicativa que se repite dentro de ese ámbito» (Gamero Pérez, 2001: 55). Dans le cas des notes de dégustation, on peut reproduire une tâche communicative telle que: *vous êtes invité chez un ami et le sachant aimant des vins, vous décidez de lui en offrir une bouteille. Vous allez au supermarché et vous comparez les étiquettes pour vous décider*. Si l'enseignant préfère éviter toute allusion à l'alcool, il peut toujours insérer les notes de dégustation dans une unité majeure parlant des vendanges, de la poésie autours du sujet vitivinicole et, finalement, inviter les étudiants à imaginer leur boisson idéale, sur le modèle du vin, et la décrire de manière créative pour une annonce publicitaire. D'ailleurs, la viticulture permet d'aborder des sujets tels que l'écologie, préconisés par le CECRL. Quel que soit le scénario choisit, les notes de dégustation poussent l'étudiant à aborder agréablement, et originalement, des thèmes souvent répétés tels que la littérature française, l'écologie, la vie rural contre la vie urbaine, etc. En outre, elles offrent un contexte de production qui invite à manipuler la langue, de manière à l'assimiler, mais aussi à y laisser son empreinte personnelle.

Culturellement parlant, les notes de dégustation ouvrent une fenêtre à l'interculturalité compte tenu que la langue et le culturel sont complémentaires car la langue véhicule le culturel et celui-ci nous permet de discerner quelles sont les formes de la langue les plus adéquates à chaque occasion (Aristi, 1983). Qui plus est, l'interculturel se situe dans la sphère interactive car le locuteur doit comprendre le mode de vie et les coutumes de l'autre afin d'adapter son langage et son savoir-vivre. D'ailleurs, Galisson approfondit le rôle de l'interculturel dans l'espace européen : «L'interculturel en contexte européen oblige à penser et à comprendre l'Autre, en essayant d'approfondir, en les conscientisant, les analogies avec Lui, rechercher le semblable chez l'Autre[7]» (chez Aristi, 1983: 182). Dans ce contexte, le CECRL a encouragé la compréhension d'autrui et les échanges entre les différents peuples, une communication d'autant plus facilitée dans le contexte vitivinicole entre l'Espagne et la France. En effet, les deux pays possèdent une longue tradition vitivinicole qui a abouti à la fabrication de grands vins de renommée d'une part et d'autre des Pyrénées. Par conséquent, le culturel vitivinicole est un lien idéal pour rapprocher les étudiants en cours FLE à travers leurs ressemblances culturelles. Qui plus est, les points de convergence culturelle stimulent les prises de parole pour mettre en commun les goûts pour une boisson qui domine les tables des foyers français et espagnols.

Enfin, Germain Simons (Jacquin et al., 2018: 63–64) proposait une série de questions à disposition des didacticiens s'interrogeant sur l'intérêt d'un genre textuel particulier pour son adaptation en FLE. A l'occasion de son travail, il remettait en cause un genre textuel concret : l'annonce immobilière. À continuation nous avons reproduit se questionnaire afin d'y répondre par rapport au genre textuel qui nous concerne, les notes de dégustation[8] :

- Pourquoi aborder la famille de genre *annonces publicitaire*[9] et, dans cette famille, pourquoi travailler les *notes de dégustation* ?

---

7 Nous avons conservé les majuscules du texte original.

8 Ce questionnaire a été adapté en vue de répondre aux questions par rapport au genre textuel qui nous concerne.

9 Pour déterminer ce macrogenre, nous avons mis en valeur la fonction publicitaire au-delà de la fonction informative du fait de son intérêt pour l'enseignement FLE.

Les annonces publicitaires constituent un genre textuel qui suit des règles identifiables mais dont la reproduction entraîne nécessairement un exercice de manipulation créative de la langue. La courte extension des notes de dégustation permet d'élaborer un travail créatif, ayant pour but de maîtriser ce genre ou de l'utiliser afin de consolider en contexte certaines connaissances linguistiques.

- Quelle est la valeur ajoutée du genre textuel *notes de dégustation* sur le plan de l'apprentissage de la langue et de la culture étrangères?
  Il s'agit d'un riche genre textuel aussi bien sur le plan linguistique que sur le plan culturel. D'un côté, on peut y travailler l'adjectivation et les figures de style. D'un autre côté, il permet de travailler l'interculturalité en comparant des notes de dégustation des différents vins provenant des deux pays. Le partage, comprendre et assimiler les manières de faire d'autrui ainsi que la médiation interculturelle par rapport à la valeur de cette boisson dans les traditions françaises et espagnols, sont des valeurs ajoutées qui encouragent l'emploi des notes de dégustation en FLE.
- Ce genre textuel varie-t-il entre la langue et la culture de scolarisation et la langue et la culture étrangère? Si oui, en quoi?
  Ce genre textuel ne varie que très peu. En contexte des notes de dégustation françaises, les descriptions sont moins poétiques mais les deux ont les mêmes fonctions publicitaires.
- Quels sont les prérequis linguistiques pour aborder ce genre textuel?
  Linguistiquement parlant, les notes de dégustation mettent en valeur l'adjectivation et les figures de style. Considérés comme des prérequis, il s'agit d'une occasion pour reprendre ces contenus linguistiques dans un contexte différent. Encore jamais abordés en cours, les notes de dégustation sont un format idéal. Dans tous les cas, l'étudiant devra maîtriser un minimum le langage de la dégustation et savoir conjuguer au présent de l'indicatif[10].
- Quels sont les prérequis génériques pour aborder ce genre textuel?
  Aucun, ce genre textuel peut être abordé pour la première fois au cours d'une séance ou deux consacrées à ce thème.
- Les élèves disposent-ils de préacquis dans ce genre textuel dans leur langue maternelle?
  En effet, les notes de dégustation sont tout aussi présentes sur les étiquettes et les sites des vins espagnols. Malgré tout, on suppose que la connaissance de ce

10 Temps verbal employé dans la grande majorité des notes de dégustation.

genre textuel ne se limite qu'à son repérage, à sa réception, mais il est fort peu probable que les apprenants ne le maîtrisent.

- Les élèves disposent-ils de préacquis dans ce genre textuel dans la LE?
  Les manuels actuels n'abordent que très peu les genres textuels vitivinicoles. Il est donc nécessaire de les faire découvrir aux apprenants afin qu'ils comprennent sa structure.
- Quelle(s) macro-compétence(s) va-t-on travailler avec les élèves: s'agit-il de cibler uniquement la compréhension de ce genre textuel ou aussi la production?
  Idéalement, sa courte extension permet de travailler aussi bien la compréhension que la production sans trop s'y attarder. L'exercice de créativité que suppose ce genre textuel peut donner lieu à des situations amusantes, en même temps que didactique, par exemple, en organisant un concours pour choisir la boisson la plus délicieuse d'après sa description.
- Quel type de texte va-t-on choisir dans ce genre textuel? Quel(s) boissons(s) sera/seront ciblée(s)? S'agit-il de travailler les notes de dégustation écrites ou orales? Sous quel format?
  Dans un premier temps, nous choisirons des notes de dégustation réelles extraites de vins français dans le but d'y repérer une macrostructure en se basant sur un texte authentique. Dans un deuxième temps, l'enseignant pourra montrer des textes riches en figures de style ou en adjectifs excentriques afin de montrer toutes les possibilités créatives de ce genre textuel. Finalement, dans la phase de production, l'enseignant peu demander de créer un texte descriptif, sans pour autant qu'il se réfère au vin, afin que le reste de la classe devine la boisson décrite. Dans tous les cas, le format est écrit à la base, bien que le texte résultant puisse être récité face à la classe.
- Quels sont les savoirs linguistiques liés à ce type de texte?
  Comme nous l'avons déjà expliqué ci-dessus : l'adjectivation et les figures de style.
- Si les élèves sont enrôlés dans une tâche de production, quelle sera la place accordée à l'élément visuel dans celle-ci, et comment l'enseigner?
  Visuellement, les notes de dégustation inspirent beaucoup d'images. On peut, dans un premier temps, demander aux étudiants d'associer chaque texte à une image de vin (idéalement, il y aurait un vin rouge, un vin blanc, du champagne, etc.). Dans une activité ludique, les étudiants peuvent inventer une boisson et la décrire à leurs camarades pour que ceux-ci la dessinent.
- Quel scénario ou canevas didactique peut-on adopter pour aborder ce genre textuel en classe?

Il faut avouer que l'enseignement exclusif du genre textuel *notes de dégustation* peut sembler pauvre à lui seul, dans la perspective actionnelle. Pourtant, elles peuvent servirent de tremplin dans une séquence didactique plus ample. Par exemple, si l'on a parlé précédemment de l'écologie, de l'agriculture écologique viticole, on peut demander à l'étudiant de se faire passer pour un employé du domaine vitivinicole qui doit vendre son produit au salon du vin. Ainsi, chaque étudiant aurait à créer le matériel nécessaire pour faire connaître son produit, dont les notes de dégustation, des panneaux publicitaires, des formulaires pour recontacter les clients intéressés, etc. Bref, cette tâche communicative englobe toute sorte de genres textuels qui renvoient au secteur commercial, le français des affaires.

Toutes ces questions proposées par Germain Simons servent de première approche à la didactisation du genre textuel notes de dégustation. Après cette réflexion, nous pouvons enfin créer le modèle didactique de ce genre textuel d'après le canevas de Bronckart que nous reprenons de Guimarães-Santos (2019: 159–162).

Tab. 6.1: *Modèle didactique du genre textuel.*

	CONTEXTE DE PRODUCTION
Énonciateur (Qui a écrit ?)	Ces textes sont écrits par des connaisseurs en vin, souvent des employés du domaine vinicole, des œnologues bien qu'ils ne soient pas signés par l'auteur. Il est sûrement très utile, tel que l'expliquait Martínez Martínez (2017: 25) de connaître les données sur le producteur, la région, l'appellation d'origine, etc.
Destinataire (À qui ?)	Les notes de dégustation s'adressent à des acheteurs potentiels. Ceux-ci, ignorant le goût du vin, s'en remettent aux descriptions des spécialistes. Dans le cas des magazines spécialisés en vin, le lecteur est présupposé spécialiste, lui aussi, en matière de vins.
Lieu social (Où ?)	L'énonciateur et le destinataire ne se rencontrent pas. L'émetteur ne connait pas au préalable sont lecteur mais peut présupposer (client du supermarché ou lecteur d'une revue spécialisée en vin). Le récepteur imagine que l'écrivain est un spécialiste du vin dégusté.
Objectif (Pourquoi ?)	Pour que le destinataire ait des indices qui l'orientent dans ses achats. La dimension publicitaire de ce genre incite le lecteur à l'achat d'un vin. On met l'accent sur les émotions ressenties lors de la dégustation. Le vin est présenté comme une expérience. Dans le cas des revues spécialisées en vin, elles cherchent à fidéliser le lecteur en lui prouvant qu'elle possède une information exclusive.

(*continúa en la siguiente página*)

Tab. 6.1: Continuado

	CONTEXTE DE PRODUCTION
Quand ?	Les notes de dégustation n'offrent aucune information temporelle mais on imagine l'année de publication car elle est associée au millésime du vin.
	INFRASTRUCTURE GLOBALE
Plan global du contenu thématique et mise en page	Souvent sans titre. Son format n'autorise qu'un paragraphe ou deux. La structure thématique est toujours la même : appréciations visuelles, olfactives puis gustatives[a]. Pourtant, les trois parties du texte s'enchaînent souvent sans changer de paragraphe. Dans le cas des sites internet, il est fréquent de constater la présence d'image et de photos dans l'hypertexte. Sur les réseaux sociaux, on a souvent recours à une vidéo dans laquelle l'œnologue fait tourner le vin dans un verre afin de montrer ses qualités visuelles.
Types de discours	Discours théorique[b]. Jamais, les notes de dégustation ne révèlent d'indices sur l'auteur et elles ne s'adressent pas directement à leurs destinataires. Généralement, on n'y apprécie aucune délimitation de temps ou d'espace. Pourtant, le monde décrit est le même que pour le destinataire.
Séquences	Il s'agit de séquences descriptives où l'on distingue une première phase de repérage du thème : un vin. Dans un deuxième temps, il s'agit de décrire ce thème et de le mettre en relation avec des sensations et des sentiments au moyen de métaphores et autres figures de style. Le tout renvoie un effet argumentatif puisque l'objectif est de convaincre pour l'achat du vin. Pourtant, il n'y a pas de séquence argumentative proprement dite car les contre-arguments sont absents.
	COHÉRENCE THÉMATIQUE
Cohérence	Absence totale de connecteurs. Les énoncés s'enchaînent dans un ordre préétabli par le genre textuel *notes de dégustation*. La connexion s'obtient par juxtaposition des phases considérées logiques lors d'une dégustation.
Cohésion nominale	Densité nominale élevée[c] car toute occasion de se référer au vin en question est profitée pour en décrire une nouvelle qualité sous forme d'anaphore. D'ailleurs, les choix lexicaux sont toujours réfléchis car ils ont pour but d'influencer le lecteur. La forte adjectivation pour construire des métaphores éloquentes, entre autres figures de styles, en est la preuve.
Cohérence verbale	Présent de l'indicatif et nominalisation. Le présent de l'indicatif est le temps verbal employé pour créer l'effet d'objectivité. Il s'agit de faire croire que les sensations décrites sont universelles pour tous ceux qui dégusteront le vin en question. Pourtant, les verbes sont, le plus souvent, évités au profit de la nominalisation et l'adjectivation.

Tab. 6.1: Continuado

	CONTEXTE DE PRODUCTION
	COHÉRENCE PRAGMATIQUE
Voix	Voix impersonnelle. Les notes de dégustation donnent l'impression de maximes, des vérités stables et objectives dont on ne peut pas douter. L'objectivité est un moyen de persuasion car le lecteur se convainc des sensations décrites dans le texte.
Modalisation	Appréciative étant donné que les adjectifs et le texte en général servent à intensifier les caractéristiques du vin et donnent l'illusion de vivre une expérience unique.

[a] On apprécie couramment une dernière phrase évaluative dont le but est de conclure le texte.
[b] D'après Bronckart, les types de discours s'organisent en deux dimensions: exposer ou narrer. Puis on distingue deux sous-catégories : discours impliqué ou en autonomie. Le discours théorique fait partie de l'exposer autonome. (Bronckart, 2004: 94–98).
[c] Martínez Martínez (2017: 70–71) le constatait pour les notes de dégustation en espagnol et en anglais et nous le confirmons pour les notes de dégustation françaises.

Ce modèle didactique a pour vertu d'élucider les caractéristiques fondamentales du genre littéraire en vue de leur didactisation. Une fois ces spécificités analysées, il est fondamental d'établir les compétences et savoirs visés, puis de les contextualiser au sein d'une séquence didactique. Finalement, il faudra tracer le chemin de l'apprentissage. Dans ce sens, le modèle didactique de Bronckart a besoin d'être adapté dans la visée de l'approche actionnelle prescrite par le CECRL car il ne prend pas en compte les particularités de la didactisation du genre textuel.

Pourtant, ce modèle didactique comporte certains inconvénients. D'une part, les caractéristiques décrites permettent à un enseignant en manque de connaissance sur le sujet de se faire une idée des caractéristiques principales du genre en question. Pourtant, il sera contraint de sélectionner des textes spécifiques à ce genre textuel et de constater si ces caractéristiques générales se reflètent dans ces productions textuelles spécifiques. Il est important de prévenir l'enseignant car si bien la règle générale a été décrite précédemment, il rencontrera des productions textuelles pouvant digresser momentanément. Ainsi, on retrouvera, par exemple, des notes de dégustation où chaque phase de la dégustation donnera lieu à un paragraphe unique et bien différencié du reste. On fera face à des notes de dégustation sans figures de style ou même des textes où les verbes seront fréquemment employés pour neutraliser la nominalisation. Bref, il est indispensable de descendre aux textes particuliers pour le bon fonctionnement d'une séquence didactique. À continuation, nous avons élaborer une séquence à base de pistes de didactisation de ce genre textuel afin d'orienter les enseignants dans leur travail.

Séquence didactique

- Introduction au sujet : conversation sur les connaissances des étudiants sur le monde vitivinicole, ses traditions, etc. Connaissent-ils les vendanges ? Ont-ils visité des domaines vitivinicoles (châteaux de la Loire, par exemple) ?
- Identification d'un genre textuel : les notes de dégustation. Lecture de plusieurs notes de dégustation. Constatation de la boisson décrite, contextualisation de cette production textuelle : où peut-on trouver ces textes ? Qui les écrit ? Pourquoi ?
- Identification des caractéristiques générales de ce genre textuel : Relier chaque texte à une image (dans le cas où l'on aurait choisi un vin blanc, un vin rouge, etc.). Dans quel ordre se déroule la description ? Ont-ils envie de déguster cette boisson ? Pourquoi ? Quels éléments du texte sont le plus expressifs ? Objectif : identifier la structure du genre textuel, sa fonction exhortative (publicitaire) et les figures de style.
- Identification des caractéristiques spécifiques : comment décrit-on chaque vin ? Quelle est la catégorie grammaticale ? Quelle est la syntaxe de la phrase ? Objectif : identifier la nominalisation et l'adjectivation.
- Appropriation du lexique : comment peut-on décrire un vin ? activités autour d'un nuage de mots, par exemple.
- Appropriation des figures de styles : présenter des notes de dégustation poétiques, identifier les figures de style et leur mécanisme. Créer de nouvelles figures de styles.
- Consolidation des connaissances acquises: l'étudiant doit reconnaître les caractéristiques des notes de dégustation. Par exemple, le professeur pourra lui proposer des notes de dégustation sur des boissons mystérieuses que l'étudiant devra reconnaître, possiblement sur les réseaux sociaux afin de varier le format et introduire les activités suivantes. Puis, l'étudiant devra écrire son propre texte pour décrire une boisson extraordinaire.
- Réalisation d'une tâche communicative : contextualiser la production textuelle. Possible consigne : votre chef souhaite se rendre au salon du vin pour vendre un de vos vin. Sur son stand, il y aura une télévision et il vous demande de créer une petite vidéo dans laquelle vous dégustez un des vins et vous exprimez vos impressions. Cette vidéo ne durera pas plus de 2 minutes.

Définitivement, les notes de dégustation constituent un genre absolument adaptable à l'enseignement du français en cours de langue étrangère. L'étude théorique des premières pages ainsi que les activités destinées à orienter les enseignants en sont la preuve.

5. Conclusions

Notre travail s'est structuré en trois parties qui ont fait progresser notre raisonnement autours de trois préoccupations fondamentales. Dans un premier temps, nous avons repris les études théoriques, notamment celles de Bronckart, qui prouvent que les genres textuels sont idéaux pour un enseignement qui regroupe des connaissances grammaticales, lexicales et culturelles ainsi que le développement des compétences communicatives ; et le tout contextualisé dans la production d'un genre textuel qui peut prendre la forme d'une tâche communicative. Dans un deuxième temps, nous avons parcouru les spécificités du genre notes de dégustation, non pas pour prouver qu'il s'agit bien d'un genre textuel (ce qui a déjà été démontrer) mais pour prouver que ces notes de dégustation ont la possibilité d'être utilisées en cours FLE. Finalement, les dernières pages de cette étude ont eu pour but d'orienter l'enseignement de ce genre textuel afin de donner des pistes de didactisation. En commençant par nous questionner sur l'intérêt des notes de dégustation en FLE, nous avons finalement établi un modèle didactique où le professeur pourra se ressourcer sur les caractéristiques fondamentales du genre textuel en vue de son recours en cours de langue étrangère. Finalement, la description de la séquence didactique avec des activités concrètes leur permettra de mettre en pratique les connaissances théoriques exposées précédemment.

De notre point de vue, les genres textuels constituent une structure idéale à laquelle recourir pour contextualiser l'apprentissage de la langue étrangère. Ils permettent au professeur de ne pas se disperser et de fixer un objectif final dans la réalisation d'une tâche communicative, c'est à dire la création de ce genre textuel au sein d'une activité sociale où l'apprenant est requis dans l'interaction. Pour nourrir les cours FLE, le secteur vitivinicole est riche en genres textuels. Ici, nous avons opté pour les notes de dégustation du fait que parcourir tous les genres textuels vitivinicoles donnerait lieu à un travail beaucoup plus long. Si les notes de dégustation, de par leur courte extension semblaient un genre textuel pauvre à première vue, nous constatons à présent qu'il peut se valoir à lui-même pour la création d'une séquence didactique. De plus, si cette séquence se situe au centre d'un ensemble plus ample qui vise l'apprentissage du culturel vitivinicole, les notes de dégustation prennent plus de sens. De l'agriculture écologique, à la consommation modérée jusqu'au tourisme oenotouristique, le culturel vitivinicole revient pour actualiser les contenus trop répétés, pour marquer les liens entre les peuples frontaliers au sein de l'Union Européenne. Enfin, le genre textuel *notes de dégustation* devient un l'élément intégrateur de l'interculturel et de la langue française dans un contexte défini. Il est intégré dans la démarche actionnelle de par la réalisation d'une tâche et il s'adresse à un public dont l'âge et les intérêts sont variés. Du lycéen à l'adulte formé dans le secteur vitivinicole, les séquences à partir de ce genre textuel sont adaptables à volonté.

Referencias bibliográficas

Argaud, Evelyne (2018): « Les concepts de civilisation/culture dans le champ du FLE en France au XXe siècle : entre tradition et modernité». *Documents Pour l'histoire Du Français Langue Étrangère Ou Seconde, 60–61.*

Aristi, Diamanti (1983):« L'enseignement du culturel et de l'interculturel dans la classe de français langue étrangère ». *Synergie Pologne*, 180–185.

Bajtín, Mijail Mijaïlovich (2009): «El problema de los géneros discursivos», en *Estética de la creación verbal* (12ª reimp). México, Siglo Veintiuno Editores.

Barahona Mijancos, Laura (2016): *El anuncio genérico-marquista de vinos en formato impreso: análisis contrastivo (español-inglés).* [Consulta en línea https://doi.org/10.35376/10324/22130; 15/06/2021].

Bronckart, Jean-Paul (2004): *Actividad verbal, textos y discursos : Por un intereaccionismo socio-discursivo.* Madrid, Fundación Infancia y Aprendizaje.

Bronckart, Jean-Paul (2005): «Les différentes facettes de l'interactionnisme socio-discursif ». *Calidoscópio. 3*, 149–159.

Bronckart, Jean-Paul (2007): *Desarrollo del lenguaje y didáctica de las lenguas.* Buenos Aires, Miño y Dávila.

Catalán, Agustin y Rafael Reyes (1913): *Trozos de literatura francesa.* Madrid, Rafael Reyes.

Fraile Vicente, Maria Esther (2020): «Las metáforas del enoturismo y su traducción», en M. Ibáñez Rodríguez (ed.), *Enotradulengua : Vino lengua y tradición* Berlin, Peter Lang, 169–200.

Gamero Pérez, Silvia (2001): *La traducción de textos técnicos :Descripción y análisis de textos (alemán-español).* (1ª ed.). Barcelona, Ariel.

Guimarães-Santos, Luiza (2012): «Perspective actionnelle et genres textuels : le modèle didactique dans l'enseignement du français langue étrangère». *Synergies Canada, 5.*

Guimarães-Santos, Luiza (2019): «Enseigner la production écrite en FLE à travers le genre textuel de l'itinéraire de voyage: réflexions sur l'utilisation de textes authentiques», en M. Jacquin, G. Simons, & D. Delbrassine (eds.), *Les genres textuels en langues étrangères: entre théorie et pratique.* Berlin, Peter Lang, 149–176.

Hernández, Francisco Javier y Jean Marc PELORSON (1972): *La France de notre époque, sciences, culture et vie*. Madrid, Anaya.

Ibáñez Rodríguez, Miguel (2004): «La traducción francés-español en vitivinicultura», en J. M. Oliver Frade (ed.), *Isla abierta: estudios franceses en memoria de Alejandro Cioranescu: X Coloquio de la Asociación de Profesores de Francés de la Universidad Española*. Vol. 2, La Laguna, Universidad de La Laguna, 655–674.

Ibáñez Rodríguez, Miguel (2006): «Aproximación al estudio de la vid y el vino en el ámbito francés y español», en M. Ibáñez Rodríguez y M. T. Sánchez Nieto (coords.), *El lenguaje de la vid y el vino y su traducción*. Valladolid, Universidad de Valladolid, 101–116.

Ibáñez Rodríguez, Miguel (2020): «La huella del francés en el español del vino», en *Translatumnostrum. La traducción y la interpretación en el ámbito especializado*. Granada, Comares, 87–104.

Jacquin, Marianne, Germain Simons et Daniel Delbrassine (2018): *Les genres textuels en langues étrangères: entre théorie et pratique*. Berlin, Peter Lang.

Martínez Martínez, Andrea (2017): *La nota de cata de vinos y su traducción*. [Consulta en línea http://uvadoc.uva.es/handle/10324/23329; 17/06/2021].

Martínez Martínez, Andrea (2020a): «La nota de cata de vinos: análisis textual», en A. Bueno García, J. Králová, y P. Mogorrón Huerta (eds.), *De la hipótesis a la tesis en traducción e interpretación*. Granada, Comares, 225–234.

Martínez Martínez, Andrea (2020b): «Figuras retóricas en las notas de cata de vinos», en M. Miguel Ibáñez Rodríguez (ed.), *Enotradulengua*. Berlin, Peter Lang, 305–322.

Puren, Christian (1988): *Histoire des méthodologies de l'enseignement des langues*. Paris, Cle International.

Simons, G. (2019). «De la place des genres textuels dans les familles de tâches en langues modernes», en M. Jacquin, G.Simons y D. Delbrassine (eds.), *Les genres textuels en langues étrangères: entre théorie et pratique*. Berlin, Peter Lang, 37–74.

José María Cuenca Montesino

Géneros discursivos emergentes: la conversación *guasap* en la negociación vitivinícola franco-española

Resumen: Los avances tecnológicos acarrean una serie de cambios estructurales que inciden en los modos de hacer de cualquier esfera de actividad. La irrupción del *smartphone* y su ingente paleta de aplicaciones ha supuesto un cambio disruptivo en la forma en la que los individuos se relacionan con la información y entre sí y, con la mensajería instantánea, la oralidad impregna de nuevo nuestras sociedades. Este capítulo analiza las características del género «conversación *guasap*» apoyándose en el modelo de cadena variacional, y examina la manifestación de la familiaridad y la confianza intercultural en un corpus de conversaciones *guasap* auténticas del ámbito de la negociación vitivinícola franco-española.

Palabras clave: Discurso. Conversación guasap. Negociación España/Francia. Intercultural.

Abstract: Technological advances bring with them a series of structural changes that affect the ways of doing things in all spheres of activity. The irruption of the smartphone and its huge palette of applications has meant a disruptive change in the way in which individuals relate to information and to each other and, with instant messaging, orality once again permeates our societies. This chapter analyses the characteristics of the "WhatsApp chat" genre by drawing on the variational chain model, and examines the manifestation of familiarity and intercultural trust in a corpus of authentic WhatsApp chats from the French-Spanish wine negotiation scene.

Keywords: Discourse. WhatsApp chat. France/Spain negotiation. Intercultural

0. Introducción

La configuración geopolítica del mundo tras el final de la Segunda Guerra Mundial ha ido esbozando un complejo entramado territorial de fronteras dinámicas y permeables. La amplitud de este fenómeno es tal que desde 1945 la propia frontera espacio-temporal se va difuminando progresivamente a causa del ingente flujo de personas, mercancías, capitales e información, hecho que ha permitido allanar el terreno para la consolidación de nuevas formas de organización territorial a nivel mundial. En los últimos 75 años han surgido toda una serie de organismos mundiales y de acuerdos comerciales multilaterales cuyo interés último no es otro que hacer del mundo un entorno mucho más previsible y, por ende, familiar y seguro. Sin embargo, la crisis económica y financiera acaecida en 2007 ha puesto en evidencia la enorme brecha social existente en nuestras sociedades desarrolladas, así como su interdependencia. Ante esta situación de crisis, el hombre y la mujer se ven confrontados a una incertidumbre constante, consustancial a la naturaleza misma del individuo. Frente a la incertidumbre, ambos deben seguir desarrollando un mecanismo que les permita reducir la complejidad social que se desprende de esta.

La revolución tecnológica provocada por el paradigma digital a finales del siglo pasado trajo consigo la democratización del ordenador personal, que incidió de forma decisiva en la interdependencia de nuestras sociedades desarrolladas, cada vez más subordinadas a la información. Estas circunstancias justifican la naturaleza líquida de la información –haciendo nuestra la célebre metáfora del sociólogo polaco Zygmunt Bauman–, así como su carácter inmediato y mediático, por lo que son las principales responsables de que las barreras espacio-temporales de la comunicación humana se difuminen con el devenir de los años. La comunicación interpersonal adquiere, pues, un carácter ubicuo por desarrollarse en cualquier momento y en cualquier lugar. En este sentido, la metáfora mcluhaniana de la aldea global pone de relieve el hecho de que nuestras sociedades desarrolladas dependen ineluctablemente de la información que, a su vez, queda subyugada al medio utilizado para su transmisión. Como explica el propio McLuhan (1968), la irrupción de una sociedad oral interdependiente es lo propio de una aldea y, desde la llegada de los medios de comunicación electrónicos, lo es de una aldea global. La convergencia digital acaecida en la década de los ochenta del siglo pasado es la única responsable de esta circunstancia, por lo que cobra así sentido el célebre apotegma mcluhaniano *The Medium is the Message*[1]. En este orden de cosas, el advenimiento en el año 2007 del teléfono móvil inteligente (o *smartphone*) se ha traducido en un nomadismo digital que hace

---

1 «[...] *The medium, or process, of our time —electric technology— is reshaping and restructuring patterns of social interdependence and every aspect of our personal life. It is forcing us to reconsider and reevaluate practically every thought, every action, and every institution formerly taken for granted. Everything is changing —you, your family, your neighbourhood, your education, your job, your government, your relation to « the others ». And they'rechangingdramatically* [...]» (El medio, o proceso, de nuestro tiempo —la tecnología eléctrica— está remodelando y reestructurando las pautas de interdependencia social y todos los aspectos de nuestra vida personal. Nos obliga a reconsiderar y reevaluar prácticamente cada pensamiento, cada acción y cada institución que antes se daba por sentada. Todo está cambiando: tú, tu familia, tu barrio, tu educación, tu trabajo, tu gobierno, tu relación con «los otros». Y están cambiando drásticamente) McLuhan y Fiore (1967: 8).Traducción propia.

posible que la comunicación interpersonal ya no solo se desarrolle en cualquier momento y en cualquier lugar, sino también desde cualquier dispositivo electrónico de comunicación, dando inicio a la denominada era Atawad (*AnyTime, AnyWhere, AnyDevice*).

No obstante, tal y como afirma Castells (1996), la tecnología no determina la sociedad sino que la refleja, pero, a su vez, la sociedad tampoco determina la innovación tecnológica sino que la utiliza. Así las cosas, la integración y la exclusión sociales están íntimamente relacionadas con las fracturas digital y social, pues el acceso a la información depende cada vez más de una tecnología supeditada a la electricidad. Frente al avance científico en el ámbito de la tecnología, el hombre y la mujer deben desarrollar un mecanismo que les permita soportar la complejidad del futuro generado por la técnica (Luhmann 2006).

1. Confianza, interacción y negociación

El flujo de personas, mercancías, capitales e información al que acabamos de hacer alusión sitúa la alteridad en el primer plano de la atención pública en tanto que elemento social ineludible, como evidencian los procesos de urbanización, de migración y de mundialización cultural a escala planetaria. La profusión de dichos procesos justifica la emergencia de ciertas resistencias sociales en pro de la defensa de la idiosincrasia de los pueblos, con los consiguientes repliegues identitarios que se derivan de ellas. La alteridad como realidad polifónica intercultural, como proceso dialógico de nuestras sociedades desarrolladas, provoca un crecimiento exponencial de la complejidad social frente a la cual el hombre y la mujer deben desarrollar un mecanismo que les permita reducirla. Ese mecanismo no es otro que la confianza.

En efecto, la confianza es un mecanismo de reducción de la complejidad social. La literatura científica se ha interesado por este concepto poliédrico inextricable, donde los trabajos de Simmel (1987), Luhmann (2006), Gambetta (1988) y Fukuyama (1995) son referentes en el ámbito conceptual de la confianza. Si bien nos encontramos ante un concepto difícil de aprehender, en el contexto de la interacción social nosotros vamos a definir la confianza interpersonal como una construcción experiencial, incremental y competencial que resulta de un proceso de aprendizaje entre actores sociales (Cuenca, 2017) con la intención de reducir la complejidad social.

La interacción entre actores sociales es esencial tanto para la creación como para el mantenimiento de la confianza, pues esta surge de la experiencia. De ello se sigue que la confianza interpersonal depende inexorablemente del lenguaje en tanto que proceso dialógico y metacomunicacional. La interacción verbal –junto al lenguaje no verbal, la escucha activa, el contacto visual, las relaciones proxémicas y la expresión facial, entre otros factores– incide directamente en la creación de relaciones de confianza interpersonal. Por tanto, interacción e interlocución se alimentan de la dialogicidad. En este orden de cosas, cabe señalar que el carácter multimodal inherente a las tecnologías de la información y de la comunicación (en lo sucesivo TIC) posibilita a los interlocutores la expresión del componente emocional. La expresión de las emociones es algo esencial para los actores sociales implicados en el proceso comunicativo al permitirles anticipar el comportamiento de su interlocutor, lo que a todas luces sentará las bases que faciliten la acción común (o co-acción). Una interacción exitosa generará así un espacio familiar, un espacio conocido por los interactantes implicados en ella. La familiaridad generada por la interacción tendrá por consecuencia el desplazamiento de la incertidumbre hacia el terreno de la seguridad. Dado que los modos de comportamiento inciden unos sobre otros, cuanto mayor sea el número de interacciones exitosas, mayor será el capital de confianza que los interactantes irán acumulando con el paso del tiempo. La confianza así surgida generará, a su vez, nuevos espacios de confianza. En consecuencia, y según lo expuesto, la confianza interpersonal es una construcción experiencial (ya que surge de la cooperación), incremental (pues la confianza genera confianza, enlazando las experiencias pasadas con el porvenir, orientando la acción hacia el futuro) y competencial (por forjarse en la actuación), un proceso de aprendizaje entre los agentes sociales implicados que hunde sus raíces en un proceso dialógico.

No en vano, el flujo de personas, mercancías, capitales e información plantea el problema de la confianza entre interlocutores de culturas diferentes. Desde el punto de vista de la globalización de los mercados, los conflictos interculturales son una constante universal. Como señala Vittar (2011), las transacciones interculturales vienen caracterizadas por el traspaso de fronteras culturales nacionales. Dichas transacciones van a introducir nuevos parámetros en la relación con el otro (*e. g.* la diferencias de género, de religión, de culturas profesionales, etc.) que acompañan e incluso dominan la diferencia nacional-étnica. Estos parámetros harán de la diversidad un constructo mucho más amplio y complejo. Frente a esta complejidad, el concepto tradicional de interculturalidad basado en el paradigma de interculturalidad nacional-étnico quedará desprovisto de capacidad analítica. Por esta razón, Vittar (2011: 191) define la interculturalidad en el ámbito de las transacciones interculturales de la siguiente manera:

> [...] el traspaso de bordes culturales en una transacción social donde la globalización influye en las relaciones y estructuras socioeconómicas de manera directa o indirecta. Por ende, aun los actores que no tienen transacciones globales directas se encuentran bajo su influencia. El *otro* queda entonces definido por una combinación de fuerzas que

lo posicionan entre lo nacional y lo extranjero; entre lo propio y lo ajeno; entre lo familiar y lo extraño, frente a las variables culturales que conforman la identidad cultural propia y del *otro* [...]

Cuando los actores sociales implicados en la interacción proceden de culturas distintas se evidencia la heterogeneidad, ya que los interactantes no comparten los mismos códigos de comunicación. Como señalan Le Roy y Younes (2002), los agentes sociales implicados en la interacción (*i. e.* interactantes) pueden considerar que el marco de referencias cultural es universal y que, habida cuenta de las divergencias que les oponen, su propio interlocutor es menos civilizado (actitud etnocentrista). Cabe también la posibilidad de que ambos analicen cualquier circunstancia acaecida durante la interacción como si fuera el fruto de determinado hecho cultural (actitud culturalista). Incluso puede que reduzcan la cultura a un conjunto angosto de factores explicativos o, al contrario, que provoquen una multitud de análisis interpretativos compleja (actitud reduccionista). Ante esta situación, la relación social entre los interactantes se ve determinada por déficit de significado común (Onghena, 2003) que Vittar (2011) denomina incertidumbre intercultural, caracterizada por la falta de bases culturales comunes, por la falta de familiaridad propia sobre los usos y costumbres del otro y, por último, por la falta de familiaridad propia sobre las reglas de reciprocidad vigentes en cada cultura. Frente a la incertidumbre intercultural, Vittar (2011) indica que la familiaridad intercultural –entendida como capital cultural, o capital de conocimiento en el sentido bourdiano, heredado por el individuo de la historia colectiva del sistema cultural dominante en el que se encuentre inmerso (*e. g.* una empresa)– así como la toma en consideración de los subsistemas culturales que subyacen a toda interacción profesional (*i. e.* cultura organizacional, cultura profesional, cultura religiosa, etc.) van a generar un saber hacer que él mismo denomina confianza intercultural. Cooperación y confianza intercultural son, por tanto, dos conceptos interdependientes en el ámbito de las negociaciones internacionales.

Adentrándonos en el análisis del concepto negociación, una primera aproximación nos permite evidenciar la dualidad de su naturaleza, es decir, la negociación como entendida como proceso o como producto. Entendida como proceso, la negociación es una actividad que pone en interacción a varios actores sociales que, una vez confrontados a sus divergencias e interdependencias, deciden buscar de forma voluntaria una solución que sea aceptable para ambos (Dupont, 1994). Esto no implica forzosamente que, a término, las partes implicadas encuentren la solución, pero, en caso de que la encontrasen, el proceso concluye con un compromiso formal por ambas partes. Dicho compromiso se verbalizará de forma oral o de forma escrita según las culturas respectivas de los agentes sociales implicados, algo que, desde el punto de vista del análisis del discurso, resulta de capital importancia. En efecto, haciendo nuestras las ideas del economista francés Philippe D'Iribarne, la verbalización del compromiso es sintomática de dos tipos de lógica que subyacen a cualquier negociación: la lógica del honor (*i. e.* lealtad hacia la palabra proferida) y la lógica del contrato (*i. e.* compromiso hacia la palabra escrita o empleabilidad). La negociación tiene una naturaleza eminentemente dialógica, pues el intercambio de información resulta de capital importancia para las partes implicadas en este proceso. Asimismo viene determinada por su carácter persuasivo y por tener un objetivo claro, una serie de reglas establecidas conocidas por los interactantes y un código que le es propio. Como señalan Trujillo y García (2004), el objetivo de la negociación es la resolución de un conflicto entre las partes implicadas mediante una modificación de las posiciones iniciales para llegar a un acuerdo aceptable entre todos.

2. Las relaciones comerciales franco-españolas en el sector vitivinícola

Las relaciones comerciales entre Francia y España a lo largo de la historia han sido objeto de numerosos estudios que, por motivos de extensión, no serán abordados en el presente artículo. Nos ceñiremos, pues, a las relaciones comerciales vitivinícolas contemporáneas entre ambos países.

Según un informe[2] elaborado en noviembre de 2020 para la Interprofesional del Vino de España (OIVE), España es líder mundial en superficie dedicada al cultivo de la vid gracias a sus más de 950 000 hectáreas repartidas a lo largo y ancho de la geografía nacional. El informe resalta que la producción de vino en España roza los 38 millones de hectólitros anuales, lo que hace de dicho país el principal exportador mundial de vino en términos de volumen, así como el tercer mayor productor mundial de vino y el tercer país en términos de valor exportado, con 3000 millones de euros procedentes de la exportación (pp. 5–6). El informe también muestra que el sector vitivinícola español se caracteriza por reunir a más de 4000 empresas dedicadas al cultivo y elaboración de vinos, de las que el 60 % son cooperativas. En julio de 2019, España contaba con unos 561 000 viticultores (p. 48), lo que pone de realce la atomización de los actores

2 «Importancia económica y social del sector vitivinícola en España». Dicho informe señala igualmente que el 85 % de la superficie de viñedo europeo se concentra en España, Italia, Francia y Grecia. Disponible en internet en la siguiente dirección: https://www.interprofesionaldelvino.es/publicaciones/informe-importancia-sector-vitivinícola/ (fecha de consulta: 25 de junio de 2021).

del sector. Esta colmena de empresas vitivinícolas generó en 2020 casi medio millón de puestos de trabajo directos a tiempo completo y aportó a las arcas públicas más de 3800 millones de euros anuales en concepto de impuestos y cotizaciones sociales (p. 48). Otro de los aspectos destacados en el informe es el fuerte vínculo existente en España entre vino, cultura y territorio, lo que hace de la vitivinicultura una fuente de actividad y de ingresos para muchos jóvenes y hogares españoles del medio rural, amén de la fijación de población al entorno rural que ello conlleva, lo cual obra en pro del despoblamiento territorial (p. 48) y genera valor en el ámbito emergente del enoturismo. En este orden de cosas, y según lo dispuesto en la Ley de la Viña y el Vino de 2003[3], el arraigo territorial del vino en España se hace patente con las 70 denominaciones de origen (DO), las 42 indicaciones geográficas protegidas (IGP) y los 34 vinos de pago existentes en el país.

Francia, por su parte, cuenta con sus 750 000 hectáreas repartidas a lo largo y ancho de la geografía metropolitana que producen cerca de 42 millones de hectolitros de vino anuales, lo que hace de Francia el segundo productor mundial de vino. Según datos del *Comité National des Interprofessions des Vins d'Appelation d'Origine et à Indication Géografique*[4] (CNIV), las exportaciones francesas de vino en el año 2019 alcanzaron los 13 000 millones de euros, lo que hizo del país hexagonal el líder mundial de exportación en términos de valor. Francia cuenta desde agosto de 2009[5] con 3240 vinos distintos y 1313 denominaciones diferentes asentadas en 80 departamentos y 16 grandes viñedos. En este orden de cosas, cabe señalar que el país hexagonal cuenta, desde esa misma fecha, con 363[6] *Appellations d'Origine Contrôlée* [AOC] /*Appellations d'Origine Protégée* [AOP] de vino y aguardiente, así como 74[7] *Indications Géographique Protégée* [IGP]). El sector vitivinícola galo cuenta con unas 85 000 explotaciones agrícolas relacionadas con la vitivinicultura, lo que representa una de cada cinco explotaciones agrícolas a nivel nacional, que generaron cerca de medio millón de puestos de trabajo directos e indirectos. En 2013 Francia contaba con 142 000

---

3 BOE-A-2003-13864. Disponible en internet en la siguiente dirección: https://www.boe.es/buscar/act.php?id=BOE-A-2003-13864 (fecha de consulta: 25 de junio de 2021).

4 https://www.intervin.fr/etudes-et-economie-de-la-filiere/chiffres-cles

5 Fecha de la entrada en vigor de la reforma de la organización común del mercado vitivinícola de 2008.

6 https://www.inao.gouv.fr/Les-signes-officiels-de-la-qualite-et-de-l-origine-SIQO/Appellation-d-origine-protegee-controlee-AOP-AOC

7 https://www.inao.gouv.fr/Les-signes-officiels-de-la-qualite-et-de-l-origine-SIQO/Indication-geographique-protegee

viticultores referenciados en el país, lo que pone de relieve, a su vez, la atomización de los actores a nivel nacional. Además, el país cuenta con cerca de 100 destinos turísticos que recibieron el sello «*Vignobles & Decouvertes*[8]» y las 10 000 bodegas presentes en el país reciben a unos 10 millones de turistas cada año, de los cuales el 39 % son de origen extranjero.

Desde un punto de vista diacrónico, las relaciones comerciales vitivinícolas entre ambos países se vieron reforzadas a partir de 1860, debido a la invasión de filoxera que sufrió Francia procedente de América, un pulgón que causó verdaderos estragos en el viñedo galo así como en gran parte de Europa. La penuria de vino local llevó a los comerciantes franceses de Burdeos a buscar tan preciado caldo al otro lado de los Pirineos. La línea férrea existente entre Bilbao y Logroño favoreció la llegada de estos a La Rioja. Interesados por la variedad de uva tempranillo y tras constatar que el vino producido por los españoles no toleraba el cambio de temperatura ni el viaje en tren hasta Francia, los viticultores bordoleses implementaron un sistema de cooperación ganar-ganar mediante el cual les enseñaron a los viticultores españoles las denominadas técnicas bordelesas, consistentes en el cultivo riguroso de las viñas, el cuidado de las uvas tras la cosecha, la gestión óptima de la fermentación y de la vinificación en general así como la maduración del vino en barricas de roble principalmente. La intención de los viticultores bordeleses era que sus homólogos españoles obtuvieran un vino de mejor calidad. El vino español podría viajar entonces hasta Francia y sería capaz de mejorar con el paso del tiempo, lo que les permitiría a los comerciantes franceses satisfacer sus propias necesidades. Sin embargo, los viticultores españoles no disponían de los medios económicos necesarios para comprar barricas de roble y tampoco podían esperar varios años hasta obtener ingresos de la venta de sus vinos envejecidos en barrica. Estas circunstancias provocaron la aparición en España de un nuevo modelo económico, el de las bodegas industriales, que supuso un cambio disruptivo en el sector vitivinícola español. De esta manera, los viticultores españoles podrían llevar cada año el producto de la vendimia a las bodegas y recibir a cambio una retribución anual por la materia prima recolectada. Esto justifica que los viticultores españoles dejasen de lado el saber hacer algo en materia vinícola que, en lo sucesivo, quedaría en manos de los grandes bodegueros industriales, encargados de los procesos de elaboración

8 El *Conseil Supérieur de l'Oenotourisme* propuso este sello en 2009 para dar a conocer al turista interesado un destino que, al alimón, tiene vocación turística y vitícola. Para más información, consultar la página http://www.atout-france.fr/services/le-label-vignobles-decouvertes

y comercialización del vino que se apoyarían en técnicas de *marketing* y de gestión punteras (Brémond, 2016).

Con respecto a los procesos de internacionalización en general, cabe destacar una diferencia sustancial entre España y Francia. En efecto, la internacionalización de la economía española no ha venido acompañada de una internacionalización social, debido a que los españoles tienden a identificarse con su entorno local y regional, un fuerte apego que justifica su bajo nivel de movilidad internacional, así como su modesto nivel de competencia en lenguas extranjeras (Alonso *et al.*, 2014). Dichos autores señalan también que la sociedad española sigue siendo una sociedad con actitudes provincianas, relaciones y comportamientos sociales cerrados y poca movilidad, lo que tendrá una clara influencia en las negociaciones a nivel internacional. Ahora bien, a la luz del fuerte vínculo existente en España entre vino, cultura y territorio, es menester reseñar que este apego español a lo local, al terruño, al clan, a lo regional, a una identidad percibida como familiar y, por tanto, segura, va a adquirir la forma de repliegue identitario en el ámbito profesional vitivinícola, que surge como resistencia a la globalización de los mercados. Por consiguiente, tal como señala Brémond (2016), muchos enólogos españoles irán adoptando técnicas de vinificación más respetuosas con la vid y la tierra, en donde la calidad prima sobre la cantidad y, con ello, producir cosechas con identidad propia y libertad creativa (*i. e.* vino de autor), lo que justifica el avance de los vinos ecológicos, naturales y Demeter en un sector vinícola español dominado por la lógica del mercado.

El trabajo del viticultor está inexorablemente asociado al ciclo biológico anual de la vid. Sin adentrarnos en los pormenores de dicho trabajo, señalaremos que la vid presenta una sucesión de ciclos anuales interdependientes que le obligan al viticultor a estar presente constantemente en el viñedo para poder intervenir tanto en la parte aérea como a nivel del suelo. Estas circunstancias nos permiten tomar conciencia de la importancia que tuvo para el viticultor el nacimiento en 1995 de la telefonía móvil digital en España. La aparición de estos medios tecnológicos de comunicación interpersonal ha supuesto una enorme ayuda para los viticultores al irles facilitando paulatinamente la comunicación ubicua. Además, la irrupción en 2017 del teléfono móvil inteligente supuso un cambio disruptivo en nuestra forma de comunicarnos gracias a las denominadas aplicaciones (o *app*), pequeños programas informáticos dependientes de Internet diseñados para ejecutarse en un dispositivo móvil, como pueda ser un teléfono móvil inteligente o una tableta, caracterizadas por su carácter eminentemente práctico, por tener un acceso rápido, sencillo y facilidad de navegación. Por tanto, la aparición de las aplicaciones del teléfono móvil inteligente ha supuesto una avance significativo en el ámbito profesional vitivinícola (e. g. cartografía y control de viñedo, meteorología local, seguimiento de operaciones técnicas en el viñedo, control de plagas, registro de procesos de la bodega, gestión comercial y actividad de ventas, contabilidad, etc.).

3. El género discursivo emergente «conversación de guasap»

Una aplicación gratuita de mensajería instantánea entre personas que ya se conocen ha conocido un éxito fulgurante a nivel mundial desde que surgiera en el año 2009: WhatsApp. Esta aplicación cuenta actualmente con unos dos mil millones de usuarios activos por todo el mundo y se perfila como la aplicación líder de mensajería instantánea móvil. En lo que respecta a España, WhatsApp es la aplicación de mensajería instantánea más utilizada desde que saliera al mercado, superando el 92 % de usuarios que disponen de teléfono móvil inteligente[9].

Esta aplicación le permite al usuario enviar y recibir mensajes desde el teléfono al del teléfono del destinatario, ya sean mensajes textuales cortos, imágenes, audio, vídeo, documentos, contactos o geolocalización mediante conexión wifi a un rúter o conexión permanente a Internet móvil. Permite realizar llamadas de voz (VoIP) o de vídeo y también puede utilizarse en un ordenador personal o portátil a través de una extensión facilitada *ad hoc* que el propietario debe instalar en estos dispositivos. Por último, destacaremos que WhatsApp también permite guardar todas las conversaciones y enviar el historial de conversaciones por correo electrónico, lo que posibilita la investigación de las prácticas conversacionales que ocurren en ella.

La configuración técnica de la aplicación WhatsApp presenta la ventaja de promover un tipo de mediación entre interlocutores/interactantes muy útil desde el punto de vista de la información, la denominada infomediación, una intermediación electrónica que surge entre los interlocutores y la información para intercambiársela, como pueden ser la creación de redes profesionales, la realización de pedidos comerciales, los realización de trámites administrativos o el asesoramiento profesional y/o personal. Además, la aplicación WhatsApp se caracteriza por su interoperabilidad, es decir, la capacidad que tiene la aplicación para comunicarse con otros sistemas. Esta interoperabilidad puede ser funcional (por ejemplo, intercambiar un contacto guardado en la agenda del teléfono e incluso enviar y/o recibir un mensaje de voz, una imagen, una fotografía, un

9 Datos facilitados por la encuesta Panel de Hogares elaborado por la Comisión Nacional de los Mercados y Competencia (CNMC). Disponible en https://www.cnmc.es/sites/default/files/3083420_5.pdf

archivo de audio, un archivo de vídeo, una página web o una dirección de correo electrónico) o bien puede ser semántica, cuyo objetivo es garantizar que los intercambios realizados entre los diferentes componentes interconectados conserven el mismo significado para que las partes comunicantes tengan una comprensión común del sentido de los datos y servicios que intercambian[10] (Degoulet *et al.*, 1997). Por último, la aplicación WhatsApp también favorece la comunicación multimodal, pues permite a los interlocutores/interactantes comunicarse por mensajería instantánea, por llamada telefónica o por videollamada.

Con respecto a las prácticas discursivas que tienen lugar en dicha aplicación, numerosos autores y autoras se han interesado por las características de la conversación por escrito que tiene lugar en WhatsApp, un discurso híbrido que podemos definir como escrito por el canal que se utiliza y oral en cuanto a su realización (Briz, 2014: 77). En efecto, el usuario de esta aplicación tiene la posibilidad de enviar sus mensajes de tres formas diferentes: escribiendo el mensaje en el teclado que aparece en la pantalla táctil del teléfono móvil; grabando un mensaje de voz en un archivo de audio, o bien utilizando un programa de reconocimiento de voz que transcribe sobre la aplicación el mensaje oral proferido. Esta manera de comunicar en contextos informales, interactivos, espontáneos y con poca planificación se ha popularizado tanto que hace de WhatsApp el modo estándar para hablar entre personas que ya se conocen. De hecho, esta aplicación ya no solo es un medio de comunicación interpersonal, pues hablar por WhatsApp se ha convertido en una forma de comunicar. Por tanto, las características físicas de la aplicación le obligan al usuario a elaborar los mensajes en una pantalla relativamente pequeña, pero también a implementar una planificación estratégica del mensaje para favorecer la interacción con otros contactos, lo que provocará una fuerte atomización del discurso en pequeñas unidades autónomas y significativas. La rapidez de la interacción y el carácter informal del registro favorecerán un lenguaje verbal escrito y oralizado diseñado para ser leído. Todas estas características físicas junto con la infomediación están en el origen de la aparición de un nuevo género discursivo que Martín Gascueña (2016) denomina la «conversación guasap». La autora afirma que las características propias de la aplicación WhatsApp favorecen la creación de este nuevo modelo de comunicación

10 La interoperabilidad semántica permite, por ejemplo, que cuando el usuario hace clic en una dirección de correo electrónico enviada por WhatsApp, se ejecute directamente el programa de gestión de correos electrónicos de su teléfono móvil inteligente y se abra una ventana de redacción en la pantalla donde la dirección del destinatario ya está completada al haber sido reconocida como tal por el sistema.

conversacional[11], caracterizado por ser un discurso escrito oralizado, con alto contenido semiótico y polifónico.

Señalemos que la utilización de los términos no es anodina, pues los usuarios de WhatsApp hablan entre sí, no escriben entre sí. Como apunta Alcántara (2014), este tipo de tecnología permite hablar por escrito, incluso escuchar por escrito. Vemos que la oralidad impregna lo escrito (*i. e.* conversaciones por escrito) y hace de la comunicación una experiencia sensorial sinestésica. Como señalan Vela y Cantamutto (2019), las interacciones digitales han transformado el tiempo en tanto que parámetro enunciativo, pues en este tipo de dispositivos electrónicos la comunicación es prácticamente inmediata, pero la naturaleza escrita de los mensajes que tienen lugar en estos dispositivos asegura su permanencia. Estas circunstancias –la permanencia del mensaje junto a la inmediatez de la comunicación– provocan que la disponibilidad de los interlocutores condicione la gestión temporal de la interacción. Con la irrupción de estas máquinas para comunicar que dependen de Internet, la oralidad ha podido salir del segundo plano secular en el que se encontraba desde el advenimiento de la imprenta. Como recuerda Cassany (2013), los teléfonos móviles inteligentes han permitido recuperar muchas formas de oralidad que habían sido populares antes de la invención de la imprenta. La imprenta propulsó la escrituralidad al primer plano, lo cual provocó un periodo que muchos investigadores tildan de galaxia Gutenberg, galaxia del libro o paréntesis Gutenberg[12], en el que estas formas de oralidad fueron perdiendo fuerza, o incluso presencia, aunque debemos precisar que se trata de una oralidad elaborada o secundaria que esconde mucha planificación detrás de su aparente espontaneidad, como recalca el propio autor.

En cualquier caso, podemos constatar que esa frontera existente entre el oral y el escrito se ha ido difuminando gracias al frenético avance tecnológico, haciendo de ambos dos categorías continuas. Así la cosas, la triple dimensión variacional coseriana –diatópica, diastrática y diafásica– acogerá una cuarta dimensión, propuesta en 1985 por los romanistas Peter Koch y Wulf Oesterreicher inspirada de los trabajos del lingüista alemán Ludwig Söllcon respecto a la diferencia terminológico-conceptual que existe entre medio (gráfico o fónico) y concepción (hablado o escrito). Esta cuarta dimensión, denominada diamésica,

11 En estudios precedentes (Cuenca Montesino: 2017 y 2019), presentamos las semejanzas y las diferencias que existen entre la conversación guasap y la conversación oral espontánea, pero que, por motivos de extensión, no expondremos en el presente artículo.

12 Thomas Pettitt, retomando los trabajos de Lars Sauerberg, popularizó el concepto de paréntesis Gutenberg para poner en relación la tradición oral y las tecnologías digitales.

resulta imprescindible para comprender la dinámica de funcionamiento de las distintas variedades lingüísticas en un espacio y una situación comunicativa determinados: la dimensión oral/escrito. Gracias al denominado modelo de la cadena variacional propuesto por Koch y Oesterreicher la dimensión diamésica va a adquirir cuerpo (López Serena, 2007). El soporte físico en el que se materializa el signo lingüístico va a depender de la enunciación misma y la elección del canal se opera en función de la tarea que el interlocutor debe hacer. Por esta razón podemos constatar que cuanto más satisface los criterios de oralidad conceptual, mayor es la probabilidad de que el signo lingüístico se materialice en un soporte fónico y, a su vez, cuanto más se acerque al polo escritural, mayor es la probabilidad de que el signo lingüístico se materialice en un soporte gráfico. Otro de los factores que también inciden en el modelo de la cadena variacional tiene un carácter proxémico en términos de inmediatez[13] o de distancia comunicativas[14], es decir, cuanta mayor distancia comunicativa haya entre los interlocutores, mayor es la probabilidad de que la enunciación sea más elaborada y, por lo tanto, adquiera una forma gráfica. Al contrario, cuanta menor distancia comunicativa haya entre los interlocutores, mayor es la probabilidad de que la enunciación sea menos elaborada y, por lo tanto, adquiera una forma fónica. En otro orden de cosas, como señala Briz (2014), dado que la sincronicidad y el carácter familiar de la comunicación caracterizan a los géneros electrónicos, la escala de variación situacional contará con al menos cuatro realizaciones discursivas (familiar oral, familiar escrito, formal oral y formal escrito).Esto permite justificar el hecho de que una conversación pueda tener lugar en varios registros (López Quero, 2017). De hecho, como señalan Vela y Cantamutto (2019), la distinción entre distancia e inmediatez comunicativa se proyecta en la oposición funcional entre registro formal e informal o coloquial, con lo que la lengua escrita presentará rasgos del prototipo coloquial (como es el caso en los intercambios comunicativos que tienen lugar en la aplicación WhatsApp). La figura 7.1 muestra la integración de la conversación guasap retomando el modelo de la cadena variacional de Koch y Oesterreicher.

---

13 Ello dependerá de factores tales como la proximidad espacial de los interlocutores (si están frente a frente o no), si ambos ya se conocen y del grado de intimidad existente entre ellos, si hay público presente o no durante la interlocución, del tema abordado, etc.

14 Ello dependerá de factores tales como si los interlocutores se encuentran en una situación oficial, si no se conocen entre sí o si se conocen poco.

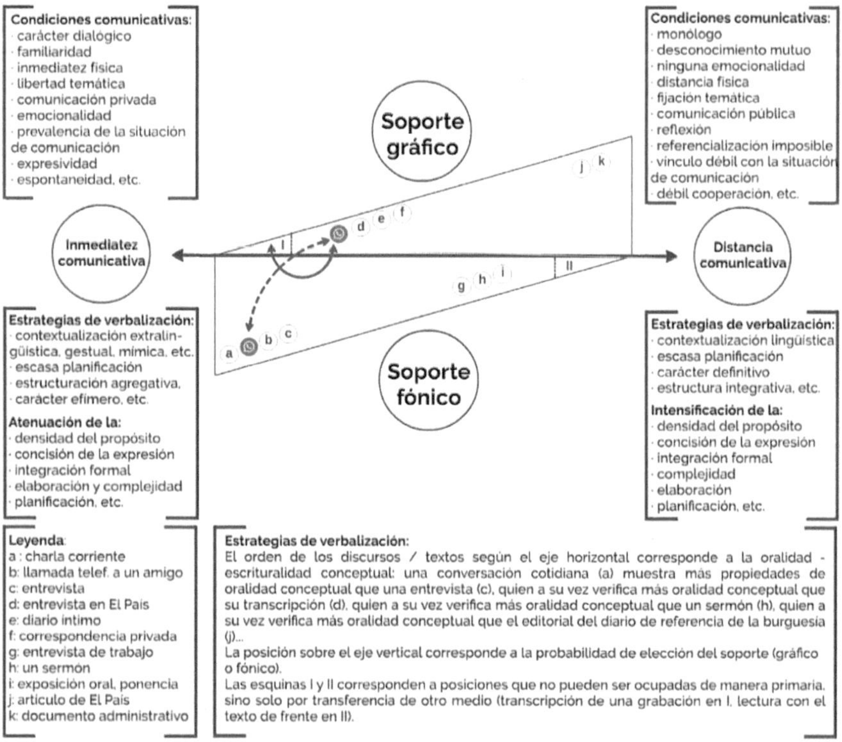

Fig. 7.1: *La conversación guasap en la cadena variacional de Koch y Oesterreicher* (Cuenca, 2017: *197)*

La conversación guasap es una conversación cotidiana, familiar, informal y multicanal que tiene lugar en el aquí y el ahora del sujeto de la enunciación, así como en un entorno multidimensional cercano a la realidad presencial, gracias a su valor proxémico y kinésico. Esta conversación se materializa en un discurso oralizado e icónico escrito[15]en tiempo real, pero con sincronía

15 Nos referimos aquí a los emoticonos y a los emojis. Como recuerda la Fundéu, « […] los emoticonos son los símbolos creados con signos de puntuación y que suelen leerse inclinando la cabeza […] En cambio, los emojis son caracteres Unicode que se muestran como pequeñas figuras en color con valor simbólico […] Pese a esa distinción original, en el uso general es frecuente y aceptable utilizar la palabra emoticón o emoticono para referirse a todos esos símbolos. Muy extendidos en determinados ámbitos, conviene reservarlos a situaciones en las que aporten información o emociones que

relativa[16]. Los emojis son un recurso estratégico de la comunicación digital (Vela y Cantamutto, 2019) que se definen como partículas icónico-discursivas cuyo valor semántico-pragmático, por un lado, vehicula la inferencia y la construcción del significado y, por otro lado, proyecta la emoción del enunciador y establece vínculos afectivos. Para Martín Gascueña (2016) los emojis y los emoticonos son enlaces gramaticales en la conversación informal dotados de un valor ilocutivo en el turno de palabra en el que se utilizan y cuyo propósito es expresar acuerdo, desacuerdo, risa, sorpresa o asombro. Cuando aparecen integrados en el discurso, los emojis y los emoticonos sustituyen a las unidades léxicas y el mensaje que vehiculan busca provocar humor, persuadir o convencer al interlocutor.

Partiendo de la literatura científica existente[17], y con la intención de facilitar su comprensión, presentaremos, en primer lugar, la naturaleza de los elementos intratextuales que determinan la conversación guasap (ver figura 7.2).

---

no son fáciles ni rápidas de expresar por otros medios […]». https://www.fundeu.es/recomendacion/emoticono-claves-de-redaccion/ (fecha de consulta: 17/07/2022). Cabe señalar que, junto a los emoticonos y a los emojis, existen otros recursos multimodales utilizados en la interacción digital, como son los *stickers* (pequeñas imágenes acompañadas de una animación que las hace aumentar de tamaño) y los GIF animados (Graphic Interchange Format), vídeo de unos segundos de duración que suelen reproducirse sin sonido y en bucle (Vela y Cantamutto, *op. cit.* p. 28).

16 La sincronicidad de los intercambios está supeditada al tiempo necesario para elaborar el mensaje. De ahí que López Quero (2013: 79) hable de carácter sincrónico débil, Vaqueiro (2016: 222) se refiera a la copresencia virtual y Vela y Cantamutto (*ibid.*) hablen de tiempo en semisimultaneidad.

17 Las tablas que aparecen a continuación han sido realizadas por el autor del presente artículo tomando en consideración los trabajos llevados a cabo por el grupo Val.Es.Co y los trabajos de Calsamiglia y Tusón (1999), Yus (2010), López Quero (2013, 2017), Briz Gómez (2014), Alcántara Plá (2014), Martín Gascueña (*op. cit.*) y Vaqueiro Romero (2016), entre otros.

Reducción de recursos y funciones del sistema ortográfico estándar	• Omisión de acentos y de ciertos caracteres gráficos (*e. g.* [ñ] [¿] [¡]). Ausencia de puntos, de comas y puntos y comas; nueva carga semántica de los signos de puntuación y grafía (*e. g.* [$] [*]) • Utilización del guión [-] en vez de la raya [—]. Omisión de ciertos grafemas sin equivalencia fonética (*e. g.* [h]) y omisión de dígrafos (*e. g.* [qu] ke / [gu] gerra). Utilización de [w + vocal] por [gu + vocal] (*e. g.* wapa) • Omisión de vocales en palabras conocidas y frecuentes que el interlocutor puede identificar con facilidad (*e. g.* [tdo] por [todo]). Omisión de preposiciones y conjunciones (*e. g.* [voy dar] por [voy a dar]) • Omisión ocasional de algunas sílabas conocidas o recuperables en palabras de uso común o frecuente (*e. g.* [tmb] por [también]). Elipses y abreviaturas frecuentes; omisión de los espacios entre palabras (*e. g.* [nidea] por [ni idea]) • Reducción de bastantes signos de puntuación que tienen por valor gramatical la organización de diferentes unidades en la enumeración, separación de frases o de subordinadas, incisos, etc. • Omisión de mayúsculas para los nombres propios a principio de frase; uso divergente de la norma ortográfica (*e. g.* [oi] por [hoy]; [aser] por [hacer]; [boy] por [voy]) • Utilización de siglas (*e. g.* [TQM] por [te quiero mucho])
Inclusión de otros elementos y de nuevos recursos	• Utilización de ciertas consonantes o caracteres con valor simbólico (*e. g.* [k] como [anarkia], inconformismo, rebeldía; [@] como [nosotr@s], neutralización de la marca de género sexual); utilización de códigos culturales reconocidos por los emisores (*e. g.* [xx] para decir [chica] asociado al ámbito de la biología; [FX] para decir [cine] asociado al ámbito del ocio) • Iteración de fonemas, sílabas o signos de puntuación para simular entonaciones orales, marcar alargamientos, la intensidad o la expresividad de la persona que habla (*e. g.* [aaaaaah], [jajajajajaja], [nooooooo], [bueeeeeeeeno], [vaaaale]) • Uso de onomatopeyas (*e. g.* [chsssss] silencio, [toctoctoc] llamada, [eeeiiiin?] incredulidad, [zaaaaaas] o [paaaaaaf], golpe [ains] decepción) o de ciertas letras repetidas (*e. g.* [zzzzzz] sueño o aburrimiento, [mmmm] hambre, satisfacción o placer; [gggrrr] molestia o enfado) • Utilización de cifras o de otros símbolos matemáticos que resultan ser equivalentes fonéticamente a algunas palabras, sílabas o grupo de sílabas (*e. g.* [1] por [uno]; [x] por [por / para]; [2] por [dos] como en [salu2]; [=] por [mente] como [igual=]) • Deixis y topicalizaciones para paliar la falta de información lingüístico-visual de los interlocutores en una conversación escrita; utilización de emojis, emoticonos, de elementos gráficos gif y de códigos ASCII para marcar las emociones de la persona que habla (*e. g.* [ ] , [:)]) • Uso continuo de mayúsculas para marcar un grito o el tono y la voz que van subiendo; utilización de todos los signos presentes en el teclado convencional (barra de espacio incluida) para crear juegos ortotipográficos a partir de dichas formas gráficas para mostrar un grito o bien la subida de la voz (*e. g.* K M DEJES ABLAR DE UNA xgf*/*%&ç VEZ !!!!!!)
Aspectos lingüísticos que interactúan con los precedentes	• Uso frecuente de léxico popular o vulgar con una función expresiva y connotativa (*e. g.* [muac / muak / muaskis] por [beso]); uso de los diminutivos, de las reducciones (*e. g.* [peke] por [pequeño]); uso de hipocorísticos (*e. g.* [susi] por [Susana]) • Utilización de estructuras discursivas próximas del intercambio oral, tales como el saludo (*e. g.* [hola], [holi], [buenos días], [hasta luego, Mari Carmen]) y utilización de la pregunta - respuesta, con textos o frases sin verbo principal o sin concordancia, incluso con una mera enumeración de datos • Presencia de estructuras sintácticas orales, basadas en la entonación y marcadas con emojis o emoticonos, indicativos de la intención • Fuerte presencia de interferencias de otros idiomas y alternancia códica (*e. g.* [ok], [bye], [ciao], [chao], [chau]); utilización de acrónimos (*e. g.* [LOL] [*laugh out loud*], [WTF] [*what the fuck*], [OMG] [*Oh my god*]) • Uso masivo del presente de indicativo, de elementos deícticos y de formas pronominales de primera y segunda personas (énfasis expresiva: carácter egocentrado del español coloquial); predominio de estructuras imperativas, interrogativas y exclamativas • Sintaxis aligerada y discurso descuidado por la prioridad que se le otorga a la función comunicativa (oralidad). Predominio de la función creativa y lúdica de la lengua (*e. g.* neologismos)

Fig. 7.2: *Elementos intratextuales que determinan la conversación guasap* (Cuenca, 2017: *208)*

A continuación presentaremos la naturaleza de los elementos extratextuales de la conversación guasap (ver figura 7.3).

Objetivo: Intercambios comunicativos en tiempo real a través de un programa virtual interactivo (aplicación para teléfono móvil inteligente) cuyas capacidades técnicas condicionan la capacidad productiva lingüística
Interlocutores: Forman parte de una red social virtual de personas que ya se conocen; las amistades son reales, lo que facilita que la comunicación sea más eficaz
Intención comunicativa: Transmitir información o establecer un contacto (carácter sincrónico débil)
Relación interactiva: Centrada en marcos semánticos prototípicos (decir / comunicar / enviar / recibir / responder)
Naturaleza de la conversación: Emotiva, expresiva y participativa (compensación de la reducción de la riqueza contextual)
Información: Caracterizada por la saturación (es posible manipular de forma voluntaria la emisión de mensajes pero, en cambio, no lo es en la recepción de estos)
Atención del enunciador: Lleva su atención hacia el mensaje, lo que hace que se reduzcan los niveles de cortesía
Principios de cooperación: Con frecuencia se desprecia la máxima conversacional de pertinencia; los mensajes pueden tener una función fática (meramente relacional)

Fig. 7.3: *Elementos extratextuales que determinan la conversación guasap* (Cuenca, 2017: *209)*

Concluiremos exponiendo la naturaleza de los elementos paratextuales de la conversación guasap (ver figura 7.4).

Organización:
Caracterizada por los turnos de habla sucesivos y espontáneos. Disposición multimodal motivada por la voluntad de exportar la expresividad por parte de los interlocutores. Se centra prioritariamente en el contenido

Construcción textual:
De tipo dialogal

Elemento mínimo de dicha construcción textual:
El intercambio dialogal, constituido por dos intervenciones sucesivas (pero no inmediatas) de diferentes interlocutores. Los intercambios están vinculados por una relación de pertinencia (intercambio - secuencia - interacción). Un único locutor puede hacer varias intervenciones para completar un enunciado.

Características del discurso:
Dinámico; sin planificar; adopta la forma 'pregunta / respuesta'; posibilidad de expresiones de inicio o de cierre; el mensaje del coenunicador aparece en pantalla; el nombre del emisor aparece en la parte superior de la pantalla en caso de que figure en la lista de contactos (si no figura, aparece el número de teléfono del emisor). Los mensajes recibidos se sitúan a la izquierda de la pantalla en un fondo gris mientras que los mensajes enviados se sitúan a la derecha de esta en un fondo de color verde.

Otros parámetros:
Visualización del estatus textual y multimedia del (o de los) contacto(s); posibilidad de adjuntar archivos; la hora y la fecha de la conversación aparecen en la pantalla; el programa solo permite publicar una sola conversación en la pantalla. Posibilidad de copiar, transferir o incluso borrar el mensaje.

Fig. 7.4: *Elementos paratextuales que determinan la conversación guasap* (Cuenca, 2017: *209)*

Habida cuenta de las funcionalidades y de las características discursivas que acabamos de presentar, podemos afirmar que WhatsApp no solo es una aplicación gratuita de mensajería instantánea entre personas que ya se conocen, sino que, además, es una verdadera red social virtual[18].

Para ilustrar la importancia de la aplicación WhatsApp en el ámbito de la negociación vitivinícola franco-española, nos apoyaremos en un corpus de 92 conversaciones guasap auténticas mantenidas entre un vinotequero[19] sumiller

18 En trabajos anteriores expusimos las razones por las que WhatsApp es una red social virtual (*op. cit.* pp. 167–171, 182–185).

19 En el presente artículo utilizaremos el neologismo vinotequero para hacer referencia a la persona que trabaja en una vinoteca. Ibáñez Rodríguez (2014: 202) ya evocó este matiz terminológico al señalar que el concepto denotado por el término francés *cave* ha evolucionado con el tiempo y no encuentra en el término bodega su equivalente español. La *cave* ya no es el lugar en el que se elabora vino, sino que, en la actualidad, es un lugar en el que se puede hacer turismo y donde se ofrecen servicios de hostelería, incluso es un lugar donde se puede aprender a cómo catar vino o cuáles eran los procesos de elaboración del vino en la antigüedad. El término vinoteca hace referencia justamente al lugar en el que, además de exponerse y venderse vinos, se suelen llevar a cabo acciones encaminadas a la promoción de la cultura del vino. Por ello, frente a los términos bodega y bodeguero, consideramos que los neologismos vinoteca y vinotequero traducen de forma mucha más fidedigna en español peninsular los conceptos denotados por los términos franceses *cave* y *caviste* respectivamente. En otro orden de cosas, tal como señala la FundéuRAE, la forma derivada vinacoteca (resultante de

especializado en el vino natural que está afincado en Francia y tres de sus proveedores españoles, todos ellos vitivinicultores dedicados al vino natural, ecológico y biodinámico.

Como ya señaláramos en trabajos precedentes (Cuenca, 2019), las conversaciones guasap de nuestro corpus se caracterizan por tener lugar entre dos personas exclusivamente –por un lado, el vinotequero asentado en Francia y, por otro, uno de sus tres proveedores españoles–. En el presente artículo nos centraremos en las manifestaciones de la construcción de la relación de confianza interpersonal e intercultural.

El análisis del corpus permite evidenciar las manifestaciones de la infomediación, de la interoperabilidad funcional y semántica así como de la comunicación multimodal. Se pudo constatar que la creación de redes de contactos profesionales (o *networking*) a través de WhatsApp es directamente proporcional al nivel de confianza interpersonal existente entre el vinotequero y cada uno de los tres proveedores españoles. Asimismo, el número de conversaciones guasap sobre procedimientos administrativos o pedidos de vino depende de la solidez y de la estabilidad de la relación de confianza interpersonal entre los actores implicados. Cabe destacar que la petición de asesoramiento profesional en las conversaciones guasap está directamente relacionada con la fuerza y la estabilidad de la relación de confianza interpersonal existente entre el vinotequero galo y cada uno de sus tres proveedores españoles: cuanto mayor sea el nivel de confianza interpersonal entre estos, mayor será el flujo de asesoramiento profesional de los vitivinicultores españoles con respecto a las dudas del vinotequero asentado en Francia. Por ende, constatamos que, pese al nivel de confianza interpersonal existente entre los interlocutores implicados, todos utilizan la aplicación WhatsApp con fines exclusivamente profesionales.

En este contexto laboral, la interoperabilidad funcional de la aplicación WhatsApp interviene y facilita el trabajo de los agentes sociales implicados, constatándose que la interoperabilidad aumenta en función del nivel de confianza existente entre el vinotequero y cada uno de los tres vitivinicultores españoles: a mayor nivel de confianza, habrá mayor explotación de las posibilidades técnicas de la aplicación. En cuanto a la interoperabilidad semántica, esta resulta de gran ayuda en los procedimientos administrativos para la comprensión y el buen funcionamiento de los sistemas, lo que repercute de forma significativa en el nivel de confianza intercultural existente entre los interlocutores. Por ende, el hecho de que exista o no interoperabilidad semántica entre los sistemas es revelador

un proceso analógico sobre el término pinacoteca) no es adecuada (https://www.fundeu.es/consulta/vinacoteca-o-vinoteca-8827/).

del tipo de actividad profesional realizada por los interlocutores (*e. g.* gestión de los EMCS[20] intracomunitario) y, por lo tanto, de la estabilización de la relación comercial entre ambos.

Con respecto al carácter multimodal de la comunicación, constatamos que el correo electrónico es un recurso complementario en las interacciones profesionales que tienen lugar en la aplicación. Las referencias a envío o recepción de correos electrónicos en las conversaciones guasap analizadas dependen de los hábitos de trabajo de cada binomio, aspecto que interpretamos como una especie de familiaridad organizacional entre socios comerciales que ya se conocen. Asimismo, las llamadas telefónicas entre el vinotequero y cada uno de sus proveedores españoles son un recurso complementario en las interacciones comerciales que tienen lugar en WhatsApp. El uso de las llamadas telefónicas refleja el flujo comercial entre los interlocutores implicados y aumentan según el nivel de confianza interpersonal existente entre ambos, lo que es sintomático de la importancia capital de la oralidad en la negociación. En este orden de cosas, cabe señalar que los viajes de negocios del vinotequero a España para conocer en persona a sus socios comerciales y/o reunirse con ellos (o viceversa) es un parámetro esencial para el inicio, la continuidad y la consolidación de su relación profesional, lo que implicará un refuerzo de la confianza interpersonal entre estos, haciéndose cada vez más sólida y estable. Todos estos aspectos (la infomediación, la interoperabilidad y la comunicación multimodal) son reveladores del proceso de creación de confianza intercultural.

Adentrándonos en el ámbito de las prácticas discursivas profesionales, el análisis del corpus permite evidenciar también las manifestaciones de la complicidad, de la familiaridad y de la intimidad compartida, así como las manifestaciones de los principios de simetría, reciprocidad y sinceridad –inherentes

20 El EMCS (*Eurosystem Collateral Management System*) es un sistema informatizado creado por la Unión Europea para controlar los movimientos (envíos y recepciones) entre los Estados miembros de los productos objeto de impuestos especiales de fabricación (alcohol y bebidas alcohólicas, tabaco e hidrocarburos) en régimen suspensivo. Desde el 1 de enero de 2011, es el medio para declarar dichos movimientos en régimen suspensivo y posibilita, mediante la interconexión entre las administraciones fiscales de los Estados, y la comunicación de cada uno con sus respectivos operadores registrados, que la información llegue y sea accesible y gestionable para todos los implicados en cada movimiento. Al ser admitido, cada declaración de movimiento se registrará en el sistema asignándole un número de referencia ARC (*Administrative Reference Code*) que lo identificará. Información obtenida de la página web https://www.emcs.es/

a la construcción de la relación de confianza interpersonal–, en la medida en que todos ellos son inexorables para la creación de confianza interpersonal e intercultural. Nos centraremos aquí en las manifestaciones de la familiaridad intercultural, dado que nos permiten poner de realce la naturaleza de relación profesional entre los interlocutores/interactantes implicados.

Como acabamos de ver supra, Vittar (2011) explica que la familiaridad intercultural es un capital de conocimiento (o capital cultural en el sentido bourdiano) heredado por el individuo de la historia colectiva del sistema cultural dominante en el que se encuentre inmerso. En nuestro estudio, el sistema cultural dominante de los interlocutores/interactantes es el ámbito profesional vitivinícola español, tres parámetros que operan como si estuviéramos ante tres vasos comunicantes interdependientes (*i. e.* la cultura española, el sector vitivinícola, el contexto comercial). Cuando existe un espacio de familiaridad intercultural entre los interlocutores/interactantes hablamos de convergencia, mientras que cuando dicho espacio no existe hablamos de divergencia.

Las conversaciones guasap analizadas ponen de relieve tres aspectos temáticos recurrentes en la familiaridad intercultural: aspectos socioculturales, aspectos profesionales y cultura organizacional. Cada uno de estos parámetros plantea los siguientes subtemas:

- Aspectos socioculturales. Comidas; marcas comerciales de vino; estereotipos nacionales españoles y franceses; series televisivas; la cuestión del género e identidad sexual, y fiestas y efemérides.
- Aspectos profesionales. Rituales vitivinícolas; remedios contra las plagas; valores compartidos (filosofía vitivinícola); características técnicas de los vinos, y ferias internacionales.
- Cultura organizacional. Gestión de pagos y de pedidos; trámites administrativos; conciliación de la vida familiar y profesional; prácticas profesionales vitivinícolas, y micromecenazgo.

4. Conclusiones

El análisis de las conversaciones guasap nos ha permitido constatar que cuanto mayor es el flujo comercial entre los interlocutores/interactantes, mayor nivel de confianza interpersonal se irá generando entre ellos. Además, como ya anotáramos supra, cuanto mayor sea el nivel de confianza interpersonal entre el vinotequero y cada uno de sus tres proveedores españoles, mayor será el flujo de asesoramiento profesional por parte de los vitivinicultores españoles al vinotequero asentado en Francia.

Nuestro estudio nos ha permitido constatar que dicho asesoramiento tiene por objeto las características del vino natural producido (*e. g.* cepas; origen, color y tipos de vino; procesos de vinificación), los remedios eficaces contra la filoxera, o el maridaje de los vinos con otros productos idiosincrásicos, como son el jamón ibérico y el queso. El discurso de experto a experto –o de experto a semilego, como pueda ser el caso concreto que ocurre entre un enólogo y un vinotequero sumiller– se caracteriza por la precisión del mensaje en la integración del léxico de especialidad y por la voluntad de generar conocimiento por parte del enólogo. La comprensión de la lengua de especialidad por ambas partes se hace evidente en este contexto preciso, caracterizado por la presencia de un lenguaje mucho más formal, con lo que la lengua coloquial pasará a un segundo plano. Cuando se trata de aportar precisiones consideradas como importantes, el enólogo dará muestras de su saber hacer y se situará como experto de su ámbito profesional. El testimonio de su competencia profesional vendrá caracterizado por enunciados más largos en sus intervenciones, con un lenguaje expeditivo, conciso y con pocas elipsis –resultado de una economía del lenguaje– para favorecer una mayor comprensión del mensaje por parte de su interlocutor, todo ello en un registro menos coloquial en el que el léxico de especialidad asume un papel de especial relevancia.

A su vez, constatamos que cuanto mayor sea el flujo comercial entre cada binomio, mayor será el número de consultas profesionales por parte del vinotequero al enólogo español, reforzándose, con ello, la relación diádica que se establece entre experto y semilego. Asimismo se irá incrementando el número de divergencias en el ámbito de la cultura organizacional, sobre todo en lo referido a la gestión de pagos y pedidos, y a los trámites administrativos intracomunitarios, lo que pone en evidencia el desajuste existente en la internacionalización de la economía española con respecto a la francesa en este sector profesional.

Dentro del sector vitivinícola, el ámbito del vino biodinámico y del vino natural es muy especializado, con capacidad limitada y, por ello, marginal. Así pues, la creación de redes sociales virtuales con los actores implicados se convierte en un factor clave de supervivencia y desarrollo, especialmente para los pequeños vitivinicultores cuya movilidad geográfica se ve bastante mermada. Como acabamos de exponer en el presente artículo, la aplicación WhatsApp, en el contexto profesional vitivinícola, permite reducir la complejidad social y, por ende, la incertidumbre provocada por la mundialización de las culturas, por la globalización de los mercados y por el avance de la tecnología, por lo que se convierte en un verdadero acelerador del intercambio intercultural y en un catalizador de la confianza interpersonal e intercultural, puestos de manifiesto en las prácticas discursivas profesionales.

Referencias bibliográficas

Alcántara Plá, Manuel (2014): «Las unidades discursivas en los mensajes instantáneos de wasap», in *Estudios de lingüística del español*, 35/1, 214–233.

Alonso Pérez, Matilde, Elies Furio Blasco y Christel Birabent Camarasa (2014): *La dimension économique de l'espagnol* [consulta en línea: http://studylibfr.com/doc/6010638/ma-ef-cb; 30/08/2021].

Brémond, Joël (2016): «Rioja, une marque territoriale d'excellence», *El español: retos y oportunidades económicas y formativas en un contexto global*, Oviedo, Septem Ediciones S.L., 57–78.

Briz Gómez Antonio (2014): «Hablar electrónicamente por escrito», *Chimera, Romance Corpora and Linguistic Studies* 1, 77–89 [consulta en línea: https://revistas.uam.es/index.php/chimera/article/view/255; 30/08/2021].

Calsamiglia, Helena y Amparo Tusón (1999): *Las cosas del decir: Manual de análisis del discurso*. Barcelona, Ariel.

Cassany i Comas, Daniel (2013): «Leer en tiempos de Internet», *Peonza, Revista de literatura infantil y juvenil*, Santander, 35–41.

Castells, Manuel (1996): *La era de la información: economía, sociedad y cultura*. Madrid, Alianza Editorial, S.A.

Cuenca Montesino, José María (2019): «L'application WhatsApp dans la communication professionnelle: un catalyseur de la confiance interculturelle», F. Rossette y M. Pujol Berché (eds.) *Langues et pratiques du discours en situation professionnelle*, Limoges, Lambert-Lucas, 131–162.

Cuenca Montesino, José María (2017): *L'application WhatsApp dans la négociation franco-espagnole: un catalyseur de la confiance interculturelle*, Paris, Linguistique, Université de Nanterre – Paris X [consulta en línea: https://hal.archives-ouvertes.fr/tel-01803060/; 30/08/2021].

Degoulet, Patrice, Marius Fieschi y Christophe Attali (1997): «Les enjeux de l'intéropérabilité sémantique dans les systèmes d'information de santé», en F. Kohler, M. Brémond y D. Mayeux (éds.) *Informatique et Gestion Médicalisée*, 9, Paris, 203–212, Springer-Verlag, [consulta en línea: http://cybertim.timone.univ-mrs.fr/recherche/doc-recherche/informatique/publication.2006-03-06.6363902293/publication_file; 30/08/2021].

Dupont, Christophe (1994): *La négociation. Conduite, théorie, applications*. París, Éditions Dalloz.

Fukuyama, Francis (1995): *Trust, the social virtues and the creation of prosperity*. Nueva York, Free Press.

Gambetta, Diego (1988): *Can we trust, in Trust: making and breaking cooperative relations.* Oxford, Basic Blackwell, 213–237 [consulta en línea: http://citeseerx.ist.psu.edu/viewdoc/download?doi=10.1.1.24.5695&rep=rep1&type=pdf; 30/08/2021].

Ibáñez Rodríguez, Miguel (2014): «Le domaine vitivinicole en France et en Espagne: similitudes et variabilité conceptuelles», en *Meta*, 59 (1), Les Presses de l'Université de Montréal, 198–211 [consulta en línea: https://www.erudit.org/fr/revues/meta/2014-v59-n1-meta01506/1026477ar/; 22/08/2022].

Le Roy, Etienne y Carole Younes (2002): *Médiation et diversité culturelle:Pour quelle société?* (Collection Homme et Société, Sciences économiques et politiques). París, Éditions Karthala.

López Quero, Salvador (2013): «La conversación escrita en internet: caracterización pragmalingüística», *Sintagma* 25, 77–92.

López Quero, Salvador (2017): «Conversación escrita y conversación oral: análisis comparativo», en *Revista Tonos digital*, 32, Universidad de Murcia[consulta en línea: http://www.tonosdigital.com/ojs/index.php/tonos/article/view/1638; 30/08/2021].

López Serena, Araceli (2007): «La importancia de la cadena variacional en la superación de la concepción de la modalidad coloquial como registro heterogéneo», en *Revista Española de Lingüística* (RSEL), 37, 371–398.

Luhmann, Niklas (2006): *La confiance. Un mécanisme de réduction de complexité sociale* (Collection Études Sociologiques). París, Economica.

Martín Gascueña, Rosa (2016): «La conversación guasap», en *Revista Pragmática Sociocultural Soprag*, 4, (1), 108–134 [consulta en línea: https://www.degruyter.com/view/j/soprag.2016.4.issue-1/soprag-2015-0010/soprag-2015-0010.xml; 30/08/2021].

Mcluhan, Marshall (1968): *La Galaxie Gutenberg*, Montreal, HMH.

Mcluhan, Marshall y Quentin Fiore (1967): *The Medium is the Massage, An Inventory of Effects*, Nueva York, Bantam Books.

Onghena, Yolanda (2003): «¿Por qué la confianza?», en *Revista CIDOB d'afers internacionals*, 61–62, 7–16 [consulta en línea: https://www.cidob.org/es/media2/publicacions/afers/61_62/61_62onghena; 30/08/2021].

Simmel, Georg (1987): *Philosophie de l'argent*. París, PUF.

Trujillo, José y Jesús García (2004): *Negociación, comunicación y cortesía verbal*, México, Limusa.

Vaqueiro Romero, María Montserrat (2016): «La aplicación de las nuevas tecnologías a la enseñanza de la lengua española», en *Facultade de Filoloxía e*

Tradución, Universidade de Vigo, [consulta en línea: http://www.investigo.biblioteca.uvigo.es/xmlui/bitstream/handle/11093/575/La_aplicación_de_las_nuevas_tecnologías.pdf?sequence=1; 30/08/2021].

Vela Delfa, Cristina y Lucía Cantamutto (2019): *Los emojis en la interacción digital escrita*. Cuadernos de Lengua Española, 144. Madrid, Arco/Libros-La Muralla, S. L.

Vittar, Carlos (2011): «El estudio de la confianza intercultural en el marco de la globalización: de la incapacidad teórico-metodológica a un modelo explicativo alternativo», en *Formas-Otras: saber, nombrar, narrar, hacer*, Barcelona, CIDOB edicions, 191–202 [consulta en línea:https://www.cidob.org/en/media2/publicacions/monografias/iv_training_seminar/vittar; 30/08/2021].

Yus Ramos, Francisco (2010): *Ciberpragmática 2.0. Nuevos usos del lenguaje en Internet*. Barcelona, Ariel.

María Pascual Cabrerizo

Caracterización de la guía enoturística en español y en inglés

Resumen: Después de dilucidar, desde un punto de vista teórico, el lugar que ocupa la guía enoturística como género, suprágenero y subgénero en los ámbitos turístico y vitivinícola, el capítulo pasa a describir esta guía a partir de un corpus *ad hoc* de muestras en español y en inglés. Para el análisis se cumplimentó una ficha descriptiva de cada muestra y se utilizaron programas de análisis de texto y clasificación semántica (Tropes) y de búsqueda de concordancias (AntConc). La descripción del género se centra en aspectos pragmáticos (función, emisor, receptor y tenor), macrotextuales (contenido y diseño) y microtextuales (morfosintaxis y léxico).

Palabras clave: Enoturismo. Guía. Género. Pragmática. Aspectos macrotextuales. Aspectos microtextuales.

Abstract: After elucidating, from a theoretical point of view, the place of the wine tourism guide as a genre, supragenre and subgenre in the fields of tourism and wine, the chapter goes on to describe this guide based on an *ad hoc* corpus of samples in Spanish and English. For the analysis, a descriptive sheet was filled in for each sample and text analysis and semantic classification software (Tropes) and concordance search software (AntConc) were used. The description of the genre focuses on pragmatic (function, sender, receiver and tenor), macrotextual (content and design) and microtextual (morphosyntax and lexis) aspects.

Keywords: Wine tourism. Guide. Genre. Pragmatics. Macro-textual aspects. Micro-textual aspects.

0. Introducción

El enoturismo, o turismo del vino, es una actividad poliédrica, con varios puntos de contacto con otros tipos de turismo, como son el rural, el ecoturismo, el agroturismo y el turismo cultural. El antropólogo Luis Vicente Elías Pastor lo define como

> […] los viajes y estancias dirigidas al conocimiento de los paisajes, las labores y los espacios de la elaboración del vino, y a las actividades que acrecientan su conocimiento y adquisición y pueden generar desarrollo en las diversas zonas vitivinícolas. (Elías Pastor, 2006: 64)

Estas actividades incluyen visitas a bodegas y viñedos, identificación de variedades, catas y compras de vino (Wiesenthal, 2001), entre otras, y pueden ser el único objeto de una excursión o complementar otras actividades en un viaje o estancia más largos.

En la actualidad, el enoturismo está todavía en fase de maduración como producto turístico reconocido como tal, pero no es un concepto tan nuevo como podría parecer. Gracias a diarios y cuadernos de viaje, hay constancia de visitas a viñedos como parte de viajes organizados desde los tiempos del *Grand Tour*, aunque se cree que ya en la Antigüedad, en Grecia y Roma, los viajeros y comerciantes de vino se movían con sus propias copas de cata (Vandyke Price, 1985). En España, los archivos de grandes bodegas recogen, desde hace ya dos siglos, las visitas de profesionales del sector vitivinícola, pero también de distintas personalidades, incluidos monarcas, nobles y altos cargos eclesiásticos (Elías Pastor, 2006). Por ejemplo, el «periódico monárquico» *La Esperanza* informaba en su edición del 19 de octubre de 1863 de la visita de Eugenia de Montijo, última emperatriz de Francia, a las bodegas Garvey de Jerez cuatro días antes. Al parecer, la esposa de Napoleón III disfrutaba con este tipo de actividades cuando viajaba a nuestro país y hay también documentadas varias visitas suyas a las bodegas Alvear.

Parece claro que estos antecedentes enoturísticos tenían un carácter bastante elitista, pero una serie de acontecimientos contribuyó a la popularización de la actividad a partir de la segunda mitad del siglo XIX. Por una parte, la revolución del transporte con el ferrocarril y el crecimiento de una clase media más pudiente, que deseaba emular el estilo de vida refinado de la aristocracia (Hall, 1996), favorecieron los viajes con intereses específicos, como el vino, como eje. Por otro lado, las grandes exposiciones internacionales supusieron un impulso para la industria vitivinícola, con eventos como la creación de la *Classification officielle des vins de Bordeaux de 1855* por orden de Napoleón III para la Exposición Mundial de París, que dio por primera vez a las regiones productoras identidad de destino (Hall *et al.* 2002), o la concesión de medallas a vinos distinguidos, que motivó a determinados grupos a visitar no solo las exposiciones, sino también las bodegas donde se elaboraban los caldos galardonados (Elías Pastor, 2006).

Ya en el siglo XX, el enoturismo empieza a adoptar su forma actual, cuya principal manifestación son las «rutas del vino». Estas rutas son, básicamente, circuitos que delimitan itinerarios geográficos debidamente señalizados, definidos por elementos como viñedos, bodegas y festivales, a los que se añade información sobre monumentos, paisajes y otras cuestiones que puedan ser de interés para los visitantes (Cruz-Ruiz, et al., 2020). Alemania fue pionera en la inclusión de rutas educativas en torno al vino en su industria turística con la creación de los *Weinlehrpfade* en los años veinte del siglo pasado y, desde los setenta, prácticamente todas las regiones vitivinícolas germanas cuentan con su propia *Weinstraße* (Johnson, 1986). Se trata de un modelo que, en general, lleva bastante tiempo implementado en el Viejo Mundo: las *routes des vins* francesas se remontan a la década de 1950, las casi 150 *strade del vino* italianas están reguladas por la ley estatal n.º 269 desde 1999, Portugal cuenta con su Associação das *Rotas dos Vinhos* desde 2014 y, en nuestro país, ACEVIN (con el respaldo de los Ministerios de Industria, Comercio y Turismo y de Agricultura, Pesca y Alimentación) ya ha certificado 32 rutas enoturísticas con la marca Rutas del Vino de España desde su creación, en 1994. En el Nuevo Mundo, las *wine routes* o *wine trails* han constituido un nexo entre vino y turismo desde los años noventa en Estados Unidos, Canadá, Australia, Nueva Zelanda y Sudáfrica, aunque Robert Preston-Whyte (2002: 106) sitúa la primera ruta del vino sudafricana en 1971, en la zona de Stellenbosch; por su parte, en Latinoamérica, el *Diagnóstico de Enoturismo en Chile* (+M Consultores Ltda, 2014) identificaba once rutas consolidadas en 2013, mientras que los Caminos del Vino de Argentina aglutinan actualmente 160 bodegas y 35 empresas relacionadas con el enoturismo.

Naturalmente, las rutas del vino no son la única forma de enoturismo, pero, sin duda, han desempeñado un papel importantísimo en el desarrollo del sector. Son productos complejos, que implican a muchos agentes, desde la fase de diseño hasta las de promoción y gestión. En ese contexto, se genera una gran variedad de textos, desde documentos con carácter normativo hasta formularios de contacto para clientes, pasando por correspondencia entre profesionales, textos informativos, folletos promocionales, resultados de estudios e investigaciones, etc. Esta producción textual se suma a la de otros productos enoturísticos que gestionan bodegas y otras empresas independientemente de rutas y asociaciones, y a géneros habituales en la esfera del turismo, como los portales web dedicados a la información y gestión de viajes o las guías impresas. Precisamente la guía enoturística es el objeto de estudio de este trabajo, que ofrece una caracterización del género a partir de una serie de muestras en español y en inglés.

1. Aproximación teórica al género «guía enoturística»

Antes de proceder a la caracterización de la guía enoturística, consideramos pertinente ponerla en relación con otros géneros turísticos y situarla dentro del repertorio de géneros[1] vitivinícolas, más concretamente, dentro de la familia de textos enoturísticos.

Comenzaremos esta aproximación teórica con la presentación de algunas nociones clave. En primer lugar, está el propio concepto de género. Aunque históricamente este término se ha asociado a la literatura, a partir del siglo XX se empezó a utilizar también en taxonomías y teorías sobre otras clases de textos. En estos últimos cien años, se ha teorizado mucho sobre las nociones de «género textual» y «género discursivo», a veces con ideas complementarias, otras con opiniones opuestas, pero hay una serie de elementos que se repiten con frecuencia a la hora de definirlas.

Por una parte, está el elemento sociodiscursivo: los géneros están vinculados a las esferas de la praxis humana (Bajtín, 1982), a las comunidades de hablantes (Swales, 1990), principalmente las comunidades profesionales y académicas (Bhatia, 1993), y son reconocibles para los hablantes maduros de una lengua (Trosborg, 1997). Los Estudios Retóricos del Género incluso conciben el género como acción social que conecta necesariamente texto y contexto (Miller y Devitt, 2019), como actividad y espacio comunicativo al mismo tiempo (Bazerman, 1997), un espacio que propicia la producción de un determinado tipo de información y es, a la vez, el lugar donde se muestra esa información (Bazerman, Little y Chavkin, 2003).

Después encontramos un elemento comunicativo: los géneros son eventos comunicativos que comparten propósitos comunicativos (Swales, 1990), si bien estos propósitos pueden evolucionar y cambiar (Swales, 2004), pueden ser múltiples y pueden percibirse de manera diferente por las distintas partes implicadas en la comunicación (Askehave y Swales, 2001). Para la Escuela Australiana el propósito es capital, ya que es lo que distingue el género (cultura) del registro (situación) en un modelo de contexto estratificado (Bawarshi y Reiff, 2010). Además, los géneros son actividades orientadas a objetivos que determinan los pasos, o movimientos, del despliegue estructural de los textos (Martin, 1996).

Otro rasgo característico de los géneros es la convencionalización de estructura, contenido y estilo (Swales, 1990) a través de una selección de recursos gramaticales, léxicos, fraseológicos y compositivos (Bajtín, 1982: 248), o a lo que

1 Esta noción ha sido definida y matizada por distintos autores, como Bajtín (1982), Devitt (1991) u Orlikowski y Yates (1994), por lo que creemos oportuno aclarar que aquí estamos utilizando el término como lo presentan estas últimas: «The set of genres that are routinely enacted by the members of a community» (Orlikowski y Yates, 1994: 542).

Amparo Hurtado se refiere como «características textuales convencionales, especialmente de macroestructura y de formas lingüísticas fijas» (Hurtado Albir, 1999: 247).

Sin embargo, esta convencionalización formal y pragmática no significa que los géneros sean algo fijo e invariable. De hecho, la mayoría de los investigadores también coinciden en que los géneros son algo dinámico, igual que otras partes de los sistemas sociales (Kress, 1987), una categoría que «lejos de ser estática, puede cambiar en función de diferentes parámetros culturales y socioprofesionales» (García Izquierdo, 2007: 122) y que no se presta a taxonomías rígidas porque los géneros evolucionan y dependen de la complejidad y diversidad de su sociedad (Miller, 1984).

Teniendo todo esto en cuenta, podemos afirmar que la guía enoturística, tomada aisladamente, es un género en tanto que es una clase de texto que pertenece a una esfera (la del turismo), está vinculada a la comunidad de la gestión de viajes y los viajeros, es reconocible para los hablantes del español y del inglés, tiene un propósito principal, que es orientar al enoturista, y a su vez las secuencias discursivas que la conforman tienen sus propios objetivos. Además, como veremos en el siguiente apartado, presenta una convencionalización formal y pragmática, mientras sigue evolucionando. En este sentido, la evolución más evidente es la digitalización y la guía enoturística electrónica ya forma parte de la colonia de cibergéneros.

Pero las teorías sobre los géneros no solo definen el concepto, sino que también establecen relaciones entre ellos y al reunir la guía enoturística con otros géneros nos encontramos con que hay que hacer algunas matizaciones. Los autores no terminan de ponerse de acuerdo en el establecimiento ni la nomenclatura de estas relaciones, así que se habla de muchas categorías, que además pueden ser híbridas y no son excluyentes entre sí, con lo cual se hace más complicado llegar a una clasificación clara y unívoca, pero vamos a intentar una aproximación.

El texto enoturístico está en la encrucijada de dos lenguas de especialidad, la turística y la vitivinícola, de modo que podemos vincular la guía enoturística con géneros de ambas lenguas. Para relacionar la guía enoturística con otros géneros de la lengua del turismo, vamos a partir de la clasificación propuesta por Vitoria Calvi (2010) en el marco de su proyecto Linguaturismo. La autora distingue 4 categorías y la guía turística está presente en todas ellas. En el primer nivel de su clasificación, que a su vez se basa en el modelo del grupo GENTT, están las familias de géneros, definidas por la comunidad profesional. Según la investigadora italiana, la guía turística pertenecería a la familia de géneros editoriales. Después están los macrogéneros, identificables sobre todo por el emisor, el canal y un propósito dominante, y caracterizados por la hibridación. A continuación encontramos los géneros, que tienen una autonomía funcional y formal, pero pueden encuadrarse dentro de un macrogénero. Para Calvi, la guía de turismo sería en sí un macrogénero en el que tienen cabida géneros como la guía práctica y la guía descriptiva. En el último nivel están los subgéneros, que son especificaciones temáticas, y es aquí donde encajaría la guía enoturística.

Al pasar al repertorio de géneros vitivinícolas, el cambio de esfera requiere algunos ajustes. Evidentemente, también hay géneros editoriales en este ámbito y la guía enoturística va a formar parte de ellos, pero ya no vamos a seguir las categorías de Calvi, sino que vamos a introducir aquí el supragénero de García Izquierdo y Monzó (2003), para referirnos a la guía de una forma más general. Aquí la guía enoturística sería un género que conviviría con guías de compra, guías de cata, etc. En la guía enoturística, al menos actualmente -habrá que esperar a ver cómo evoluciona-, no encontramos distinción entre guía descriptiva y práctica ni subgéneros; en todo caso sí hay secuencias descriptivas y apartados temáticos. Como sucedía con la guía turística, la enoturística también es un macrogénero en tanto que puede reunir distintos géneros como el itinerario o el glosario.

Para terminar esta ubicación de la guía enoturística en un mapa teórico de géneros, cabe señalar que, en una tipología pragmática de textos enoturísticos dentro del repertorio de géneros vitivinícolas (Pascual Cabrerizo, 2021), la guía enoturística se situaría en el grupo de textos dirigidos al consumidor, con una función principalmente informativa y un tenor experto-lego.

2. Análisis de las características de la guía enoturística

Este trabajo descriptivo se basa en el análisis de un corpus bilingüe comparable que incluye 10 guías enoturísticas editadas originalmente en español y 10 guías editadas originalmente en inglés. Aunque se trata de guías impresas, las muestras se digitalizaron para extraer el material textual a archivos de texto simple que pudieran utilizarse con el programa de concordancias AntConc y el *software* de análisis del lenguaje natural Tropes. Los siguientes apartados presentan los resultados de este análisis realizado a nivel extra- e intratextual atendiendo a diversos aspectos.

2.1. Nivel extratextual

2.1.1 . Aspectos pragmáticos

El primer aspecto pragmático que nos interesa para nuestra caracterización es la función textual. La guía enoturística es un instrumento de información muy útil para los viajeros que gustan de preparar ellos mismos sus viajes: como su propio nombre indica los guía y los orienta, mediante descripciones e información práctica. Estamos pues ante un texto con la doble función de informar y dirigir.

Los primeros indicadores de la función informativa los encontramos en la estructura de los textos, claramente separados en secciones identificadas por títulos o elementos de diseño diferenciadores, como por ejemplo, el uso de distintos colores en cornisas o en determinadas páginas para identificar apartados rápidamente.

Otro elemento de diseño que subraya la función informativa es la inclusión de fotografías y mapas que ayudan al viajero a ubicarse, así como de iconos que, como veremos al analizar los aspectos de diseño, permiten representar y entender conceptos repetidos de una manera rápida y eficaz.

Naturalmente, también hay indicadores lingüísticos de la función informativa. Destaca principalmente el predominio de oraciones enunciativas y de la conjugación en un presente de indicativo intemporal en las descripciones, si bien también abundan los pasados en la narración de acontecimientos históricos:

- A 13 kilómetros hacia el norte se encuentra Rueda, rodeada de extensos viñedos que recuerdan la importancia vinícola de la zona. (Medina *et al.*, 1999: 77)
- Behind the fieldstone façade echoing the style of the eighteenth century beats the heart of a thoroughly modern winery. The winery was patterned after both the centuries-old stone arch bridge and the mill on the property. (Aaron, 1989:141)

En cuanto a otro rasgo propio de los textos expositivos, la objetividad, cabe destacar que las guías no siempre mantienen un tono objetivo, aunque es cierto que presentan muchos datos de manera aséptica:

- Take Highway 280 to the Foothill Expressway exit. Proceed south on Foothill Boulevard (which becomes Stevens Canyon Road) approximately three miles to Monte Bello Road. Immediately after the rock quarry, turn right onto Monte Bello Road and continue for 4.4 miles to 17100. (Joseph, 2006: 239)
- La verdadera joya del templo es una cruz gótica de plata, obra de Pedro de Ribadeo a comienzos del siglo XVI. (Bolló y Cusidó, 2006: 44)

Hay también una serie de procedimientos discursivos que contribuyen a la función informativa en tanto que sirven para desarrollar el contenido. Nos referimos a mecanismos como los ejemplos, las aclaraciones, las descripciones detalladas y las definiciones, aunque estas últimas se limitan sobre todo a glosarios.

Por su parte, la función persuasiva se deja ver en la selección de información positiva e imágenes favorecedoras, los itinerarios preconfigurados y la asertividad en las valoraciones subjetivas. También el hacer partícipe al lector del viaje figurado mediante apelación directa o el uso de la primera persona del plural favorece esta función, al igual que orientar su percepción con determinadas expresiones:

- So, with these many encounters awaiting, we invite you to go forth with our guide in hand, explore, and savor realms both new and familiar. (Jackson, 2010: 3)
- Lo mejor es probar algunas de sus especialidades, como las patatas a la riojana, el bacalao, los caparrones pintos, o las carnes asadas. (Balasch Blanc y Ruiz Arranz, 2006: 157)
- So a good idea is to swirl, sniff, sip, and then use the spit bucket when you have taken sufficient notes so that you'll remember the wine. (Berger y Aspler, 2011: 13)

El otro aspecto pragmático que encontramos relevante es el grado de especialización. Teniendo en cuenta que las guías enoturísticas son productos orientados al consumo, los lectores no van a ser expertos en el tema, aunque se les debe presuponer un interés que puede ir alimentando su conocimiento. Esto significa que no se trata de textos altamente especializados, pero sí encontramos algunos rasgos de especialidad, sobre todo a nivel léxico, ya que abundan términos relacionados no solo con la vitivinicultura, sino también con la gastronomía, la arquitectura, el arte y la naturaleza. Cabe reseñar que más de la mitad de las guías analizadas incluyen apartados de carácter más divulgativo que sugieren que no se espera realmente que sus receptores sean expertos en el tema del vino.

2.1.2. Aspectos socioculturales

El interés por conocer y compartir conocimientos es casi tan antiguo como la humanidad y ha dado lugar a distintas formas documentales, como el periplo y la periégesis en la Antigua Grecia, el itinerario romano, los diarios de viaje de los aristócratas europeos (algunos convertidos en novelas), etc. Lo más parecido a nuestro concepto actual de guía turística nace con el libro *Travels in Europe between the years 1824 and 1828 adapted to the use of travellers comprising an historical account of Sicily with particular information forstrangers in that island*, de Mariana Starke (1828),en cuyas más de 600 páginas la autora no solo ofrece descripciones detalladas de distintas ciudades europeas, sino también información práctica para el viajero «moderno»[2], como precios de alojamientos, distancias,

2 Entrecomillamos la palabra porque no se refiere a un viajero actual sino al nuevo tipo de viajero de la época, que ya no viajaba con sus criados y todo el dinero que quisiera, sino solo o en familia y con un presupuesto limitado.

consejos sobre el equipaje, etc. A partir de ahí, la misma editorial británica (John Murray) empezó a publicar guías para organizar viajes cada vez más prácticas y alejadas del estilo de los diarios. Por la misma época, la editorial Baedeker empezó en Alemania una serie de publicaciones con datos de interés para viajeros en las que introdujo un sistema de puntuación con estrellas para valorar distintos puntos de interés. Ambas colecciones gozarían de gran popularidad hasta bien avanzado el siglo XX y servirían de inspiración para series más actuales, como las típicas guías Lonely Planet.

Actualmente, las guías impresas no son tan populares como en el siglo pasado, pues están siendo reemplazadas por sus versiones electrónicas, más económicas y cómodas de transportar descargadas en un pequeño dispositivo que podrías llevar de todos modos, como el omnipresente *smartphone* o un libro electrónico. Además, el nuevo perfil de turista tiende a no dejarse influir tanto por lo que dicen autores, editores o instituciones y prefiere buscar directamente en Internet información y opiniones de otros viajeros. Sin embargo, se siguen publicando guías con información actualizada y ajustadas a los intereses de viajeros que buscan algo concreto, como los enoturistas, y además disfrutan de unas ventas que permiten a las editoriales perpetuar el género. Tal vez sea porque además de ayudarnos con los preparativos previos a los viajes y a «reencontrar el camino adecuado» (Ríos Reviejo, 2014: 67) una vez en marcha, nos permite recordar la experiencia al volver a casa como cualquier otro suvenir.

Además de orientar al viajero, las guías también tienen un papel importante en un sector tan segmentado como es el turístico, ya que ayudan a fomentar tipos de turismo específicos. En el caso que nos ocupa, la aparición de guías enoturísticas sirvió para poner en el mapa a muchas bodegas hasta entonces desconocidas para el gran público y que empiezan a recibir visitas a partir de ahí (Elías Pastor, 2006). Además, de ser del agrado de los aficionados al vino, estas guías suponen un aliciente para los turistas generales porque les permite incorporar la cultura del vino a sus viajes de una forma sencilla.

2.1.3. *Aspectos comunicativos*

Como ocurre cada vez con más frecuencia en distintos géneros, la figura del emisor de la guía enoturística aglutina dos elementos: el responsable del texto (la editorial) y el autor material (que puede ser un autor reconocible o uno o varios redactores). La editorial aporta los medios para la producción del texto y también influye en su forma a través de sus convenciones generales, especificaciones para una serie concreta o incluso una línea editorial más o menos definida. Sin salirse de las pautas marcadas por la editorial, el autor aporta su conocimiento (o habilidad para documentarse) sobre los destinos descritos y su estilo para redactar con una finalidad principalmente informativa pero de una forma sugerente o evocadora.

Indagando en estos dos perfiles, observamos en cuanto a las editoriales que se trata de sellos especializados en guías de viaje o que al menos cuentan con una línea o marca dedicada al tema. En lo referente a los autores, cabe destacar que en casi todas las muestras en español, los autores (que suelen ser varios por guía) figuran en páginas de créditos interiores mientras que en inglés hay por lo general uno por guía y aparece en la portada.

Centrémonos ahora en el otro extremo del esquema comunicativo. El receptor de la guía enoturística va a ser, en principio, un viajero general que está desarrollando un interés por la cultura del vino o un aficionado a esta cultura que decide desplazarse al lugar de origen de un vino para ampliar su conocimiento sobre el mismo y descubrir el arte, los paisajes y las tradiciones de la zona. Puede haber otros receptores, como redactores que necesitan documentar un artículo o una entrada de un blog, por ejemplo, o investigadores del enoturismo o su lenguaje como es nuestro caso, pero nos centraremos en los dos primeros perfiles, ya que son los más habituales y a quienes en realidad dirige el emisor su trabajo.

El enoturismo es una actividad que cada vez se va introduciendo más en viajes organizados, pero que todavía se suele realizar mucho más de una forma autónoma. El enoturista elige un destino y, con su propio vehículo por lo general, se desplaza hasta allí y se mueve por la zona si desea visitar varios puntos de interés. Aunque este tipo de viajes pueden ser excursiones de un solo día, empieza a ser habitual extenderlos aprovechando un fin de semana o puente, como ocurre con el turismo rural. Así pues, la información que recogen las guías debe dar respuesta a preguntas como «¿Cómo llegar?», «¿Qué ver?», «¿Dónde dormir?» y «¿Dónde comer?». Para cubrir esta necesidad informativa, el enoturista puede consultar varias guías y otras fuentes y, como lo hace con el objetivo de comparar y completar datos, su acercamiento a la guía va a ser con cierto espíritu crítico: si no encuentra fácilmente lo que está buscando puede desechar rápidamente una guía y pasar a la siguiente en la estantería de la librería o biblioteca. Satisfacer las expectativas del receptor es crucial para el emisor, que debe ofrecer un texto útil para la preparación de ese viaje en concreto, pero también mantener el interés del lector y causarle una buena impresión para «fidelizarlo» y que en su próximo viaje, sea adonde sea, vuelva a elegir sus guías.

En las muestras analizadas, la información se presenta orientada a un público perteneciente a la misma cultura que el emisor y el destino descrito, y se incluyen referencias culturales que podrían ser difíciles de entender para un lector extranjero, por lo que podemos concluir que estas guías van dirigidas a un público autóctono más que internacional. Ese «localismo» también se ve en el material cubierto: ninguna de las guías españolas analizadas describe destinos internacionales y únicamente dos de las guías en inglés lo hace, lo cual nos lleva a suponer que ese receptor podría tener un horizonte más amplio.

En cuanto al tenor, se observa que el estilo erudito e impersonal tradicional de las guías turísticas se mantiene en algunas muestras, aunque otras optan por un estilo más sencillo y cercano. En español sigue predominando la impersonalidad, sobre todo en oraciones con «se» y verbos en tercera persona, y se mantiene un lenguaje culto. En inglés, en cambio, se observa un estilo bastante más informal, que a veces raya en lo coloquial, y un lenguaje más sencillo, aunque encontramos también muestras de un nivel de lengua culto.

La relación entre los interlocutores sería asimétrica, ya que partimos de la base de que el receptor consulta la guía para enterarse de algo que desconoce y el emisor es un experto en el tema, pero hay cierta simetría en la forma en tanto que el emisor espera del receptor que comprenda la mayor parte de los términos y referencias culturales que no explica.

2.2. Nivel intratextual

2.2.1. Aspectos macrotextuales

Las guías no están pensadas para leerse sino para consultarse (Ríos Reviejo, 2014) por lo que el acceso a informaciones concretas debe ser fácil y rápido y esto va a marcar tanto la organización como el diseño de la guía enoturística, que son los aspectos macrotextuales que vamos a examinar aquí.

Empezando por el contenido, la guía enoturística presenta una macroestructura muy similar en inglés y en español, que comprende los siguientes bloques.

- Cubiertas: Constan de tres minibloques, a saber, portada, lomo y contraportada. La portada se compone de unidades de contenido que difieren entre guías y son combinables. En las españolas, encontramos a partes iguales la unidad «título» y una combinación entre las unidades «título» y «editorial». Solo una de las muestras en inglés presenta únicamente el título en la portada, las demás incluyen distintas combinaciones de las unidades «título», «autor» y «editorial». En el lomo se repiten básicamente las mismas unidades, aunque a veces en distintas combinaciones. El contenido de la contraportada es variable: por lo general destaca algo del interior, en inglés hay un pequeño apartado sobre el autor, en dos casos se ha dejado en blanco en español y una muestra en inglés recoge críticas del libro.

- Página legal: Aquí figuran los créditos, detalles de la edición, prohibición de reproducción y avisos sobre derechos.
- Índice: En la mayoría de los casos aparece al principio. Dependiendo de la guía, puede ser más breve, incluyendo solo los apartados principales, o más extenso, detallando subapartados. El orden en el que se presenta la información es el orden de aparición en el libro y este orden puede depender de criterios temáticos, alfabéticos o de relevancia para el autor.
- Introducción: El 90 % de las muestras incluye una sección que justifica la elaboración de la guía, presenta la zona cubierta, introduce algunas nociones vitivinícolas y ofrece unos primeros consejos sobre el enoturismo. Con más frecuencia en inglés que en español, la introducción también incluye información sobre el uso de la propia guía.
- El vino y su elaboración: La profundidad de las explicaciones varía entre guías, pero siempre aparecen descripciones de vinos y/o uvas y en numerosas ocasiones alusiones a las fases de elaboración y cata. El 80 % de las guías en inglés incluye además un glosario con términos vitivinícolas, al igual que la mitad de las muestras españolas.
- Descripción de rutas y destinos enoturísticos: Estos apartados, centrados en rutas o regiones vitivinícolas, contienen bloques descriptivos y elementos prácticos.

Generalmente, los bloques similares, como los que describen rutas y destinos, aparecen organizados alfabéticamente, lo cual facilita el uso de la guía. En cambio, dentro de los apartados, la progresión temática tiende a darse en una secuencia concreta que sigue un itinerario imaginario y obliga al receptor a ir leyendo toda la descripción para llegar al dato que le interesa, así que es habitual encontrar la información práctica separada de la descriptiva por medio de elementos de diseño.

En cuanto al diseño, el primer hecho destacable es la preferencia por la tapa blanda en la encuadernación, ya que facilita el manejo del libro y aligera su peso, aunque hay variedad en el tamaño: desde el típico formato de bolsillo hasta guías bastante voluminosas. Otro elemento común a todas las guías es la composición de la portada, con una o varias fotografías (por lo general de bodegas y viñedos) y el título en una fuente considerablemente más grande que las demás unidades textuales presentes en ese bloque, colocado en más de un 75 % de las muestras en el tercio superior de la portada en ambas lenguas.

Una vez abierta la guía, volvemos a encontrar en las muestras en ambos idiomas características tipográficas similares, pero con algunas diferencias. Por ejemplo, en ambos casos la mayor parte de la impresión es en negro sobre blanco para favorecer la legibilidad, se utilizan familias de fuentes diferentes para títulos y cuerpo de texto, lo que contribuye a la separación visual de apartados y subapartados, y predomina la redonda, por lo que el uso de cursivas y negritas queda para destacar palabras o nombres propios. Sin embargo, mientras que en la mayoría de las guías en inglés se ha optado por fuentes Sans Serif en el cuerpo de texto y Serif en los títulos, en las guías españolas sucede lo contrario: predominan las fuentes Serif (típico en textos impresos porque las serifas guían el ojo) y se reservan las Sans Serif a títulos o secciones destacadas solo en la mitad de las muestras. Otra diferencia es el color de las fuentes: en inglés predomina el negro tanto en el cuerpo de texto como en los títulos, mientras que en español el cuerpo de texto es negro pero hay variedad de colores en los títulos, con cierta preferencia por el color «vino». Como decíamos, el color de fondo es predominantemente blanco, aunque se utilizan fondos de color para destacar algunas secciones, sobre todo con tonos amarillos y azulados.

Otro elemento de diseño muy importante en la guía enoturística son las imágenes, que podemos agrupar en tres categorías: mapas, fotografías e iconos[3]. Los mapas pueden ser más o menos esquemáticos, dependiendo de la muestra, y contribuyen a la función informativa del texto. Aunque el GPS y las aplicaciones de navegación hacen que estos mapas ya no resulten tan necesarios o prácticos para llegar a un punto determinado, aquí siguen siendo relevantes para representar la ruta propuesta.

Las fotografías, por su parte, obedecen a una doble función. Por un lado desempeñan una función informativa en tanto que pueden ilustrar conceptos y situaciones con una gran carga cultural que sean difíciles de imaginar para un lector sin determinados conocimientos. Por otro, tienen una función persuasiva porque idealizan el referente (cielos azules, noches claras, turistas jóvenes haciendo diferentes actividades, gastronomía con todo limpio y bien presentado). Cabe destacar que las muestras en español incluyen muchas más fotografías que las muestras en inglés, casi el doble, de hecho. La variedad temática en el texto tiene su reflejo en las imágenes. Así, encontramos fotografías que muestran hoteles y restaurantes, viñedos, bodegas, paisajes, edificios emblemáticos

3 En algunas muestras en español aparecen unas cuantas ilustraciones decorativas y una guía en particular ofrece una lámina explicativa, pero estos tipos de imagen no llegan a tener la relevancia de las tres categorías citadas.

y monumentos, enoturistas o trabajadores realizando actividades vitivinícolas, personas bebiendo o sujetando copas, uvas, objetos varios relacionados con la elaboración y el consumo de vino y alimentos. Normalmente, las fotografías aparecen acompañadas de un pie de figura (en una fuente distinta al cuerpo de texto) que permite identificar lo captado en la imagen.

Por último, los iconos no son tan habituales como en otros géneros enoturísticos porque en las guías hay espacio suficiente para usar palabras y desarrollar más las ideas, pero encontramos varios, sobre todo en los mapas y en los apartados que se corresponderían con el género «guía práctica». La mayoría de estos iconos son pictogramas más o menos universales (por ejemplo, un auricular de teléfono o un teléfono esquemático antes de un número de contacto, un cuchillo y un tenedor indicando un restaurante, una cama señalando un lugar donde se puede dormir) que también encontramos en los textos turísticos más generales. También hay iconos no universales pero reconocibles, por ejemplo, un osito de peluche sugiere el mundo infantil y es fácil para el lector deducir que el lugar o la actividad señalados son aptos para niños; del mismo modo, un hueso se interpreta fácilmente como señal de admisión de mascotas. Sin embargo, también hay iconos propios de cada guía que pueden resultar ser difíciles de interpretar sin la leyenda correspondiente, por ejemplo, encontramos en distintas muestras en lo que parece un asterisco o una flor muy esquemática dentro de un círculo que no indica nada relacionado con la nieve, como rápidamente pensaríamos si lo viéramos en un mapa del tiempo, sino que puede indicar un festival o un punto de interés en general. Naturalmente, hay iconos propios del enoturismo, pero todavía no están tan estandarizados como los primeros que hemos comentado y su interpretación puede variar entre guías. Por ejemplo, una copa puede simbolizar una bodega, un *wine bar* o una enotienda en un mapa o la posibilidad de realizar una cata, y varias copas pueden usarse en sustitución de las típicas estrellas para valorar la calidad de un producto o establecimiento. Al mismo tiempo, un mismo concepto puede estar representado por distintos iconos; por ejemplo, para bodegas hemos encontrado, además de la copa, un racimo de uvas y una barrica.

2.2.2. Aspectos microtextuales

En puntos anteriores ya hemos mencionado algunos aspectos morfosintácticos que permiten determinar la función y el estilo de la guía enoturística:

- Predominio del modo indicativo, en presente para las descripciones y en pasado en la narración de sucesos, como marca de la función informativa.

- Uso de la tercera persona en momentos en los que el emisor quiere reducir su presencia en favor de la objetividad combinado con apelaciones al lector, normalmente incluyéndolo en un «nosotros» o a través del imperativo en partes más persuasivas o para un estilo más informal y cercano.

Pero si nos adentramos un poco más en la morfosintaxis de estos textos encontraremos otras particularidades. En primer lugar, debemos señalar que la sintaxis de las guías enoturísticas es compleja: salvo en secciones muy concretas (por ejemplo, índices o listados con datos de contacto), donde predominan las estructuras sintagmáticas, la redacción es bastante elaborada y abundan las oraciones compuestas. Los nexos con los que se van enlazando estas oraciones para tejer el texto son variados, aunque hay un claro predominio de los que indican adición de ideas en ambas lenguas. En general, las estadísticas del tipo de conectores utilizados en cada lengua son bastante parejas, aunque se aprecian sutiles diferencias: las conjunciones que contrastan ideas o establecen relaciones temporales aparecen con más frecuencia en las guías escritas en inglés, mientras que las relaciones causales y la disyunción tienen una presencia ligeramente mayor en español.

En segundo lugar, cabe destacar que el marcado carácter descriptivo de las guías se manifiesta en distintas categorías gramaticales. Los adverbios y las locuciones adverbiales, sobre todo de tiempo, lugar y modo, tienen una fuerte presencia en estos textos, ya que permiten situar lo descrito en el espacio y en el tiempo, expresar orden en las etapas de una ruta y describir procesos relacionados con la elaboración del vino, entre otras cosas. Los modalizadores de intensidad también son muy abundantes y tienen una doble misión, ya que, por una parte, sirven para dotar a las descripciones de mayor precisión y, por otra, pueden contribuir a la función secundaria persuasiva de las guías. Los verbos también dan cuenta de la naturaleza descriptiva de estos. En español, los verbos factivos siguen predominando como en otros géneros enoturísticos, pero la diferencia con los estativos (60 %-40 %) no es tan grande en español y, en inglés, los estativos superan en un par de puntos decimales a los factivos. Esto se explica principalmente por la gran cantidad de oraciones atributivas registradas. Estas oraciones incluyen muchas veces adjetivos, que son la categoría gramatical descriptiva por excelencia. Tropes identificó una distribución entre adjetivos objetivos, subjetivos y numéricos bastante similar en las muestras en español y en inglés, con algo menos de la mitad de adjetivos objetivos y un porcentaje algo mayor en inglés que en español de subjetivos, que va en detrimento de los numéricos. Los adjetivos objetivos identificados por el programa son descriptivos, especificativos, de relación y de pertenencia, mientras que los subjetivos son de carácter explicativo y valorativo. Esto prueba que en la guía enoturística convive la descripción subjetiva con la objetiva, de hecho encontramos algunos sintagmas que combinan adjetivos de ambos tipos. En este sentido, cabe destacar que en inglés el orden en el que aparecen los adjetivos cuando hay varios obedece a un patrón bastante estricto en la lengua general[4]que se mantiene en las muestras analizadas, pero en español, aunque el orden es libre, se aprecia una estructura que se repite con frecuencia: adjetivo subjetivo + sustantivo + adjetivo objetivo. Por ejemplo:

- El templo [...] está precedido por una hermosa fachada renacentista. (Medina *et al.*, 2008: 751)
- El pueblo, de notable aspecto medieval, conserva... (Balasch Blanc y Ruiz Arranz, 2006: 135)

En cuanto al grado de los adjetivos, la mayoría están en grado positivo, aunque, naturalmente, también encontramos instancias en comparativo y superlativo.

Pasando ahora al otro aspecto microtextual relevante, el léxico, lo más significativo es que, dada la riqueza temática de las guías, vamos a encontrar vocabulario procedente de distintos ámbitos. Tropes nos ha permitido identificar los universos de referencia más representados y la relevancia de cada uno, clasificación que recogemos en la Tabla 8.1.

4 El orden típico, determinado más por el uso que por una institución, pero igualmente recomendado por gramáticas y guías de estilo es este: apreciación, tamaño, antigüedad, temperatura, forma/estilo, color, origen, material y propósito.

Tab. 8.1: *Universos de referencia identificados por Tropes en las guías enoturísticas en orden de representación*

	Español	**Inglés**
+ 25 %	-	Alimentación y bebidas
15–20 %	Geografía, urbanismo y ubicación	-
10–15 %	Alimentación y bebidas	Geografía, urbanismo y ubicación
5–10 %	Tiempo Pensamiento y comportamiento Sociedad	Agricultura Plantas Tiempo Norteamérica
1–5 %	Arte y cultura Plantas Construcción y vivienda Religión Ciencia y tecnología Comunicación y medios Economía y finanzas Agricultura Objetos e instrumentos Transportes Animales Sentimientos Organizaciones y empresas Medioambiente y meteorología	Europa Empresas Organizaciones y empresas Construcción y vivienda Transportes Animales Comunicación y medios Familia Entretenimiento Arte y cultura Dinero Sociedad

Debemos matizar que el programa no analiza exactamente igual los textos en unas lenguas y en otras y esto se nota, por ejemplo, en la forma de clasificar los topónimos: en inglés los continentes tienen sus propias categorías para albergar nombres de lugares, pero en español entran todos bajo el paraguas de «Geografía, urbanismo y ubicación», los cuales se suman a palabras comunes como «región», «plaza», «sierra» o «parque», cuyos equivalentes en inglés constan en la misma categoría, pero sin nombres propios. Esto explica el intercambio en las dos primeras posiciones de la clasificación, donde los vocablos relacionados con el vino y la gastronomía han llevado a la categoría «Alimentación y bebidas» a la primera posición en inglés y la segunda en español. Las divergencias en las dos versiones del *software* también se observan en categorías consideradas en español pero no en inglés: los conceptos que en español se han repartido entre «Economía y finanzas» y «Organizaciones y empresas» han computado juntos en inglés dentro de «Empresas», que, dentro de que en ningún caso tiene una representación superior al 5 %, se sitúa más arriba en la clasificación de los 20 campos principales que sus homólogos en español.

Naturalmente, también hay diferencias que no se explican por cuestiones técnicas sino culturales. La historia de España es mucho más larga que la de Estados Unidos y ha estado mucho más marcada por la religión que aquella, lo cual influye en nuestra forma de hacer turismo, en lo que nos parece digno de visitarse. Así, la categoría «Arte y cultura» tiene mayor representación en español que en inglés, donde «Religión» ni siquiera aparece. En cambio, mientras que el enoturismo es una actividad más bien adulta en España, en Estados Unidos está bastante integrada con el agroturismo y se practica en familia con mayor frecuencia que aquí, ya que las ofertas no se centran solo en el vino, sino en experiencias rurales. Esto explica por qué en la lista de vocabulario encontramos la categoría «Familia» en inglés pero no en español y por qué, aunque esto no se refleje en la tabla, las palabras de la categoría «Animales» incluyen más fauna salvaje en español y prácticamente solo animales de granja en inglés.

Si ponemos el foco en términos más especializados, observamos que la mayoría proceden de los cuatro ámbitos más recurrentes en los textos enoturísticos: vino, arquitectura, naturaleza y gastronomía. Los términos procedentes de la vitivinicultura pertenecen mayormente a los subdominios de la cata, la ampelografía y la elaboración, aunque también encontramos los que designan tipos de vino y algunos relacionados con el consumo. Como ya se ha mencionado, algunas guías incluyen explicaciones de estos términos mediante aclaraciones insertadas en el texto o en un glosario en página aparte, cosa que no ocurre con los términos de otros ámbitos. Los términos arquitectónicos son mucho más abundantes y variados en español, mientras que los relacionados con la naturaleza están más igualados. En cuanto a la gastronomía, cabe destacar que en español la mayoría de los términos se relacionan con la designación de platos típicos, mientras que en inglés se trata más bien de términos culinarios.

El ámbito turístico no aporta muchos términos técnicos a la guía enoturística, pero sí vamos a encontrar rasgos léxicos propios de la lengua del turismo. Uno de ellos es el uso de palabras alternativas a «turista» como lo que Calvi (2010: 77) denomina referencias neutras al lector. En particular, utilizando AntConc, hemos localizado dos en cada idioma, utilizadas tanto en singular como en plural: visitante/*visitor* y viajero/*travel(l)er*. Los verbos sensoriales y las palabras evocadoras de olores, sabores, sonidos, luces, texturas y colores que se emplean para hacer más vívidas las descripciones en las guías turísticas también aparecen en las enoturísticas, pero en estas encontramos además descripciones sensoriales de los vinos con el léxico propio de la cata:

- This wine's richness and texture combine to produce a lingering bouquet of apricot, honeysuckle, and exotic spices. (Baker, 2014: 43)

- Con ella se elaboran tintos y rosados de agradable acidez frutal, fino aroma y una deliciosa estructura sensual de taninos jugosos y aterciopelados. (Bolló y Cusidó, 2006: 13)

Evidentemente, al igual que en las guías turísticas generales, en las enoturísticas encontramos con frecuencia formas locativas y verbos de movimiento y de prominencia, así como figuras retóricas que contribuyen a dar a algunas secuencias un estilo casi literario. Entre estas figuras destacan el símil, la personificación, la sinestesia, la sinécdoque, la metáfora, el sentido figurado y la lítote.

3. Conclusiones

Es difícil ubicar con precisión la guía enoturística en el panorama de los géneros en español y en inglés. Como hemos visto, si la relacionamos con un repertorio de géneros turísticos, sería un subgénero de la guía turística, mientras que en relación con los géneros vitivinícolas sería un género dentro del supragénero guía. Pero independientemente del lugar que ocupe en estos sistemas, está claro que tiene unas características propias que la distinguen de otros géneros conectados en el ámbito del turismo y el del vino.

Estas características son bastante similares en los textos analizados en inglés y en español, aunque hay matices en algunas formas y puntos de vista. A modo de resumen, diríamos que la guía enoturística es plurifuncional (informa, dirige y permite evocar), está creada por autores especialistas (que siguen las especificaciones de unas editoriales) para (eno)turistas con un nivel variable de conocimiento sobre los temas tratados, por lo que la relación entre emisor y receptor sería asimétrica, y el registro es bastante neutro (aunque los textos en inglés tienen un aire más informal). En cuanto a los aspectos macrotextuales, el diseño es variado (se prefieren distintas fuentes y en español se utilizan más imágenes) pero está orientado a la legibilidad y la usabilidad del libro en ambos idiomas, las imágenes (mapas, fotos e iconos) contribuyen a las funciones informativa y persuasiva de los textos y encontramos los mismos bloques de contenido (cubiertas, legal, introducción, sobre el vino, información descriptiva y práctica de los destinos o las rutas) en todas las muestras.

Para cerrar este capítulo, nos gustaría destacar que el enoturismo es una actividad todavía bastante «doméstica» y autónoma, y eso se nota en las características de los textos producidos en este ámbito, pero sería interesante explorar la guía enoturística como «género intercultural» (Holovach, 2016). Los viajes internacionales por placer son en el siglo XXI muy habituales y los viajeros van incluyendo cada vez más en sus itinerarios en otros países actividades alternativas como el enoturismo, por lo que vamos a encontrar textos redactados en una lengua para lectores de esa cultura que versen sobre destinos pertenecientes a otras culturas. Abrimos, pues, una nueva línea de investigación basada en guías ecoturísticas en inglés sobre destinos españoles y viceversa.

Referencias bibliográficas

M Group, ltda. (2014): *Diagnóstico del Enoturismo en Chile. Año 2013.* [Consulta en línea: https://es.scribd.com/document/335804443/Diagnostico-Del-Enoturismo-en-Chile; 22/05/2021].

aaron, Jan (1989): *Wine Routes of America.* Nueva York, E. P. Dutton.

Askehave, Inger y John M. Swales (2001): «Genre identification and communicative purpose: A problem and possible solution».*Applied Linguistics*, 22, 195–212.

Bajtín, Mijaíl Mijáilovich (1982): *Estética de la creación verbal.* Buenos Aires, Siglo XXI Editores.

Baker, Christopher P. (2014): Top 10 *California Wine Country. Eyewintness Travel.* Nueva York, DK Eyewitness Travel.

Balasch Blanc Enric y Yolanda Ruiz Arranz (2006): *La Rioja. Bodegas y Vinos. Itinerarios turísticos*. Barcelona, Salvat.

Bawarshi, Anis S. y Mary Jo Reiff (2010): *Genre. An Introduction to history, theory, research, and pedagogy*. West Lafayette, Parlor Press.

Bazerman, Charles (1997): «The Life of Genre, the Life in the Classroom», en W. Bishop, y H. Ostrom, (eds.), *Genre and Writing: Issues, Arguments, Alternatives*. Portsmouth, Boynton/Cook, 19–26.

Bazerman, Charles, Joseph Little y Teri Chavkin (2003): «The Production of Information for Genred Activity Spaces». *Written Communication*, 20, 4, 455–477.

Berger, Dan y Tony Aspler (2011): *North America Wine Routes*. Nueva York, Reader's Digest Association.

Bhatia, Vijay Kumar (1993): *Analysing Genre: Language Use in Professional Settings*. Londres, Longman.

Bolló, Mercè y Judit Cusidó (2006): *Las rutas del vino: Castilla y León*. Barcelona, Ciro Ediciones, S.A.

Calvi, Maria Vittoria (2010): «Los géneros discursivos en la lengua del turismo: una propuesta de clasificación». *Ibérica*, 19, 9–32.

Cruz-Ruiz, Elena, Gorka Zamarreño-Aramendia y Elena Ruiz-Romero de la Cruz (2020): «Key Elements for the Design of a Wine Route. The Case of La Axarquía in Málaga (Spain)».*Sustainability*, 12(21), 9242. [Consulta en línea: https://doi.org/10.3390/su12219242; 22/05/2021].

Devitt, Amy (1991): «Intertextuality in Tax Accounting: Generic, Referential, and Functional», en C. Bazerman y J. Paradis (eds.), *Textual Dynamics of the Professions: Historical and Contemporary Studies of Writing in Professional Communities*. Madison, University of Wisconsin Press, 335–57.

Elías Pastor, Luis Vicente (2006): *El turismo del vino. Otra experiencia de ocio*. Bilbao, Publicaciones de la Universidad de Deusto.

García Izquierdo, Isabel (2007): «Los géneros y las lenguas de especialidad», en E. Alcaraz, J. Mateo, Y F. Yus, (eds.), *Las lenguas profesionales y académicas*. Barcelona, Ariel-IULMA, 119–125.

García Izquierdo, Isabel y Esther Monzó Nebot (2003): «Una enciclopedia para traductores. Los géneros de especialidad como herramienta privilegiada del traductor profesional», en R. Muñoz (ed.), *Actas del I Congreso Internacional de la Asociación Ibérica de Estudios de Traducción*. Granada, Universidad de Granada, 83–97.

Hall, C. Michael (1996): «Wine tourism in New Zealand», en *Proceedings of Tourism Down Under: A Tourism Research Conference*. Donedin, Universidad de Otago,109–119.

Hall, C. Michael, Gary Johnson, Brock Cambourne, Niki Macionis, Richard Mitchell y Liz Sharples (2002): «Wine tourism: an introduction», en C. Michael Hall, Liz Sharples, Brock Cambourne y Niki Macionis (eds.), *Wine tourism around the world. Development, management and markets*. Oxford, Butterworth-Heinemann, 1–23.

Holovach, Tetiana (2016): «The English travel guide as a genre of intercultural communication». *SocioBrains, 19*, 10–15.

Hurtado Albir, Amparo (dir.) (1999): *Enseñar a traducir. Metodología en la formación de traductores e intérpretes*. Madrid, Edelsa.

Jackson, Bart (2010): *Garden State Wineries Guide. The tasteful traveller's handbook to the wineries and vineyards of New Jersey*. San Francisco, Wine Appreciation Guild.

Johnson, Hugh (1986): *The Atlas of German Wines and Traveler's Guide to the Vineyards*. Nueva York, Simon & Schuster.

Joseph, Robert (2006): *Wine Travel Guide to the World*. Bath, Footprint.

Kress, Gunther (1987): «Genre in a social theory of language: a reply to John Dixon», en I. Reid (ed.), *The Place of Genre in Learning: Current Debates*. Geelong, Deakin University Press, 35–45.

López Eire, Antonio (1998): *La retórica en la publicidad*. Madrid, Arco.

Miller, Carolyn (1984): «Genre as Social Action». *Quarterly Journal of Speech*, 70, 151–167.

Miller, Carolyn y Amy J. Devitt (eds.) (2019): *Landmark Essays on Rhetorical Genre Studies*. Nueva York, Routledge.

MARTIN, James R. (1996): «Language, register and genre», en A. Burns, (ed.), *Analysing English in a global context: a reader*. Florence, Routledge, 149–166.

MEDINA, Ignacio, Manuel LÓPEZ, Pablo SCHMILOVICH, Enrique TOLEDO y José M.ª NIETO (1999): *Las rutas del vino en Castilla y León y Extremadura*. Madrid, Caja Duero en colaboración con Anaya Touring Club.

MEDINA, Ignacio, Rafael ARJONA, Juan BARBACIL, Lluis BOFIL, Iñaki GÓMEZ, Mario HERNÁNDEZ, Pascual IZQUIERDO, Xavier MARTÍNEZ, Antón POMBO, Miquel RAYÓ, Francesc RIBES y Jordi VIDAL (2008): *Guía del turismo del vino en España*. Madrid, Anaya.

ORLIKOWSKI, Wanda, y Joanne YATES (1994): «Genre Repertoire: The Structuring of Communicative Practices in Organizations», en *Administrative Science Quarterly*, 39, 4, 541–574.

PASCUAL CABRERIZO, María (2021): «El texto digital promocional en el ámbito vitivinícola», en M. Gil Ramírez, F. J. Godoy Martín y G. Padilla Castillo (eds.), *Comunicando en el siglo XXI: nuevas fórmulas*. Valencia, Tirant Lo Blanch. 407–419.

PRESTON-WHYTE, Robert (2002): «Wine routes in South Africa» en C. Michael Hall, Liz Sharples, Brock Cambourne y Niki Macionis (eds.) *Wine tourism around the world. Development, management and markets*. Oxford, Butterworth-Heinemann, 102–114.

RÍOS REVIEJO, M. T. (2014): «De mapas y guías», en C. Miguel Arroyo *et al.*, *Visite España: la memoria rescatada: [exposición simultánea en la Biblioteca Nacional de España y el Museo Nacional del Romanticismo, del 20 de febrero al 18 de mayo de 2014]*. Madrid, Biblioteca Nacional de España, 67–97.

STARKE, Mariana (1828): *Travels in Europe between the years 1824 and 1828 adapted to the use of travellers comprising an historical account of Sicily with particular information for strangers in that island*. Londres, John Murray.

SWALES, John M. (1990): *Genre analysis: English in Academic and Research Settings*. Cambridge, Cambridge University Press.

SWALES, John M. (2004): *Research genres: Explorations and applications*. Cambridge, Cambridge University Press.

TROSBORG, Anna (1997): *Text Typology and Translation*. Amsterdam, John Benjamins.

VANDYKE PRICE, Pamela (1985): *Wine. Lore, legends and traditions*. Twickenham, Hamlyn Publishing.

WIESENTHAL, Mauricio (2001): *Diccionario Salvat del vino*. Barcelona, Salvat.

Julio Fernández Portela

Texto e imágenes en folletos de las rutas del vino: la promoción de las comarcas vitivinícolas de Castilla y León

Resumen: Los folletos son un tipo de obra que reflejan información sobre alguna cuestión en concreto. En ellos se entremezcla la parte escrita, fragmentos con información relevante, y la parte visual, fotografías que muestran esta parte textual. En este trabajo se realizará un estudio sobre el papel que tienen los folletos turísticos de las rutas del vino de Castilla y León a la hora de conformar una determinada imagen sobre el paisaje de una comarca vitivinícola. El objetivo es ofrecer una panorámica global de un espacio geográfico que permita a las personas que lo vean hacerse una idea de ese lugar sin tener que salir para visitarlo mostrando todos sus atractivos: bodegas, viñedos, patrimonio histórico-artístico, naturaleza, gastronomía, etc.

Palabras clave: Folletos turísticos. Rutas del vino. Territorio. Castilla y León. Turismo. Promoción.

Abstract: Brochures are a type of work that reflects information on a specific issue. In them, the written part, fragments with relevant information, and the visual part, photographs that show this textual part, are mixed. In this work, a study will be carried out on the role that tourist brochures of the Castilla y León wine routes have in shaping a certain image on the landscape of a wine-growing region. The objective is to offer a global panorama of a geographical space that allows people who see it to get an idea of that place without having to go out to visit it, showing all its attractions: wineries, vineyards, historical-artistic heritage, nature, gastronomy, etc.

Keywords: Tourist brochures. Wine routes. Territory. Castile and Leon. Sightseeing. Promotion.

0. Introducción

La industria vitivinícola, en cuanto actividad económica, se encuentra extendida por numerosos países del mundo y, en ellos, ha experimentado importantes cambios en la forma de cultivar la vid y de elaborar el vino, lo que ha dado lugar a paisajes muy contrastados entre sí (Sommers, 2008; Elías Pastor, 2011). La producción de vino se ha mantenido más o menos estable entre el año 2000 y 2018, con periodos de retroceso frente a otros de avance. Según la Organización Internacional de la Vid y el Vino, en el año 2018, los veinte mayores países productores elaboraron un total de unos 250 millones de hectolitros (OIV, 2018). Tales cifras tienen su explicación en la importancia que mantiene el consumo del vino, creciendo en los últimos cinco años (2014–2018), en la expansión de este sector con la plantación de nuevos viñedos, en la construcción de modernas bodegas, así como por el creciente desarrollo del enoturismo como elemento clave para el desarrollo del territorio (Chaikind, 2012; Fernández Portela, 2014; Plaza Tabasco, Cañizares Ruiz, & Ruiz Pulpón, 2017, Molinero Hernando y Cascos Maraña, 2017). Esta expansión del enoturismo ha hecho necesaria la promoción de los recursos relacionados con el mundo del vino a los posibles turistas que visiten algunas de las regiones vitivinícolas existentes en el mundo. Para ello, las páginas web y las redes sociales tienen un papel significativo a la hora de mostrar y difundir los atractivos y actividades realizadas en estos espacios, y se han convertido en el principal motor publicitario de numerosos productos (Fernández Portela y Pardo Abad, 2020). Junto a estas redes sociales hay que añadir la labor de los folletos turísticos, que pueden consultarse al estilo tradicional, en papel, así como a través de la pantalla de un teléfono móvil o de una *tablet* desde cualquier parte del planeta. Una nueva forma de comunicación que permite la promoción del territorio de forma rápida y eficaz.

En estos folletos, uno de los objetivos es mostrar un determinado lugar al visitante, y para ello emplean fotografías de los paisajes donde se va a desarrollar esta actividad, que suelen ir acompañadas de pequeños fragmentos de texto que explican los atractivos de dicho territorio. Pero ¿qué es el paisaje? El paisaje no es solo la realidad física y social, sino que inciden otras variables como por ejemplo los sentimientos, las emociones, la belleza, etc. (Kessler, 2000). El estudio del paisaje manifiesta una importancia multisensorial que agrupa a los cinco sentidos. Sin embargo, es el visual el que va a adquirir el matiz más importante, puesto que, en torno al 87 % del paisaje se percibe por la vista (Escribano Bombín, 1991). Paisaje se asimila con imagen, lo que el ojo humano alcanza a ver con un golpe de vista, o lo que contempla en una fotografía, algo que es real, que existe en el espacio geográfico, pero cuya visión podrá verse modificada dependiendo de la percepción que el artista tenga sobre ese lugar determinado (Cosgrove, 1998). Los elementos existentes en el paisaje se transforman en imágenes que son percibidas por la vista, y para ello, los objetos, las líneas, las formas, los colores y la textura ofrecen una sintaxis final del espacio convirtiendo el paisaje en imágenes que generan una serie de rasgos específicos y características de un lugar. Estos, a su vez, son capaces de otorgar unos valores culturales propios a cada paisaje, una imagen cultural y una forma pictórica de reproducirlos, en definitiva, una representación simbólica del territorio, una construcción social y cultural (Cosgrove y Jackson, 1987; Minca, 2007).

En el caso de Castilla y León, la comunidad autónoma más grande de España y una de las más extensas de Europa, el papel de la actividad agraria es clave en el desarrollo socioeconómico de este territorio. Aunque el cultivo del cereal domina en la actividad agraria, la vitivinicultura, ha tenido y lo sigue teniendo, un papel relevante en el ámbito económico. Como consecuencia del interés por este producto y todo lo que lo rodea, en las últimas dos décadas, pero especialmente en los últimos diez años, se ha desarrollado una tipología turística que recibe el nombre de enoturismo (Fernández Fernández y Fernández Portela, 2019) que mueve a millones de personas en España y en los países donde el cultivo de la vid y la elaboración de vino se encuentran extendidos (Castillo Canalejo y López-Guzmán Guzmán, 2011; De Jesús Contreras, Thomé Ortiz, Medina, 2020). Un factor que ha hecho necesaria la elaboración de información, escrita y visual de estos espacios, para explicar las potencialidades, los recursos y los servicios que presentan de cara a los turistas. Recibe la forma de folleto turístico, y el objetivo es promocionar el territorio y diferenciarse del resto de espacios turísticos. El folleto turístico va a ser clave para mostrar, en poco espacio, los atractivos de un territorio frente a otro, por lo que es necesario cuidar, además de las imágenes (fotografías y mapas principalmente), el texto y el propio diseño.

En el ámbito vitivinícola, el diseño y el lenguaje son esenciales desde el origen de esta actividad. La forma en la que se presenta este tipo de información ha ido evolucionando con el paso del tiempo en función de lo que se quiera vender, así como el destinatario al que va dirigido dicho producto. Desde sus orígenes con la identificación en cartelas o en la propia botella de la variedad de uva y de la procedencia del vino, a sofisticados diseños en la actualidad. Como ejemplos, donde el lenguaje de la vid y el vino adquieren un papel significativo, se encuentran las Ordenanzas del Vino, textos jurídicos que se encargaban de regular y fiscalizar esta actividad en ciudades y pueblos para controlar la producción y la venta del vino, como por ejemplo las Ordenanzas Viejas de la ciudad de Valladolid de 1430 (Archivo Municipal de Valladolid C00011-002 IC.). También son representativos los tratados de la vid como los de Gabriel Alonso de Herrera de 1513, considerado el primer tratado en español sobre materia vitivinícola (Ibáñez Rodríguez, 2020) o los de Louis Dussieux y el *Tratado del Vino* de Jean Antoine Chaptal del año 1796 y que se encuentran en la Biblioteca de San Millán (Ibáñez Rodríguez, 2018).

La etiqueta del vino es otro elemento para tener en cuenta, una fuente que proporciona valiosa información sobre este producto que se encuentra atrapado en el interior de la botella. La identidad visual de la etiqueta con el color, la imagen, el tipo de letra, el tamaño, la forma, el material y el propio lenguaje empleado influyen a la hora de crear la marca de un producto (Boudreaux & Palmer, 2007).

Todos estos elementos adquieren un valor clave para conseguir captar la atención de un posible consumidor con un simple golpe de vista y poder destacar en un mercado en el que existe una fuerte competencia (Fernández Portela, 2020; Jung, 2020).

Finalmente, hay que remarcar cómo con la expansión de las nuevas tecnologías, la presencia en internet y en redes sociales, se han convertido en un canal de comunicación cada vez más frecuente y utilizado por la población (Sánchez Barbero, 2010; Fernández Portela y Pardo Abad, 2020). Es un escaparate para mostrar los vinos que se elaboran en cualquier parte del mundo llegando a un mercado cada vez más amplio y variado. El desarrollo web ha permitido una mayor interacción entre la bodega y el consumidor, y los usuarios han ido abandonando determinadas costumbres analógicas por otras digitales para informarse, realizar gestiones y para comunicarse, las cuales emplean en su vida cotidiana (Matellanes Lazo, 2012; Pascual Cabrerizo, 2020).

1. El diseño, el texto y las imágenes de los folletos turísticos en la conformación de una imagen territorial

En este marco es donde se encuentran los folletos turísticos, como un instrumento de comunicación y distribución en el ámbito turístico (Huertas García y Laguna García, 2009) que permite mostrar información de un territorio y aquello que ofrece. Los trabajos en geografía que utilizan los folletos para estudiar los textos turísticos destinados a promocionar el paisaje y el patrimonio cultural y natural son prácticamente inexistentes. ¿En qué se fijan las personas que tiene un folleto entre sus manos? ¿Se centran en el contenido escrito? ¿Tienen más interés en las imágenes y mapas? ¿Le otorgan mayor importancia a la calidad de los contenidos o a la presentación formal y visual del mismo? La identidad visual, en este caso de un folleto, con elementos como las imágenes, el texto, el color, el tipo de letra, el tamaño o la forma influyen en la marca del producto que se quiera promocionar (Boudreaux & Palmer, 2007). Entre los más representativos destacan aquellos relacionados con el diseño y el lenguaje, es decir, con la imagen y el texto, y cómo estos dos elementos, se convierten en esenciales para dar a conocer el producto o un territorio a través de una buena política de *marketing* (Figura 9.1).

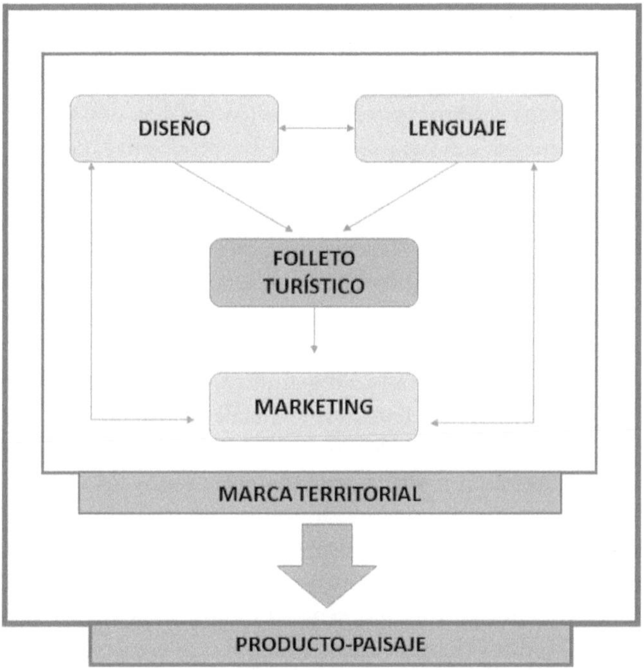

Fig. 9.1: *El folleto turístico como marca territorial y fuente para conocer el paisaje (Elaboración propia)*

A su vez, el *marketing* contribuye al conocimiento del paisaje, y ayuda a la conformación de una marca territorial orientada a la promoción de un producto y un paisaje en concreto (Molina Collado, 2006; Sanz Hernando, 2008). Un símbolo o emblema que va a permitir la identificación de un espacio geográfico frente a otros, con unas características determinadas y mostrando en el folleto aquello que quiera destacar sobre el resto de recursos existentes, con la intención de promocionar un territorio y de hacerlo único frente al resto, y despertar el interés entre los posibles consumidores para visitar ese espacio.

El diseño, es uno de los rasgos esenciales de un folleto, de una página web o de una etiqueta de cualquier producto. El diseño proporciona identidad visual y personalidad que lo hace único con la idea de trasmitir un mensaje al receptor. Respecto a su formato pueden variar en función del tamaño, el color de la letra estampada, la división en párrafos, los encabezados de las secciones, el título, el subtítulo… (Déniz Suárez, 2016). Todos ellos son elementos esenciales a la hora de diseñar un folleto turístico que tendrá que competir con otros espacios que promocionan un paisaje y un producto similar, que permitirá establecer en qué medida este instrumento de promoción es eficaz a la hora de generar una determinada imagen de los destinos turísticos (Molina Collado, 2003).

El eslogan y la imagen son signos gráficos cuyo propósito es captar la atención de la persona que lo ve con un golpe de vista, sin profundizar en el interior. Es la carta de presentación que tiene que ser lo suficientemente atractiva para que la persona decida coger un folleto y leerlo y no el que tiene al lado. Para el texto utiliza diferentes códigos morfológicos, gráficos, lexográficos y cromáticos, y para la imagen emplea recursos tales como las formas, los colores, las imágenes, los símbolos y signos a través de los códigos anteriormente mencionados y, principalmente, el empleo de la fotografía. En definitiva, los aspectos gráficos, tanto la imagen como el texto, son dos elementos esenciales que ayudan a crear o consolidar la idea de un territorio y que deben repartirse por igual en el folleto a la hora de diseñarlo para lograr la perfecta armonía entre todos los elementos (Febas Borra, 1978). Ejemplo de esta combinación entre imagen y texto se encuentra en estudios llevados a cabo en diversos espacios, como ha sucedido, por ejemplo, con el patrimonio arqueológico de Castilla y León tras una campaña de valoración y promoción de este patrimonio, centrado, entre otros aspectos, en lo que se muestra o quién lo edita (Mansilla Castaño, 2007) o en el caso de México con sus ruinas arqueológicas y paisajes naturales (Villalobos Acosta, 2014).

Respecto al texto turístico del folleto, tiene como finalidad acercar el producto a las personas, a los destinatarios, por lo que la modalidad de estos textos suele ser expositivo-argumentativa y con predominio de la función apelativa. Significativas diferencias con otros textos, como por ejemplo los de las etiquetas de los productos agroalimentarios, en los que se destacan las conservas (Olvera Cepeda, 2019) y especialmente las botellas de vino, y cuyo lenguaje se centra en el uso de metáforas, metonimias, prosopopeyas y otras figuras literarias para captar la atención del consumidor en un espacio reducido y apoyado con el empleo de tipografías variadas (Tresaco Belio y Salinero Cascante, 2010; Fernández Portela, 2019).

El hecho de que el turismo se relacione estrechamente con la población extranjera hace necesario que los folletos se traduzcan en diversos idiomas en función de la procedencia de los principales y potenciales clientes. Tan importante es el texto original en su idioma, como las traducciones que se hacen del mismo a otras lenguas. El texto original es esencial, pero lo es también la traducción del mismo, como analiza Déniz Suárez (2016) en los folletos turísticos de Las Palmas en las Islas Canarias con el objetivo de ver si el texto traducido se adecua a las convenciones de la cultura de origen o si simplemente es una traducción literal que no se adecua a la idea original del texto. Esta complejidad se expande a otros conceptos, como por ejemplo las traducciones de culturemas, en concreto de eslóganes, refranes o determinados vocablos propios de un lugar, como son las festividades, indumentarias populares, la gastronomía o la arquitectura tradicional, entre otros términos que, son significativos para destacar las peculiaridades que presenta un territorio frente a otros (Soto Almela, 2013), pero que en ocasiones resulta complejo traducir lo que quieren decir de una forma escueta y veraz.

La traducción del texto de los folletos turísticos es un tema más investigado debido a la relevancia que adquiere este sector económico entre las sociedad de países como España, pero también de Francia o Italia. Así pues, hay estudios en los que se hace especial énfasis en los posibles errores que se cometen en las traducciones, en la dificultad de traducción de las palabras realias, y en la importancia que tiene la traducción del texto turístico de cara al desarrollo de este sector económico en idiomas como el español-francés (Bugnot, 2005), español-inglés (Miró Pérez, 2007), español-chino (Yu, 2017).

No se puede olvidar el papel que tiene la fotografía en los folletos, pues la representación visual es esencial para la promoción y la representación del territorio. En este aspecto, la geografía sí ha empleado la fotografía, principalmente, como herramienta para estudiar la dinámica evolutiva del paisaje, para configurar realidades que han permitido comprender cómo un paisaje ha ido cambiando con el tiempo o, si por el contrario, se ha mantenido estático con el paso de los años. La era digital ha permitido la generalización de los aparatos electrónicos, cámaras de fotografía y *smartphones*, situación que ha posibilitado que, prácticamente todas las personas, puedan tomar fotografías de cualquier cosa y en cualquier lugar, por lo que se han convertido en un instrumento esencial para el ámbito académico, profesional y personal.

Desde la toma de la primera fotografía en el primer tercio del siglo XIX hasta la actualidad, han sido numerosas las imágenes captadas a lo largo del tiempo que atesoran valiosa información de determinadas actividades, personas y paisajes. De la importancia de la fotografía como fuente documental se han hecho eco diversos autores para estudiar cuestiones históricas, artísticas, antropológicas y geográficas (López, 1997; Lara, 2005; Fernández Portela y López Rodríguez, 2021). La imagen ha sido y sigue siendo muy recurrente y tiene importantes efectos en la experiencia espacial al intentar identificar y analizar las imágenes desde su propio código visual (Hollman, 2016). El trabajo de Ramón-Gabriel y García-Álvarez (2016), utiliza las fotografías que recompiló Rafael Calleja con el objetivo de dar una perspectiva sobre el turismo durante la etapa del primer franquismo (1939–1959) y con ellas poder hacer una obra enmarcada en la concepción del turismo como un instrumento de propaganda en este periodo histórico (Cal y

Correyero, 2008). Una especie de folleto turístico de la época que tenía la idea de crear una imagen de España como destino turístico en su conjunto, a través de un legado fotográfico basado en la riqueza histórico-artística y paisajística y en un costumbrismo idealizado (Fuentes, 2017).

No se debe olvidar la fotografía histórica (Fernández, 2016), que cuenta con cierto protagonismo en los estudios geográficos, entre los cuales resultan especialmente interesantes aquellos relacionados con el turismo, cuando se comienzan a crear unidades específicas dentro de los ministerios relacionadas con las producción y difusión de la fotografía con una doble finalidad, por un lado, como elemento de trabajo, y, por otro lado, como componente propagandístico «… el turismo entiende la fotografía como un elemento perfecto para atraer al turista, para crear una imagen que provoque el deseo de acudir o asistir a un lugar» (Domingo Barral y Muñoz Montalvo, 2017: 138). Este comienzo fue fundamental para la creación de un legado fotográfico del turismo en España divido en dos archivos: el Archivo General de la Administración que contiene fotografías en esta materia hasta los años sesenta del siglo XX y el Archivo Fotográfico de Turespaña con instantáneas a partir de los años sesenta de este mismo siglo. Unas fotografías que han sido utilizadas para la promoción de España, tanto en el ámbito nacional como internacional, con el objetivo de diseñar folletos y carteles turísticos.

2. Metodología y objetivos

No cabe duda que, los folletos, tanto en su versión de papel, como en su versión digital (la mayoría en PDF), siguen siendo un soporte que permite conocer los atractivos más significativos de un espacio, así como otra información relevante que puede interesar al turista.

El objetivo principal de este trabajo consiste en analizar los diferentes folletos turísticos de las rutas del vino de Castilla y León, para ver cuál es la información que muestran, y poder ver la oferta enoturística que tiene cada uno de estos territorios. Se analizarán sus elementos como son los eslóganes con los que se vende el territorio, la presencia o no de un mapa y lo que muestra, la tipología de los socios que forman parte de estos entes, las fotografías que presentan y el texto que las acompaña, su presencia en las redes sociales, etc. Se hará especial énfasis al papel que adquiere el texto y las imágenes como elementos de comunicación, e incluso para la organización del territorio, en los folletos de las ocho rutas del vino de Castilla y León.

Para poder realizar este estudio, se ha diseñado una tabla que consta de una serie de apartados como son el nombre de la ruta, si tienen eslogan, el diseño del mapa y sus socios (ayuntamientos, alojamientos, restaurantes, comercios, etc.), si cuentan con código QR y redes sociales, el número de fotografías y qué reflejan, los datos de contacto de la ruta y de los socios, la información más destacada del folleto, etc. Una vez analizado, se podrán establecer comparaciones entre unas rutas y otras que permitirán sacar conclusiones sobre la estructura de los folletos: ¿son todos los folletos iguales? ¿Qué semejanzas y diferencias tienen? ¿Destacan en todas las rutas los mismos elementos? ¿Dan más importancia al texto o a la imagen?¿Qué importancia dan a las redes sociales y a los idiomas?

Para el desarrollo de la investigación se ha diseñado un plan de trabajo que consta de cuatro fases:

a) En primer lugar se ha seleccionado el tema de estudio, el cual es de gran relevancia para el ámbito de investigación, así como por el valor que está adquiriendo el enoturismo en el medio rural de Castilla y León, un territorio que presenta importantes problemas socioeconómicos y que se ha convertido en una pieza clave del desarrollo rural.
b) En segundo lugar se ha realizado una búsqueda bibliográfica relativa al tema de investigación para poder establecer el marco teórico de este trabajo. Se han consultado artículos científicos, documentos oficiales y portales webs, todo ello especializado en el papel que juegan las imágenes y los textos a la hora de configurar un folleto turístico.
c) En tercer lugar, y como base de esta investigación, se han recopilado los folletos de las Rutas del Vino de Castilla y León y se ha procedido a realizar un análisis pormenorizado de su diseño y de la información que presenta.
d) Finalmente, la cuarta fase consiste en interpretar y revisar de forma crítica la información obtenida a través de las distintas fuentes consultadas y, especialmente, de los propios folletos. Con toda esta información se ha elaborado el documento final del estudio. Para la realización de la cartografía empleada en el trabajo se ha utilizado el *software* ArcGIS Desktop de ESRI.

3. Área de estudio: Castilla y León, un territorio con carácter vitivinícola

El área de estudio de este trabajo lo conforman los territorios que componen las diferentes Rutas del Vino de Castilla y León. Esta región posee una superficie de 94 147 km^2, la más extensa de España y una de las más grandes de Europa, y presenta una serie de contrastes muy significativos en la composición de su medio físico. El relieve, el clima, la vegetación, los suelos, la fauna y la hidrografía, entre otros, han contribuido a la formación de un medio natural rico y diverso en todo el territorio regional con contrastes entre unos espacios y otros, desde los puntos más elevados de la cordillera Cantábrica como por ejemplo la Torre Cerredo con 2649 m, hasta los espacios más deprimidos de la región en el Valle del Mena con altitudes inferiores a los 200 m sobre el nivel del mar.

Esta diversidad del medio físico se refleja también en la variedad agrícola. Si bien, es cierto que el cereal domina en la mayor parte de la región, existen otros cultivos importantes como por ejemplo la vid, con casi 80 000 hectáreas en 2018 (Estadística e Información Agraria de la Junta de Castilla y León) localizados en su mayoría en las principales comarcas vitivinícolas de la región en torno al río Duero y sus principales afluentes, Pisuerga y Arlanza, espacios en los que se ha desarrollado una importante actividad que gira en torno al enoturismo. En Castilla y León existen un total de 13 denominaciones de origen protegidas (DOP), siendo la Ribera del Duero y Rueda las que presentan la mayor superficie de viñedo con más de 20 000 hectáreas cada una, y de ellas, hay ocho que cuentan con ruta del vino (Cuadro 9.1 y Figura 9.2).

Tab. 9.1: *Denominaciones de Origen Protegidas y Rutas del Vino de Castilla y León. Fuente: Ministerio de Agricultura, Pesca y Alimentación y Turismo Castilla y León. Elaboración propia*

Denominación de Origen Protegida	Ruta del Vino
Arlanza	Ruta del Vino Arlanza
Arribes	Ruta del Vino Arribes
Bierzo	Bierzo Enoturismo
Cebreros	No tiene
Cigales	Ruta del Vino Cigales
León	No tiene
Ribera del Duero	Ruta del Vino Ribera del Duero
Rueda	Ruta del Vino Rueda
Sierra de Salamanca	Ruta del Vino Sierra de Francia
Tierra del Vino de Zamora	No tiene
Toro	Ruta del Vino de Toro
Valles de Benavente	No tiene
Valtiendas	No tiene

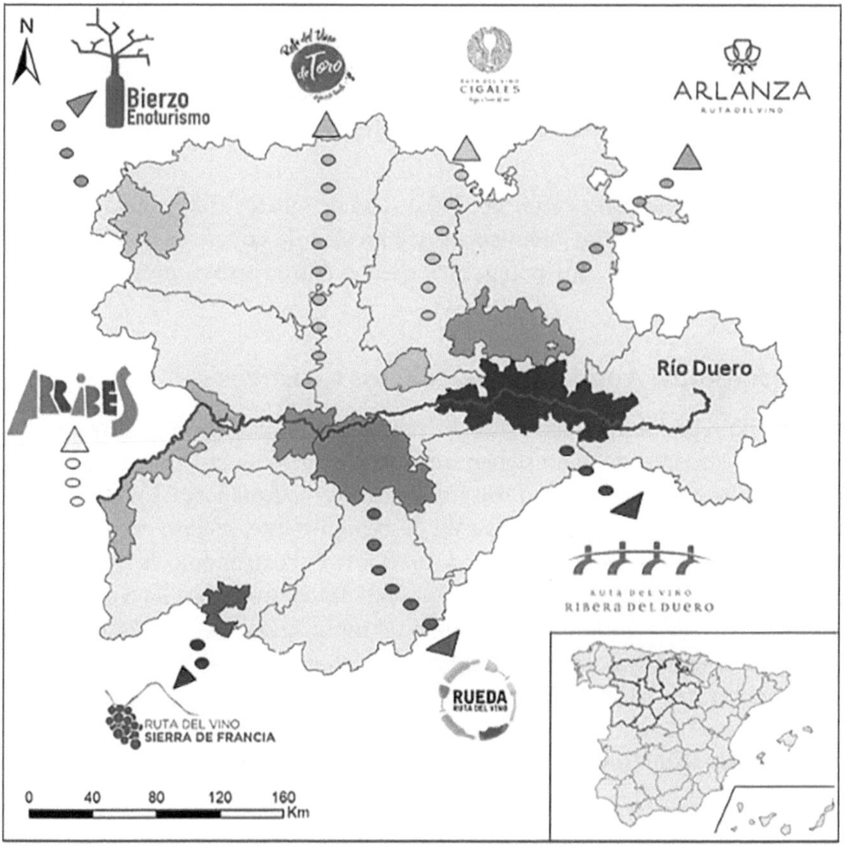

Fig. 9.2: *Situación de las rutas del vino en Castilla y León (Elaboración propia)*

Pero ¿Qué son las rutas del vino? ¿Quién forma parte de ellas? ¿De qué se ocupan? Las rutas del vino son entes gestores que se ocupan de articular a un conjunto de empresas de carácter público y privado dentro del ámbito turístico, así como empresas de otros sectores que no se encuentran directamente relacionados con el turismo (Sánchez Bódalo, 2010). Son organismos que agrupan a socios de diferentes áreas como bodegueros, restauradores, hosteleros, asociaciones, industrias agroalimentarias, además de instituciones públicas como son los ayuntamientos, los cuales organizan y preparan diversos eventos y actividades teniendo como foco central el vino (Fernández Portela, 2018). Las rutas del vino se encargan de integrar bajo un mismo concepto temático, en este caso el vino,

> los recursos y los servicios de interés, existentes y potenciales, de una zona vitivinícola, planteados desde la autenticidad y la vocación vivencial, con el fin de construir un producto desde la identidad propia del destino, de facilitar la comercialización conjunta de toda la zona y de garantizar el nivel de satisfacción de la demanda, impulsando así el desarrollo económico-social integral de la misma (Secretaría de Estado de Turismo, 2000).

Para ello, la promoción es esencial, y el diseño de folletos y de páginas web, así como su presencia en las redes sociales y medios de comunicación, permiten poner a disposición de los potenciales clientes los atractivos presentes en un territorio.

4. Resultados: Análisis de los folletos turísticos

A pesar de representar a comarcas diferentes con potencialidades diversas, los folletos de las rutas del vino siguen una estructura en su conjunto similar. Las bodegas, los viñedos y el vino son los elementos articuladores, los principales reclamos del territorio, pero tienen un peso importante, incluso en algunos de ellos mayor, el resto de recursos como son el arte y el patrimonio, la naturaleza o la gastronomía. La idea de estos folletos es reflejar, en una cuartilla o en un tríptico, lo más significativo de un conjunto de municipios. Un pequeño resumen que sirva de aperitivo, tanto a los amantes del vino, como al resto de personas, para conocer una parte del medio rural de Castilla y León.

4.1. Textos informativos y eslóganes

Todos los folletos cuentan con texto, diferenciado, por un lado, el eslogan, y por otro lado, el texto informativo sobre los recursos de la zona. El eslogan es una frase breve, tiene que ser expresiva y fácil de recordar. Va a ser el eje central sobre el que gira el folleto y el resto de la información. Solamente en dos de las rutas, la de la Sierra de Francia y la de Cigales, aparece en el eslogan la palabra vino. En el caso de la primera ruta lo hace para decir que en este territorio tienen más tractivos que el vino «Mucho más que vino», el vino es importante, pero poseen otros recursos que pueden ser de interés para los visitantes. La Ruta Cigales utiliza el eslogan «Viajar a través del vino», en este caso el vino es el hilo conductor de este territorio a partir del cual se pretende mostrar el resto de sus potencialidades. En las demás rutas no se menciona ni la palabra vino ni viñedo (Tabla 9.2 y Figura 9.3). El eslogan pretende atraer a todo tipo de turistas, no solo a los interesados en el mundo vitivinícola. Cuando una persona acude a algún municipio perteneciente a estas rutas sabe que el eje central es el mundo del vino y todo lo relacionado con la cultura de este producto, pues no dejan de ser rutas temáticas, por lo que se da por hecho que, entre su oferta, se encuentran bodegas, viñedos, vinotecas, etc., pero sin embargo, también quieren conocer el resto de recursos disponibles que complementen este tipo de visitas y vacaciones orientándolas a todos los públicos y a todas las edades.

Tab. 9.2: *Eslóganes de las Rutas del Vino de Castilla y León. Fuente: Folletos de las rutas del vino. Elaboración propia*

Ruta del Vino	Eslogan
Arlanza	Esencia de Castilla
Arribes	Tu refugio en los confines
Bierzo	¡Tenemos planes para ti!
Cigales	Viajar a través del vino
Ribera del Duero	Ven y ribérate
Rueda	Sumérgete
Sierra de Francia	Mucho más que vino
Toro	Dejando Huella

Fig. 9.3: *Eslóganes de las Rutas del Vino. Fuente: Folletos de la Ruta del Vino de Arlanza (1), Ruta del Vino Ribera del Duero (2) y Ruta del Vino Arribes (3)*

Junto al eslogan, en los folletos aparece una serie de textos que muestran información más detallada de determinados elementos existentes en cada una de las rutas del vino (Figura 9.4), a modo de pequeña guía de viaje, a excepción del folleto de la Ruta del Vino Arribes donde la parte escrita se encuentra muy reducida haciendo referencia a aspectos generales de los municipios que engloban a este espacio rural. Tras analizar los folletos, se ha establecido una clasificación en función de la información más recurrente que muestran: I) Viñedos y Bodegas, II) Patrimonio histórico y artístico e historia, III) Naturaleza, IV) Gastronomía y Hostelería.

Fig. 9.4: *Ejemplo de integración del texto con imágenes en el folleto de la Ruta del Vino Ribera del Duero. Fuente: Folleto de la Ruta del Vino Ribera del Duero*

La información relacionada con los viñedos y bodegas es esencial al estar hablando de rutas del vino. Se explica la importancia en el cultivo de la vid y en la elaboración de vino de la zona, las características climáticas que permiten este cultivo, la presencia de bodegas tradicionales, de bodegas elaboradoras de vino, la tipología de vino, etc. En algunas de ellas, como son la Ruta del Vino de Rueda y de la Ribera del Duero, se incluye información gráfica que tiene como objetivo que el lector distinga, a través de los colores del vino, los distintos tipos de vinos y sus variedades, mientras que en la Ruta del Vino de Arlanza se explican las diversas variedades de uva con las que los elaboran en esta DO.

El patrimonio histórico-artístico resalta el papel que han tenido las distintas comarcas en la historia, no solo de la región, sino de España, destacando la presencia de iglesias, castillos, monasterios, palacios, etc., que son testigo del papel tan notable que tuvieron estos municipios en la configuración del territorio y que se convierten en atractivos turísticos, además de por su historia, por su arquitectura. Esto va asociado a la presencia de personajes ilustres que nacieron o vivieron parte de su vida en estos lares y que se remarca, por ejemplo, en el folleto de Rueda bajo el título «Tierra de Reyes» y que permite la organización de actividades y fiestas ensalzando las hazañas de estos personajes.

Esta oferta se complementa con otro tipo de patrimonio, el natural, y es que en todos los folletos se realza el papel del medio natural como complemento al histórico-artístico. La mayoría de estos espacios están asociados a ríos, y en los textos indican el papel que tienen en la conformación del paisaje, ejemplo de ello se muestra con el río Pisuerga en la Ruta del Vino de Cigales o la Vega del Duero en la Ruta del Vino de Toro. Junto a los ríos, los bosques, los parques naturales o las reservas de la biosfera, son atractivos que permiten diversificar las opciones de ocio a los turistas. Hay que resaltar un aspecto importante que contemplan varias rutas como es el avistamiento de aves, el cual ocupa un lugar importante en estos folletos como sucede en la Ruta del Vino de la Sierra de Francia «Un patrimonio natural en el que el silencio se rompe con el batir de las alas de buitres, águilas reales, alimoches o cigüeñas negras, entre otras especies». Escenarios que permiten el desarrollo de actividades relacionadas con el turismo activo como son paseos en canoa, rutas de senderismo a pie y en bicicleta, paseos por bosques de robles y castaños, etc.

El pasar unas jornadas o varias en alguna de estas rutas hace necesario la existencia de espacios para comer y dormir. Los restaurantes y los hoteles son, junto con las bodegas, los socios más abundantes de estas rutas y, por lo tanto, de los que más información hay. En estos textos se explica la gastronomía, formada por la comida de platos típicos, junto con la cocina más innovadora, ensalzando el valor de los productos locales en su elaboración. Tradición y vanguardia se juntan ofreciendo una oferta variada para todos los públicos como se refleja en el folleto de la Ruta del Vino de Cigales «Cocina tradicional o creativa, en restaurantes bajo tierra o donde se para el tiempo. Productos de la tierra como lechazo, pan, morcilla, queso, miel, chocolate o repostería». Respecto a los alojamientos se da la imagen de establecimientos tranquilos en los que poder relajarse y huir del bullicio de las ciudades.

4.2. La expresión gráfica de los folletos: las fotografías

Los textos, junto con la parte visual, ayudan al lector a hacerse una idea más fiel del posible territorio a visitar. Todos los folletos tienen un componente gráfico importante con la presencia de fotografías que pretenden resumir en imágenes todos los atractivos de las respectivas rutas del vino. En todos los folletos, a excepción del de la Ruta del Vino de Arribes, donde domina las imágenes de los paisajes naturales, los viñedos y las bodegas poseen un lugar destacado.

Las bodegas y los viñedos, además de figurar por sí solos, se integran en el resto de actividades. La idea es relacionar el resto de recursos con el producto principal que quieren vender las rutas, el vino. Así pues, se reflejan personas haciendo senderismo entre viñedos (Figura 9.5), avistamiento de aves desde las viñas, catando vino directamente en el terruño, etc. En las demás fotografías se plasman el resto de atractivos del territorio: el patrimonio histórico y artístico, los paisajes naturales, los ríos que articulan cada uno de estos espacios, los platos típicos de comida, las calles de los pueblos, las fiestas populares, etc.

Fig. 9.5: *Senderismo entre viñedos en el folleto de Bierzo Enoturismo. Fuente: Folleto de Bierzo Enoturismo*

El número de fotos y su tamaño varía de unos folletos a otros. Los que presentan un mayor número de imágenes, y por lo tanto más pequeñas, son la Ruta del Vino de la Ribera del Duero con un total de 25 fotografías, Rueda con 16 o Arlanza con 12. En estos casos el objetivo es mostrar el mayor número de imágenes para englobar una mayor cantidad de recursos. Sin embargo, otras rutas como Toro prefieren mostrar menos imágenes pero de mayor tamaño. Las formas también son variadas, adaptándose al espacio del folleto y al texto que acompañan, por lo que son cuadrangulares, rectangulares, circulares, poligonales, etc. (Figura 9.6). Respecto al tipo de fotografías las hay aéreas, panorámicas, imágenes frontales, primeros planos, etc.

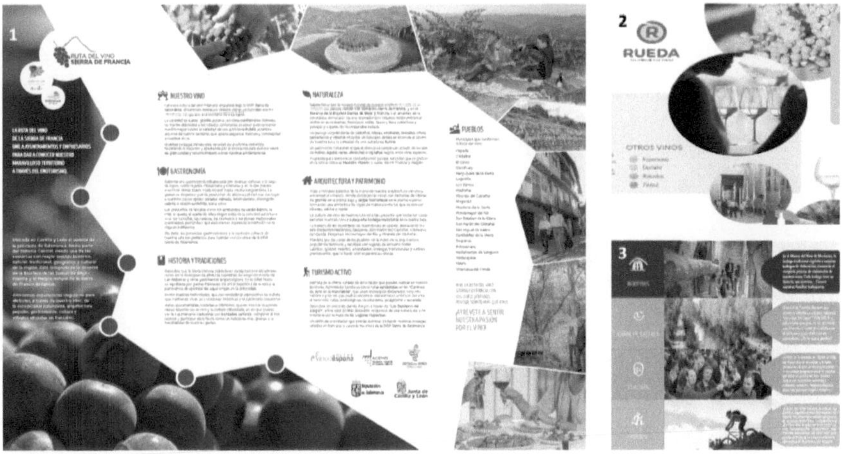

Fig. 9.6: *Fotografías de los folletos con formas diversas. Fuente: Folleto de la Ruta del Vino de la Sierra de Francia (1), de la Ruta del Vino de Rueda (2) y de la Ruta del Vino de Cigales (3)*

4.3. La cartografía: un recurso esencial en los folletos turísticos

La cartografía es un recurso imprescindible que aparece en los ocho folletos analizados ocupando una parte importante del mismo, en todos ellos, el mapa y la información que en ellos se representa ocupa la mitad de los mismos. Un recurso gráfico que se encuentra acompañado de texto que completa la información diseñada en el mapa. Estos mapas representan a todos los municipios que componen la comarca y la información que poseen es muy completa. Es una herramienta imprescindible para el visitante pues le va a indicar cómo moverse, dónde poder comer y alojarse, qué bodegas visitar, etc.

De los ocho mapas analizados, el que presenta menos detalles es el de la Ruta del Vino Bierzo, que solo muestra información relativa a los ayuntamientos, a las oficinas de turismo y a los museos. El resto de mapas de las otras rutas son más completos (Figura 9.7). Dependiendo de la tipología de socios existentes, habrá una mayor diversificación de los servicios presentes en cada territorio. Como socios comunes en todas ellas, y que aparezcan reflejadas en los mapas se encuentran los ayuntamientos, alojamientos, restaurantes, bodegas, comercios, vinotecas y oficinas de turismo. Junto a estos servicios aparecen otros que varían de unas rutas a otras, por ejemplo, hay agencias de viajes en la Ruta del Vino de la Ribera del Duero, museos en la de Cigales y Arlanza, empresas de transporte en la ruta de Arribes o empresas de visitas guiadas en la de Rueda. La información que aparece suele estar compuesta, principalmente, por el nombre de los organismos/empresas, su localización, un teléfono y correo de contacto, y una página web.

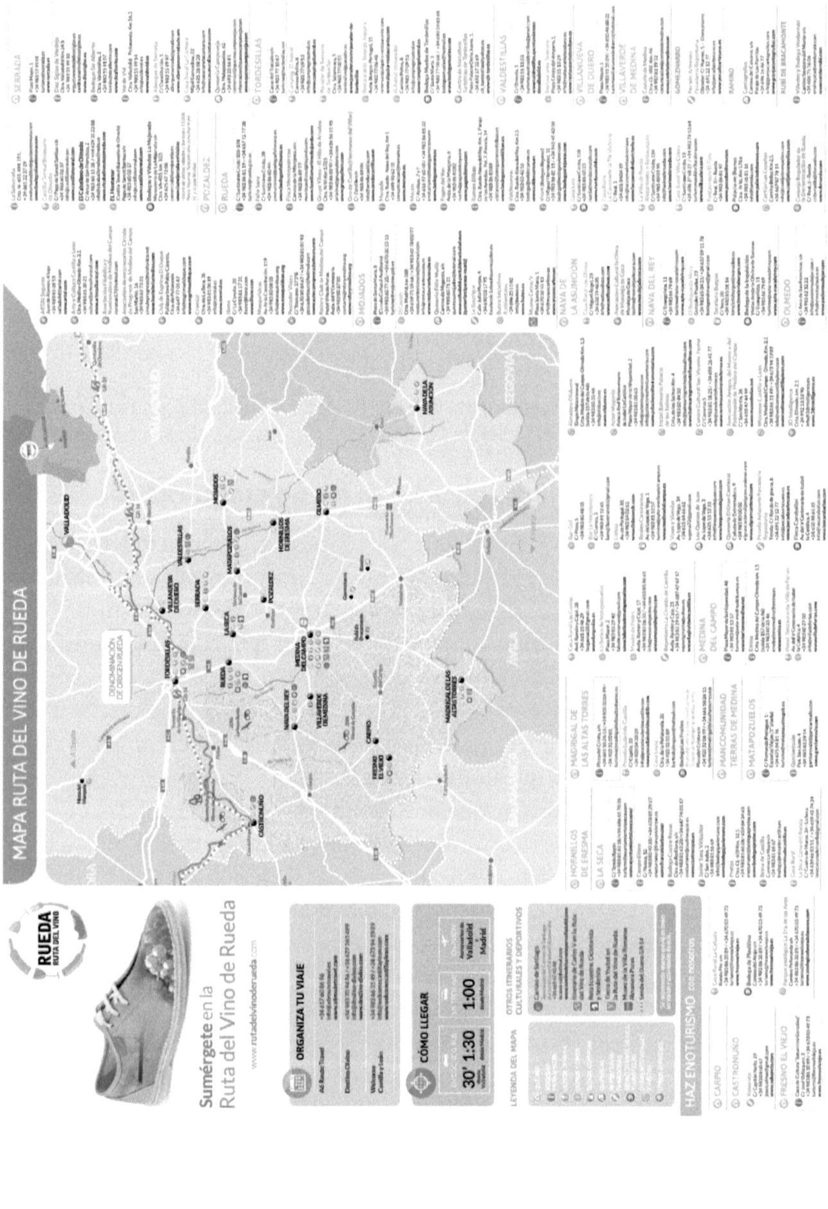

Fig. 9.7: *Mapa de localización de la Ruta del Vio de Rueda. Fuente: Folleto de la Ruta del Vino de Rueda*

4.4. Nuevas formas de difusión: páginas web y redes sociales

Las nuevas tecnologías proporcionan información sobre un producto o un territorio a un mayor número de personas de todas las edades. Es una forma de publicidad y de comunicación cada vez más extendida en la sociedad. Una potente herramienta que con un simple clic permite el acceso a cuantiosa información de una empresa o de una asociación, pero al mismo tiempo, también puede facilitar información personal de los usuarios que deciden «colgar» en las redes sociales y compartir con amigos y seguidores sus vivencias a través de una fotografía y con un pequeño mensaje sobre, por ejemplo, una experiencia vivida al visitar una bodega, un museo o un monumento, o una comida.

En todos los folletos de las rutas, menos los del Bierzo y Ribera del Duero, se indica la existencia de redes sociales. Es una situación poco frecuente, pues actualmente las redes sociales son un medio de comunicación esencial para dar a conocer y promocionar un producto o un territorio en cualquier parte del mundo. Ante esta situación, se ha acudido a sus respectivas páginas web y se ha podido comprobar que estas dos rutas sí que disponen de redes sociales, pero no se indican en sus folletos, por lo que sería recomendable que las incluyeran en futuras ediciones.

Las redes más frecuentes son Facebook, Twitter e Instagram, y algunas de ellas cuentan con Canal de YouTube y Flickr (Figura 9.8). En ellas, los usuarios pueden ver fotografías y vídeos de un determinado servicio, encuentran información sobre las actividades que se organizan, pueden dejar comentarios que sirven de guía para otros usuarios, e incluso pueden interactuar con los gestores de las empresas, en definitiva, son un canal de comunicación cada vez más extendido y frecuente entre los consumidores. Junto a las redes sociales hay que mencionar que, en todos los folletos, se encuentra la página web de las rutas del vino, donde los usuarios pueden acceder a más información que la que tienen en el folleto.

Fig. 9.8: *Páginas web, redes sociales, hashtags y Apps en las Rutas del Vino. Fuente: Folletos de las Rutas del Vino de Castilla y León*

Dentro de las redes sociales, es significativo mencionar el papel que ha adquirido el tema de los *hashtags* (#). Los *hashtags* son términos que se encuentran asociados a discusiones y que sirven para vincular aquellos que son iguales en las redes sociales. Son enlaces que al seleccionarlos dirigen a sus usuarios a páginas con publicaciones relacionadas con el mismo tema, lo que permite que numerosas personas vean las publicaciones realizadas que incluyan dichos *hashtags*. De los folletos analizados, solamente en el de la Ruta del Vino de la Sierra de Francia, se enumeran una serie de *hashtags* para que los usuarios puedan incluir en sus publicaciones y contribuyan a la difusión de un determinado lugar, un establecimiento, un servicio. Estos son algunos ejemplos: #RutaDelVinoSierraDeFrancia, #Enoturismo, #Bodegas, #Vendimia, #Naturaleza, #DOPSierraDeSalamanca, etc. (Figura 9.8).

También es interesante el tema de las aplicaciones, las cuáles se descargan en el teléfono móvil y proporcionan información que no se encuentra en el folleto. En este caso, tan solo la Ruta del Vino de Ribera del Duero, presenta el acceso a una aplicación a través de la cual se puede obtener información sobre dicha ruta (Figura 9.8).

Para finalizar, otro elemento que cada vez es más frecuente encontrar, y que se ha generalizado entre la población a raíz de la pandemia de covid-19, es el uso de los códigos QR (Figura 9.8). Los códigos QR son códigos de barras bidimensionales de forma cuadrada en los que se almacena información codificada. Al acceder a ellos con un teléfono móvil o una *tablet*, se redirecciona al usuario a un sitio web (URL) desde donde puede consultar información. Solo dos rutas poseen en su folleto este código, la Ruta del Vino Bierzo y la Ruta del Vino Rueda.

5. Conclusión

A lo largo de este trabajo se ha podido ver el papel que tienen los folletos turísticos en la promoción del territorio. Son una herramienta esencial, tanto en su formato en papel como digital, para aquellas personas que quieran conocer alguna de las comarcas vitivinícolas de Castilla y León que cuentan con ruta del vino. Un aspecto para tener en cuenta en los folletos es su diseño, y aquí tienen un papel esencial el texto y las imágenes. Son los dos elementos fundamentales que poseen todas estas obras, de papel o en PDF.

En esta investigación se han utilizado los folletos de las ocho rutas del vino existentes en la región y se ha analizado de forma detallada toda la información que presenta, tanto de tipo textual como gráfica.

Se puede decir que el folleto es un elemento relevante de cara a la promoción del turismo, pues todos estos espacios cuentan con este tipo de publicaciones. Presentan elementos comunes, pero también particularidades que los diferencias entre ellos. Como se ha explicado en la metodología, se ha construido una tabla, que introduce la información de estos folletos, con el objetivo de realizar el análisis y poder establecer las comparaciones oportunas.

Todos los folletos cuentan con imágenes y textos explicativos de los recursos del territorio, tanto de los aspectos vitivinícolas, como del resto. Es cierto que, cada uno de ellos, realza aquello que más le interesa, lo que le permite diferenciarse del resto. En la Ruta de Toro se vende el papel articulador del río Duero, en la Ruta Arribes el medio natural es el eje sobre el que gira esta publicación, y en Ribera del Duero el avistamiento de aves adquiere un papel destacado. Además de fotografías algunos utilizan ilustraciones para reflejar las variedades de uva que se cultivan (Arlanza) o los colores de los vinos (Rueda); presentan diferencias en su formato, en el tipo de fotografías y en sus formas; en la distribución y el tamaño de los textos, etc.; poseen elementos cartográficos que facilitan la visita a los turistas; en definitiva, cada ruta ha diseñado estos trípticos o dípticos en función de sus necesidades, y convierten a los folletos en una ventana abierta para que, desde el interior de las casas, se pueda hacer una primera aproximación del espacio que se pretende conocer en vivo.

Referencias bibliográficas

Boudreaux, Claire. A. y Stephen. E Palmer, (2007): «A charming little Cabernet: Effects of wine label design on purchase intent and brand personality». *International Journal of Wine Business Research*, 19(3), 170–186. [Consulta en línea https://doi.org/10.1108/17511060710817212; 20/06/2021].

Bugnot, Marie-Agne (2005): *Texto turístico y traducción especializada: estudio crítico de un corpus español-francés sobre la Costa del Sol (1960–2004).* Tesis Doctoral. Universidad de Málaga.

Cal-Martínez, María Rosa y Beatriz Correyero-Ruiz (2008): *Turismo, la mayor propaganda de Estado: España desde sus inicios hasta 1951.* Madrid, Editorial Vision Net.

Castillo Canalejo, Ana María y Tomás López-Guzmán Guzmán (2011): «Enoturismo y desarrollo económico: un estudio de caso en Cabo Verde (África)». *Papeles de Geografía*, 53–54, 65–76.

Chaikind, Stephen (2012): «The role of viticulture and enology in the development of economic thought: How Wine Contributed to Modern Economic Theory». *Journal of Wine Economics*, 7(2), 213–225. [Consulta en línea https://doi.org/10.1017/jwe.2012.17; 21/06/2021].

Cosgrove, Denis y Peter Jackson (1987): «New Directions in Cultural Geography». *Area*, 19(2), 95–101. [Consulta en línea https://www.jstor.org/stable/20002425; 21/06/2021].

Cosgrove, Denis (1998): *Social formation and symbolic landscape.* Wisconsin, University of Wisconsin Press.

De Jesús Contreras, Daniel, Humberto Thomé Ortiz y Francisco Xavier Medina, (2020): «Enoturismo y promoción del territorio. Análisis comparativo entre el nuevo y el viejo mundo del vino». *Pasos: Revista de Turismo y Patrimonio Cultural*, 3, 467–471.

Déniz Suárez, Genoveva Raquel (2016): *La traducción de textos turísticos (español-inglés): los folletos de museos.* Tesis doctoral. Universidad de Las Palmas de Gran Canaria.

Domingo Barral, Lucía y Asunción Muñoz Montalvo (2017): «Fotografía para la promoción turística: el archivo fotográfico de Turespaña». *Estudios turísticos*, 213–214, 137–154.

Elías Pastor, Luis Vicente (2011): *El paisaje del viñedo. Una mirada desde la antropología.* Madrid, Ministerio de Cultura, Eumedia.

Escribano Bombín, María del Milagro (1991): *El paisaje*. Madrid, Ministerio de Obras Públicas y Transportes, Secretaría General Técnica, Centro de Publicaciones.

Febas Borra, José Luis (1978): «Semiología del lenguaje turístico: (Investigación sobre los folletos españoles de turismo)». *Estudios Turísticos*, 57–58, 17–204.

Fernández Fernández, Antonio y Julio Fernández Portela (2019): *Paisajes y turismo*. Madrid, Editorial UNED.

Fernández-García, Felipe (2016): «Fotografía aérea histórica e historia de la fotografía en España». *Ería: Revista cuatrimestral de geografía*, 98, 217–240. [Consulta en línea https://doi.org/10.17811/er.98.2015.217-240; 22/06/2021].

Fernández Portela, Julio (2014): *La industria del vino y la viticultura en Castilla y León. Su incidencia en el paisaje y en el desarrollo rural.* Tesis Doctoral. Universidad de Valladolid.

Fernández Portela, Julio (2018): «La diversificación económica en una comarca vitivinícola tradicional: las bases que sustentan el enoturismo en la denominación de origen Cigales (Valladolid)». *Espacio, tiempo y Forma. Serie VI, Geografía*, 11, 141–168.

Fernández Portela, Julio (2019): «Las etiquetas de las botellas de vino: su valor como recurso comercial y como expresión del paisaje vitivinícola». *Boletín de la Asociación de Geógrafos Españoles,* 81, 1–33.

Fernández Portela, Julio (2020): «El lenguaje y el diseño en las etiquetas de las botellas de vino. El estudio del paisaje de la vid y el vino», en M. Ibáñez Rodríguez (ed.) *Enotradulengua, vino, lengua y traducción*. Berlín, Peter Lang, 281–304. [Consulta en línea https://doi.org/10.3726/b16973; 21/06/2021].

Fernández Portela, Julio y Carlos Pardo Abad (2020): «Las plataformas digitales en el desarrollo del enoturismo en Castilla y León : páginas web y redes sociales». *Cuadernos de Turismo*, 46, 47–69.

Fernández Portela, Julio y Ramón López Rodríguez (2021): «La fotografía de Arturo Cerdá y Rico como herramienta para la interpretación y puesta en valor del paisaje». *Revista de Estudios Andaluces*, 42, 83–100.

Fuentes-Vega, Alicia (2017): *Bienvenido, Mr. Turismo: Cultura visual del «boom» en España*. Madrid, Cátedra.

Hollman, Verónica (2016): «Ante las imágenes: los desafíos del giro visual para la geografía». *Geousp – Espaço e Tempo (Online),* v. 20, 3, 518–535.

Huertas García, Rubén y Marta Laguna García (2009): «Aplicación de la metodología Taguchi al ámbito de la comunicación: implicaciones para el diseño de anuncios en folletos turísticos». *XXI Congreso Nacional de Marketing*. Universidad del País Vasco-Euskal Herriko Unibersitatea 16–18 de septiembre de 2009.

IBÁÑEZ RODRÍGUEZ, Miguel (2018): *El «tratado de la vid» de Louis Dessieux y el «Tratado del vino» de Jean Antoine Chaptal de 1796 conservados en la Biblioteca de San Millán. Contextualización y estudio de la traducción de 1803.* Cilengua, Centro Internacional de Investigación de la Lengua Española.

IBÁÑEZ RODRÍGUEZ, Miguel (2020): «El libro segundo de la "Obra de agricultura de 1513 de Gabriel Alonso de Herrera: en los orígenes del español del vino"», en M. Ibáñez Rodríguez (Ed.) *Enotradulengua, vino, lengua y traducción*. Berlín, Peter Lang, 61–81.

JUNG, Linus (2020): «La etiqueta del vino alemán. Jardín y jungla de acceso a la información», en M. Ibáñez Rodríguez (Ed.) *Enotradulengua, vino, lengua y traducción*. Berlín, Peter Lang, 263–279.

KESSLER, Mathieu (2000): *El paisaje y su sombra*. Barcelona, Idea Books.

LARA-LÓPEZ, Emilio Luis (2005): «La fotografía como documento histórico-artístico y etnográfico: una epistemología». *Revista de antropología experimental*, 5, 1–28.

LÓPEZ-MONDÉJAR, Publio (1997): *Historia de la fotografía en España. Fotografía y sociedad desde sus orígenes hasta el siglo XXI*. Barcelona, Lunwerg Editores.

MANSILLO CASTAÑO, Ana María (2007): «Los folletos y la divulgación del patrimonio arqueológico: el caso de la Comunidad Autónoma de Castilla y León-España». *Estudios y perspectivas en turismo*, 16 (1), 45–71.

MATELLANES LAZO, Mónica (2012): «Comunicación del turismo del vino en España a través de la web», *Razón y Palabra*, 81, 1–26.

MINCA, Claudio (2007): «The tourist landscape paradox». *Social & Cultural Geography*, 8(3), 433–453. [Consulta en línea: https://doi.org/10.1080/14649360701488906; 23/06/2021].

MIRO PÉREZ, María Isabel (2007): *Análisis de textos paralelos en corpus bilingüe (español-inglés): el error de traducción en los textos de información turística*. Tesis Doctoral. Universitat de València.

MOLINA COLLADO, Arturo (2003): *Análisis de imagen y utilidad generada por los folletos de información turística: evaluación e influencia sobre la elección de un destino turístico*. Tesis Doctoral. Universidad de Castilla La Mancha.

MOLINA COLLADO, Arturo (2006): «Los folletos de destinos turísticos para la promoción turística en los casos de Barcelona, Córdoba y Toledo», en J. Font Sentias, *Casos de turismo cultural: de la planificación estratégica a la gestión del producto*. Barcelona, Ariel, 443–466.

MOLINERO HERNANDO, Fernando y Cayetano CASCOS MARAÑA (2017): «La revitalización del patrimonio territorial por la explotación vitícola en La Ribera del Duero: viticultura y paisaje», en *Naturaleza, territorio y ciudad en un mundo global*. Actas del XXV Congreso de la Asociación de Geógrafos Españoles, Madrid, Octubre 25–27.2125–2137.

OIV (2018): *2018 World Vitiviniculture Situation*. [Consulta en línea: http://www.oiv.int/public/medias/6371/oiv-statistical-report-on-world-vitiviniculture2018.pdfhttp://www.oiv.int/public/medias/6371/oiv-statistical-report-on-world-vitiviniculture2018.pdf; 25/06/2021].

Olvera Cepeda, Sandra Marcelina (2019): «La semiótica en el diseño de etiquetas». *MADGU: Mundo, Arquitectura, Diseño Gráfico y Urbanismo*, 2 (3), 1–17.

Pascual Cabrerizo, María (2020):«Enoturismo 2.0», en M. Ibáñez Rodríguez (ed.) *Enotradulengua, vino, lengua y traducción*. Berlín, Peter Lang, 201–220. [Consulta en línea: https://doi.org/10.3726/b16973; 21/06/2021].

Plaza Tabasco, Julio José, María del Carmen Cañizares Ruiz y Ángel Raúl Ruiz Pulpón (2017): «Patrimonio, viñedo y turismo: recursos específicos para la innovación y el desarrollo territorial de Castilla-La Mancha». *Cuadernos de Turismo* 40, 547–571. [Consulta en línea https://doi.org/10.6018/turismo.40.310101; 20/06/2021].

Ramón-Gabriel, María y Jacobo García-Álvarez (2016): «Fotografía, turismo e identidad en el primer franquismo (1939–1959): Rafael Calleja y la Apología Turística de España». *Cuadernos de Turismo* 38, 389–414. [Consulta en línea https://doi.org/10.6018/turis-mo.38.1491; 11/06/2021].

Sánchez Barbero, Cristina. (2010): «Las páginas web de las bodegas. Una aproximación textual», en M. Ibáñez Rodríguez (coord.) *Vino, lengua y traducción*. Valladolid, Universidad de Valladolid, 335–352.

Sánchez Bódalo, José Fernando (2010): «Rutas del vino de España: la apuesta de Acevin por el enoturismo de calidad», ACE: Revista de enología 123, [Consulta en línea http://www.acenologia.com/cienciaytecnologia/rutas_del_vino_1cienc1110.htm; 10/06/2021].

Sanz Hernando, Clara (2008): «La configuración de la imagen de Burgos a través de los folletos turísticos», en M. Á. Moreno Gallo (coord.) *Comunicación (audiovisual) del patrimonio cultural en Burgos*. Burgos, Universidad de Burgos, Dossoles, 83–98.

Secretaría de Estado de Turismo (2000): Propuesta para la asistencia técnica para el desarrollo del estudio de definición de producto «Rutas del Vino de España». Madrid, Servicio de Publicaciones del Ministerio de Industria, Comercio y Turismo.

Sommers, Brian J. (2008): *The Geography of Wine: How Landscapes, Cultures, Terroir, and the Weather Make a Good Drop*. New York, A Plume Book.

Soto Almela, Jorge (2013): «La traducción de culturemas en el ámbito del patrimonio cultural: análisis de folletos turísticos de la Región de Murcia». *Tonos digital: Revista de Estudios Filológicos*, 24, 1–26.

Tresaco Belio, María Pilar y María Jesús Salinero Cascante (2010): «Lengua e innovación en las etiquetas: Bodegas Florentino Martínez (DOCa RIOJA)», en M.T. Ramos Gómez, *El vino y su publicidad (Recurso electrónico): de la economía a la lingüística.* Valladolid, Universidad de Valladolid, 1-20.

Villalobos Acosta, César (2014): «¿Por qué en Sonora no hay arqueología? Nacionalismo y turismo en Billetes de banco y folletos de viaje». *Religión y sociedad*, 26 (59), 215–253.

Yu, Baiwei (2017):*La traducción del folleto turístico el trasvase léxico del español al chino*. Tesis Doctoral Universitat de València.

Laura Barahona Mijancos

La publicidad del vino en España: proceso de creación y evolución dentro del sector

Resumen: La sociedad actual es una sociedad de consumo, en la que el espectador está continuamente recibiendo mensajes explícitos o subliminales que le persuaden para comprar un producto o cambiar de opinión en algo. Siendo tan importante el consumo en el mundo desarrollado, hay cada vez más agencias publicitarias que se dedican exclusivamente a crear anuncios, *spots*, cuñas, etc. Por su parte, el mercado vitivinícola también se rinde a este recurso para potenciar sus ventas. El presente artículo presenta un doble objetivo: por un lado, analizar el proceso publicitario; y, por otro, estudiar cómo ha evolucionado la publicidad del sector vitivinícola en España.

Palabras clave: Publicidad. Anuncio. Vino. *Marketing* vitivinícola.

Abstract: Our society is a consumer society, which constantly persuades spectators by means of explicit and implicit messages in order to buy a product or change their minds about something. Being consumption such an important factor in developed countries, there are more and more advertising agencies specialized in the creation of advertisements, spots, radio ads, etc. And the wine market is also using this resource to promote purchase. The present article has a two-fold objective: on the one hand, analysing the advertising process; and, on the other, studying how wine publicity has evolved in Spain.

Keywords: Advertising. Publicity. Advertisement. Wine. Wine market.

0. Introducción

El ser humano se diferencia del resto de los seres vivos por su capacidad para razonar. Tiene la habilidad de emitir y recibir mensajes mediante el proceso de comunicación (verbal y no verbal), pero también es susceptible a las emociones y, algunas veces, es fácilmente manipulable.

Vivimos en una sociedad marcada por la «sobrecomunicación» debido a las tecnologías de la información. Recibimos mensajes por diferentes canales de forma permanente. Estos mensajes siempre tienen una misión o incluso varias. A veces simplemente pretenden proporcionar información, pero en otras ocasiones se centran en emocionar al receptor, llamar su atención o, incluso, convencerle para que piense o haga algo determinado.

Con esa intención, nació la publicidad. En principio, se creó como un medio más para informar a los posibles consumidores. Poco a poco, se ha convertido en un elemento más de la sociedad no solo para publicar la existencia de un producto, sino también para que se elija ese producto en vez de otro de la misma categoría. Podemos justificarlo aludiendo a la calidad, al precio, a la versatilidad, etc. El objetivo final es que el comprador se decante por nuestro producto y no por otro. Así, hoy en día, la publicidad es un elemento más de nuestra sociedad con el que convivimos a diario.

Quizá sea difícil definir el concepto de manera unilateral; sin embargo, es innegable que todo el mundo es capaz de identificar la publicidad en cualquiera de sus formatos cuando se topa con ella. Cuando salimos a la calle y vemos un cartel anunciando una obra de teatro o un concierto, cuando vemos la televisión y la programación se ve interrumpida por una serie de *spots*, cuando el periodista da paso a las cuñas publicitarias en radio, cuando leemos un anuncio en un periódico o revista o cuando nos reparten un folleto en mitad de la calle. La publicidad pertenece a nuestra sociedad, convive con nosotros e incluso a veces juega con nosotros y nos seduce a su antojo.

De hecho, en el mundo vitivinícola juega un papel fundamental. España, tercer productor, requiere de este servicio para darse a conocer no solo dentro de nuestras fronteras, sino también fuera de ellas.

1. ¿Qué es la publicidad?

Definir publicidad es difícil tarea. Se trata de una disciplina tan compleja y polifacética que ni los propios publicitarios se ponen de acuerdo con la hora de describirla.

David Ogilvy (1983: 7), uno de los grandes publicitarios y fundador de Ogilvy & Mather, define la publicidad así:

> No considero la publicidad ni como un entretenimiento ni como una manifestación artística, sino como un medio de información. Cuando escribo un anuncio no quiero que me digan que les parece «creativo». Lo que quiero es que les parezca tan interesante que compren el producto. Cuando Esquino habló, dijeron: «Que bien habla». Pero cuando Demóstenes habló, dijeron: «Vayamos contra Filipo».

Ogilvy se centra en una de las funciones de la publicidad, la de convencer y persuadir al receptor, pero olvida muchas otras. Por su parte, Luis Bassat (1993: 13), presidente del grupo de empresas de comunicación, expresa la misma función: «La publicidad es [...] el arte de convencer consumidores». Para él, la publicidad se basa en la creatividad para plasmar el estudio de mercado.

En el plano legislativo, en 1988, se intentó regular la publicidad, con la siguiente definición:

> Toda forma de comunicación realizada por una persona física o jurídica, pública o privada, en el ejercicio de una actividad comercial, industrial, artesanal o profesional, con el fin de promover de forma directa o indirecta la contratación de bienes muebles o inmuebles, servicios, derechos y obligaciones.

Sin embargo, tras dicha regulación, aparecieron anuncios contra rivales políticos, aspecto que la Ley General de Publicidad no contemplaba. Se empezó entonces a distinguir entre propaganda («venta» de ideas) y publicidad (venta de productos). Según han pasado los años, cada autor ha ido dando diferentes definiciones sobre el concepto de publicidad. Nosotros vamos a mencionar algunos de los más recientes.

Para Teófilo Marcos González (1994:56), profesor de la Universidad Complutense, la publicidad es el «conjunto de medios que se emplean para hacer pública una cosa». Se trata de una visión extremadamente simple y posiblemente equivocada. ¿Medios? ¿Hacer pública? ¿No es más bien un mensaje para vender un producto o una idea?

Antonio López Eire (1998: 22) matiza más diciendo:

> La publicidad es una institución social que sólo se entiende en una sociedad determinada, o, mejor aún, en un contexto socio-político determinado, a saber: el de la sociedad de consumo. [...] sin una serie de revoluciones previas de índole social, económica (industrial) y, naturalmente, política, no habría hoy día ni sociedad de consumo ni, por lo tanto, publicidad.

Gloria Hervás Fernández (1998: 99) se acerca más y da una definición mucho más completa:

> La publicidad es una forma de comunicación en la que el emisor (anunciante), no sólo intenta informar sobre un producto, un servicio o una idea (mensaje), sino también persuadir a un receptor colectivo (posibles consumidores), para que compre ese producto, cambie de opinión y modifique su comportamiento. Para ello utiliza los medios de comunicación de masas (radio, televisión, prensa).

En el año 2014, el DRAE en su 23.ª edición, contempla escuetamente las siguientes acepciones, obviando ciertas características intrínsecas del concepto. Define publicidad así:

> Publicidad: 1. Cualidad o estado de público. // 2. Conjunto de medios que se emplean para divulgar o extender la noticia de las cosas o de los hechos. //3. Divulgación de noticias o anuncios de carácter comercial para atraer a posibles compradores, espectadores, usuarios, etc.

No obstante, no solo hay publicidad comercial. Ya hemos dicho, coincidiendo con López Eire y Hervás, que no solo se trata de la venta de productos, sino también de «vender» ideas o de hacer cambiar de opinión al receptor o receptores. Además, Agustín Medina (2001) engloba la publicidad dentro del *marketing*; sin embargo, no define el concepto de publicidad.

Bajo la definición de *marketing* se engloba todo el proceso de comercialización de un producto desde que es creado hasta que es consumido. En este proceso intervienen multitud de factores de los que, en mayor o menor medida, depende el éxito o el fracaso comercial del producto. Se trata de diversas disciplinas que, en su con junto constituyen el denominado «marketing mix». Una de estas disciplinas es la publicidad, factor que, por su fuerza decisiva dentro del proceso, ha alcanzado un alto grado de especialización y goza de una autonomía fuera de la empresa anunciante, de modo que se ha creado su propio ámbito de desarrollo en otras empresas que se conocen como agencias de publicidad.

Por su parte, Robin Landa (2004:59), nos ofrece su visión acerca de la publicidad:

> La publicidad diferencia marcas y causas, en última instancia vende marcas y llama a la gente a la acción. Un anuncio es un mensaje determinado creado para informar, persuadir, promover o motivar a las personas en nombre de una marca o causa social. Una campaña publicitaria es una serie de anuncios coordinados, en uno o más medios, basados en una sola estrategia o temática general.

Se trata de una definición muy completa y, sobre todo actualizada, pero cabía especificar qué entiende el autor por marca, marca de un producto únicamente o también nombre de un grupo o partido político. Dicho problema, lo resuelve Antonio Ferraz Martínez (2011). Para él la publicidad abarca tres planos; es una institución social, una técnica comercial y, finalmente, una industria cultural. Diferencia la publicidad de la propaganda por sus fines mercantiles y encuentra la dimensión pragmática de la comunicación publicitaria.

Robin Landa (2011) nos habla del mismo concepto de una manera más relajada, aunque con unos principios similares. No hace una distinción tan clara, pero afirma que «la publicidad se utiliza en un sistema de libre mercado para promocionar una marca o grupo sobre otros» y unos párrafos adelante añade que «la publicidad diferencia marcas, grupos y causas, y en última instancia, vende productos y llama a la gente a la acción» (Landa, 2011: 20). Hace también un llamamiento especial a la publicidad de servicios públicos (ASP) diferenciándola de la publicidad comercial.

Como se puede ver, cada autor define la publicidad aportando un matiz distinto que lo diferencia del resto. Ninguno confluye en una misma descripción. Nosotros entendemos la publicidad como un producto creativo del estudio de mercado que pretende convencer y persuadir al receptor para que compre un producto (por medio de los anuncios) o cambie de opinión (por medio de la propaganda) y que se emite en los diferentes medios de comunicación, desde la prensa, la radio o la televisión hasta Internet, las vallas publicitarias y otros medios alternativos. Para nuestro caso, la publicidad es un producto creativo, fruto del estudio del mercado vitivinícola, que pretende convencer al consumidor de que compre un vino en particular.

2. Pasos del proceso publicitario

> Los mensajes publicitarios proponen claramente valores y modelos del comportamiento, y los creadores publicitarios, conscientes o no de ello, interpretan a su manera la simbolicidad de lo que ofrecen, intentando interpretar lo que la sociedad pueda considerar apetecible y seductor… Su discurso parece el fruto de un inventario de las pulsiones individuales básicas: alimento, sexo, relaciones sociales satisfactorias, autoestimas, poder, todo tratado de forma sintética y prototípica, pro exigencias de la legibilidad. (Pérez Tornero et al., 1992:49)

La mayoría de las empresas no tienen un departamento de publicidad; sin embargo, paulatinamente son más las que incorporan a su equipo una agencia de publicidad propia, ya que la publicidad es sinónimo de saber venderse y depende de ella, en gran medida, el éxito de los diferentes productos. No obstante, lo habitual es que esta labor sea encargada a una agencia de publicidad especializada.

Una agencia de publicidad es «un negocio que proporciona clientes con servicios creativos, de marketing y otros tipos relacionados con la planificación, creación, producción y colocación de anuncios» (Landa, 2011: 272). Dentro de este tipo de negocios, encontramos las agencias integrales, que son las que ofrecen un servicio completo. No solo realizan la campaña, sino que también la distribuyen y la lanzan al mercado. Las agencias independientes suelen ser más pequeñas y son de carácter privado. Se las conoce comúnmente como las «agencias boutique». Y, finalmente, las agencias interactivas se centran en las campañas audiovisuales y se las conoce también como «agencias digitales». Pero ¿cuáles son los pasos que sigue una agencia para producir los anuncios? Veámoslos.

2.1. El *briefing*

El proceso que lleva la agencia comienza por un buen *briefing*, que, según Agustín Medina (2001: 27), es «la herramienta básica para desarrollar la estrategia, la creatividad y la planificación de las campañas publicitarias».

El *briefing* es un estudio del mercado, el producto, la competencia, la distribución, el consumidor, el *target group* y los objetivos de *marketing* y publicitarios.

Todos los factores son sumamente importantes e imprescindibles para que la campaña publicitaria tenga éxito. Para el traductor, tanto el análisis del consumidor como el del *target group* son claves. ¿Quién es el consumidor? ¿Tiene el consumidor actual el mismo perfil que el consumidor meta?

Según Agustín Medina (2001: 29) el *target group* es el público objetivo al que dirigimos la campaña. Y, como bien dice Luis Bassat (1993), el consumidor actúa de una forma determinada, de lo cual él concluye cinco observaciones:

- el consumidor espera de la publicidad información, entretenimiento y confianza;
- el consumidor selecciona la publicidad;
- el consumidor no es fiel a una sola marca, selecciona entre una variedad;
- el consumidor busca información si el riesgo es alto, y encuentra en la fidelidad la compra segura;
- la publicidad que más gusta vende más.

Por tanto, no es lo mismo realizar una campaña publicitaria de un vino en un país que en otro, ya que la regulación del alcohol también varía. Habría que trasladar todos los factores analizados en el país de origen a los factores que nos encontraremos en el país o cultura meta.

2.2. La estrategia

Dicho paso es consecuente al anterior; en primer lugar, se realiza un análisis del estado de la cuestión y, después, en función de esta, se elabora una estrategia a fin de persuadir al posible receptor o consumidor de la mejor forma posible.

Dependiendo de cuál sea la función dominante del anuncio, el mecanismo estratégico variará y el tipo de publicidad también. Si el objetivo principal es atraer al receptor, utilizaremos la motivación para crear «publicidad por simpatía». Si el objetivo es hacer recordar el anuncio, utilizaremos métodos de grabación mental para lograr «publicidad por repetición». Y, finalmente, si el objetivo es convencer al receptor y disolver reticencias o posibles prejuicios hacia el producto, creamos «publicidad de argumentación» gracias a la persuasión.

2.3. La creatividad

El redactor y el director de arte son los encargados del *grupo creativo*. Son los que realizan los borradores de lo que luego será el anuncio. Dichos borradores son presentados al cliente antes de emitirlos o publicarlos, según el medio en el que vayan a aparecer.

Según Agustín Medina, aquí se elabora el *rough* o «primer apunte de lo que será después el anuncio», que, una vez aprobado, pasa a ser el boceto (guion, en radio, *storyboard*, en televisión, y, *lay-out*, en los anuncios gráficos). En este caso, nos interesa preferentemente el *lay-out* u orden de los elementos del anuncio gráfico (Medina, 2001): la tipografía, el grafismo, la marca, el logotipo, los símbolos, etc.

Posiblemente, el eslogan sea la parte más creativa del anuncio, ya que suele ser una frase chocante y original referente a las cualidades del producto. Sirven metáforas, preguntas retóricas, aseveraciones, onomatopeyas, etc. Según Bassat (1993), el eslogan debe ser corto y memorable, profundo y brillante, simple y único, impactante, perdurable y, además, creíble y relevante.

Todos estos elementos son importantes dentro de la fase dedicada a la creatividad; sin embargo, quedémonos con la siguiente reflexión y tengámosla siempre presente, como apunta Robin Landa (2011: 32):

> El pensamiento creativo es necesario durante todas las fases de un proyecto de publicidad. Las soluciones creativas se generan en una mente aguda e imaginativa o un equipo de mentes agudas e imaginativas.

La propia autora, incide en la importancia del concepto subyacente que se esconde tras un buen anuncio. Esa idea cobrará vida en la fase del diseño; por tanto, debe ser clara a la vez que directa, para que el equipo creativo la materialice de la mejor manera posible para lograr un anuncio eficaz. Este concepto o idea vendrá determinado por el *briefing* inicial que nos habrá proporcionado lo que Robin Landa (2011: 86) denomina «indicio de consumo».

Para plasmar esa idea en nuestro diseño es interesante elaborar un *briefing* visual. Bill Schwab, director creativo de TheGateWorldwide/New York (Robin Landa, 2011), propone un ejercicio para la elaboración de un *collage* de inspiración para un autorretrato. El ejercicio consiste en lo siguiente:

- Definir los colores, los estilos gráficos y fotográficos que lo identifiquen.
- Elegir una lista de vocabulario visual que lo describa e identifique.
- Finalmente, plasmar dichas ideas en un tablón *collage*, que nos ayudará a establecer la siguiente fase: el diseño.

2.4. El diseño

En esta fase, se materializa la idea de una forma visual. Se presentan al cliente varias opciones diferentes, pero todas siguiendo el *briefing* y la estrategia determinada en un principio de acuerdo con este.

Según Robin Landa (2011: 39–40), que asegura que «el diseño es un proceso repetitivo y no lineal», los pasos de esta fase son los siguientes: realización de bocetos, elaboración de prototipos o borradores, artes finales y, por último, la revisión por parte del cliente, que será quien dé o no el visto bueno al diseño creado. Más adelante, define unos principios básicos para tener en cuenta en el diseño de un anuncio. Son los siguientes: formato, balance, jerarquía visual, unidad (proximidad, similitud, continuidad, cierre, destino común o línea continua), ritmo, armonía, proporciones y escala y, por último, las relaciones de forma figura/fondo.

Además, Robin Landa (2011) elabora una lista de nueve preguntas para comprobar los fundamentos básicos que todo equipo creativo ha de realizar a la hora de componer un anuncio. Quizá no garanticen el éxito, pero dará ciertas garantías de que estamos haciendo las cosas bien y, por tanto, tendremos más posibilidades de que sea un anuncio efectivo. Son las siguientes:

- ¿Ha establecido una jerarquía visual clara?
- ¿Ha utilizado alineación para potenciar la unidad?
- ¿Ha organizado la composición para guiar al observador a través del espacio?
- ¿Ha elegido un enfoque de composición que se permita bien la comunicación?
- ¿Ha empleado acción para crear interés visual o dinamismo mediante contraste?
- ¿Ha creado interés visual?
- ¿Su ordenación es firme o parece un intento?
- ¿Ha prestado atención a los intersticios?
- ¿La visualización de su concepto mejora la comunicación y el significado?

2.5. La producción

Elaboración del anuncio en un medio determinado. Esta producción (Agustín Medina, 2001) puede ser de dos tipos: audiovisual (cuñas en la radio, *spots* en televisión, cine, etc.) y gráfica (discos ópticos, folletos, vallas publicitarias, mobiliario urbano, anuncios en prensa y revistas, etc.).

Esta división es clara y sencilla, pero no desglosa los diferentes elementos que interactúan dentro la producción de un anuncio. En 1991, Ortega Martínez (Cruz García, 2001) hace hincapié en la importancia de la relación entre el medio, el soporte y la forma del anuncio. Es decir, dependiendo del medio y el soporte, la forma del anuncio será una u otra. La identidad de un anuncio y su autonomía respecto a otros de su misma tipología difiere fundamentalmente en esos tres factores y en el tipo de producto a publicitar.

Una vez identificado el medio y el soporte exacto en el que se va a publicar el anuncio en cuestión, será fácil escoger la forma adecuada. Por ejemplo, en nuestro caso analizaremos los anuncios que aparecen en prensa, concretamente en revistas. Dentro de ese grupo, encontramos varias categorías, entre las cuales se encuentra el anuncio comercial o de marca, que es el que vamos a estudiar nosotros.

2.6. La investigación

En realidad, la investigación no es un paso, sino una labor presente en toda la campaña publicitaria. Aquí la documentación y el procesamiento de información trabajan conjuntamente en todo el proceso publicitario.

La previa investigación realizada antes de toda campaña determina tanto su éxito como esta en sí. Esto depende de numerosos factores, pero, sobre todo, del consumidor al que se dirige la campaña. Es preciso analizar el significado del anuncio, la energía que transmite, el mensaje que sugiere, la cordialidad. Según Bassat (1993: 18): «Si el anuncio gusta, es más memorable. Los mecanismos de la memoria se activan con mayor facilidad y eficacia si al espectador le gusta lo que está viendo».

Este paso, que es permanente e imprescindible a lo largo de toda la campaña, es fundamental, ya que marcará el impacto del anuncio de manera positiva o negativa. Y mucho más en tiempos de crisis, cuando debemos recurrir a lo que Luis Bassat (2011: 17) llama *Inteligencia comercial*, es decir, «la suma de muchas inteligencias con un único objetivo: vender algo a alguien». Lo importante para una marca es ser incluida en la «short-list» o lista preferida por los clientes. De hecho, el autor compara la relación entre producto-cliente de manera familiar con las relaciones humanas, cuando dice «conservar un cliente contento es como conseguir una esposa feliz. Has de decirle que la quieres todos los días» (Bassat, 2011: 45).

Y es aquí donde valores cómo el saber hacer, la calidad, la artesanía, etc., deben ser canalizados en cualquier campaña del sector vitivinícola para atrapar al público objetivo y seducirlo para que adquiera el vino publicitado.

Como cualquier aspecto social o cultural, la publicidad experimenta diferentes modas; desde color a blanco y negro hasta el minimalismo o el gran tamaño de los anuncios. Actualmente, los anuncios son emotivos, buscan llegar al receptor, lo hacen sentir cómplice o incluso protagonista. Cada vez, los anuncios se acercan más al receptor, son más personalizados. Y esto no lo puede obviar el mundo del sector vitivinícola, ya que este factor puede afectar considerablemente al número de ventas.

3. Origen de la publicidad del vino en España

Para hablar de la publicidad del vino, debemos hablar antes de los vinos. La elaboración de los vinos de calidad[1] en Europa comienza hace aproximadamente dos siglos y medio. Es en el siglo XVIII, coincidiendo con una época de bonanza y riqueza económica y sociocultural, cuando se descubren algunos de los grandes vinos[2]. Al surgir estos caldos reconocidos, con una calidad y un precio superior, surge la necesidad de incentivar la compra.

Sin embargo, desde bastante antes, tenemos referencias incipientes de lo que podría ser el nacimiento de la publicidad vitivinícola. De hecho, en 1600 el agrónomo Olivier de Serres (Peynaud y Blouin, 2002: 176) daba ya instrucciones de cómo «guiar y moldear los vinos». Un punto y aparte se estableció cuando el vino llegó «a las mesas de los poderosos». Fue entonces, en el Renacimiento, cuando se empezó a refinar el vino y también cuando se empezó a comerciar con este gracias al consumo creciente y a su connotación distintiva. Dice Gómez Urdáñez (2000: 12) que «Carlos V bebía Borgoña» y «Felipe VI vinos de Valladolid», por ejemplo.

Desde el Medievo, se regulaba la producción y progresivamente los concejos se hicieron con su regulación. De hecho, en el siglo XV ya se empezó a regular el mercado exterior. Medidas que se endurecieron durante el transcurso del siglo XVI. Constan, a modo ilustrativo, las ventas que hacían los logroñeses al pueblo de Flandes. El comercio exterior (dentro de Europa) provocó que las vides cultivadas desde entonces fueran destinadas casi únicamente al mercado y que los precios se revolucionaran.

Fue con la crisis del siglo XVII cuando comenzó la competitividad entre pueblos y por tanto su política de proteccionismo. Cosecheros y campesinos se esforzaron entonces por aumentar la rentabilidad y superar la crisis.

A finales del siglo XVIII, coincidiendo con el fin del Antiguo Régimen, el capitalismo se abrió camino y, aunque no fue tan inmediato en la agricultura, las medidas de regulación se endurecieron y las técnicas de vinicultura se mejoraron. Fue una etapa de especialización. Sin embargo, el mercado tuvo que enfrentarse a un doble problema: la bajada de los precios y la saturación del mercado.

---

1 Entendemos por vinos de calidad a los vinos criados (tratados y elaborados mediante un proceso de fermentación determinado), diferenciándolos de los vinos de año elaborados y consumidos en épocas anteriores como la Edad Media.

2 E. Peynad y J. Blouin (2000: 175) hacen alusión al «Oporto, los Graves y los Médocs de crianza, el Champagne, el Jerez y el Cognac».

Fig. 10.1: *Cartel de Bodegas Codorníu*

Fig. 10.2: *Cartel Bodegas Rioja Alta S.A.*

El vino siempre ha disfrutado de un vocabulario semiespecializado y de unas connotaciones que lo han acompañado y «decorado» a lo largo de la historia. Los bodegueros, a partir del siglo XVIII, supieron aprovechar (y siguen haciéndolo) estos valores «añadidos» para promocionar su producto. Aparecieron entonces los primeros carteles[3] informando de la venta de vinos. Ilustraban bodegueros, personajes ilustres pertenecientes al clero o a la nobleza tomando una copa de vino, mujeres bellas y exuberantes, viñedos, uvas… El soporte que utilizaban era de naturaleza muy variada. Se podían encontrar carteles en papel, tela, chapa, etc. Estos carteles[4] van tomando forma y cambiando de tamaño y elementos hasta convertirse en lo que hoy conocemos como el anuncio impreso de vinos, gracias a la llegada de la imprenta.

Fig. 10.3: *Cartel Bodegas Félix Azpilicueta*

3 En los países de habla inglesa, los carteles toman el nombre de *posters*, vocablo que posteriormente se ha convertido en un préstamo en forma de calco para el español.

4 Aquí sería interesante ahondar más sobre los carteles del vino; sin embargo, dentro de esta investigación no tiene cabida. Supondría otro proyecto independiente. Para más información, se puede consultar la bibliografía de Jorge Montes (profesor de Bellas Artes de la Escuela de Artes y Oficios de Logroño, La Rioja).

Tras el éxodo rural, a mediados del siglo XIX, la sociedad era preferentemente urbana. Fue una época de mecenazgo para el vino. La inversión privada junto con la creación de las bodegas tal como las conocemos hoy en día supusieron un antes y un después para el mercado y también para la publicidad del vino. Durante este siglo, el resto de Europa evolucionó notablemente. Comenzó entonces la libertad de comercio y dice Gómez Urdáñez (2000: 40) que «el impacto de la legislación liberal introducía la libre competencia en un mundo acostumbrado a los privilegios, lo que además tuvo su correlato fiscal». A lo largo de dicho siglo, mejoró de manera acusada la comercialización del vino. Las bodegas empezaron a producir caldos de calidad que obtenían galardones en diferentes concursos y que se promocionaban, y se siguen promocionando, de manera individual como símbolo de calidad y, sobre todo, distinción.

En el siglo XX, se crean las denominaciones y se da especial importancia a las etiquetas y contraetiquetas para evitar falsificaciones. Las grandes bodegas se modernizan y a finales de los ochenta las pequeñas hacen grandes inversiones en tecnología para poder competir con sus contrincantes para hacerse un hueco en el mercado.

4. Panorama de la publicidad del vino en España

A partir de siglo XXI, el vino se enfrenta a diversos problemas en España. En primer lugar, el principal problema sería «el cambio de estilos de vida» (Del Pozo, 2006: 264), cosa que ejemplifica de forma clara con el caso de la cerveza sin alcohol. El segundo problema de *marketing* sería la presión publicitaria de los productos sustitutivos. Y, por último, se encontraría el incremento de los precios.

Sin embargo, de cara al exterior, el vino español no se encuentra con los mismos problemas. Según Del Pozo (2006), el primer problema sería el gran incremento de los vinos del Nuevo Mundo, ya que se publicitan bien y además tienen un precio asequible. Después, debemos ser conscientes de que el vino español no se presenta como el mejor en calidad entre los europeos, sino que Francia e Italia ocupan esa posición. Europa siempre ha basado su estrategia de comercialización en centrar su atención en la labor tradicional, la tierra, la excepcional calidad de la uva, sus expertos, etc. Y, en cambio, Estados Unidos se centra en las marcas y las modas del momento.

¿Qué solución encuentra del Pozo para tantos problemas? Justifica estos datos diciendo que «el principal inconveniente del sector español es que aún se encuentra en una primera fase que podríamos denominar fase de producción», dejando todavía al lado la comunicación, el *marketing* y la publicidad. El sector vitivinícola no invierte apenas en publicidad. Según datos de Infoadex, el sector vitivinícola invirtió más de 18 millones de euros durante el 2004 en publicidad, lo que supuso un 68 % más que el 2002. Y esos datos han ido creciendo a lo largo de los años; de hecho, en 2011, España invirtió 59,7 millones[5] para publicitar sus vinos a terceros países, lo que significó un notable incremento de la exportación, un 26,3 %[6] concretamente.

España es la sexta potencia creativa publicitaria a nivel mundial. Un dato revelador de la última edición del Won Report[7]. El *ranking* lo encabezan Estados Unidos con 3164 puntos, Reino Unido con 3061 puntos y Alemania con 2370 puntos. Después están Australia con 1496 puntos, Francia con 1446 y España con 1066. Por detrás, estarían Brasil, Suecia, Nueva Zelanda, Sudáfrica, etc. Sin embargo, ninguna agencia nacional ha entrado dentro de las 25 primeras del *ranking* general, encabezado por BBDO[8] New York.

Por un lado, el sector del vino español emite escasa publicidad. La mayoría de esta publicidad está en formato impreso, concretamente en revistas. En televisión, radio u otros medios de comunicación este tipo de publicidad es casi inexistente. Las marcas de los caldos españoles no son conocidas ni por los españoles. Todo el mundo reconoce perfumes, yogures o coches porque los ha visto anunciar en televisión; sin embargo, no se puede decir lo mismo del vino.

Por otro lado, la tendencia publicitaria general de este producto es monótona, es decir, los anuncios no son originales ni se posicionan ni por la marca ni por la calidad del producto. Los anuncios de vino español son todos similares y no se diferencian, lo que los hace ser menos eficaces. Deben ser más evocadores y llamativos para surtir efecto. En el resto de países son más originales. No obstante, en la actualidad, esta tendencia está cambiando. Según Del Pozo (2006: 269),«está apareciendo la creatividad para marcar posicionamientos diferenciales». En la

---

5 Casi 30 millones de esos 60 corresponden a la ayuda de la OCM, según www.vinetur.com; véase http://www.vinetur.com/201112265349/espana-invierte-60-millones-de-euros-durante-2011-para-promocionar-sus-vino-en-terceros-paises.html (consultada: 15 de septiembre de 2021).

6 http://www.7canibales.com/oemv-espana-vende-mas-vino-pero-todavia-puede-aumentar-la-exportacion/(consultada: 20 de septiembre de 2021).

7 El Won Report es un estudio independiente de los premios de *marketing* directo nacionales e internacionales. Lo creó Patrick Collister y su primera publicación data del año 2003.

8 BBDO es la agencia publicitaria más galardonada a nivel mundial. Cuenta con 15 000 empleados y 289 oficinas en 81 países. Es la segunda red de *marketing*, con sede en Nueva York, en tamaño. http://www.bbdo.com/#(consultada: 20 de septiembre de 2021).

misma publicación, añade: «¿Qué debe hacer el sector español para crecer? La respuesta, evidentemente, a nivel global pasa por una inversión mayor en marketing» (Del Pozo, 2006: 270).

En cuanto al *marketing*, Rouzet y Seguin (2005: 30) dicen lo siguiente:

> La gestión de marketing es imprescindible en las entidades vitivinícolas. No va a contar con presupuestos significativos [...] pero será cada día más importante en la búsqueda de una eficiencia en el mercado.

En realidad, desde el año 2013, la política de promoción de las principales denominaciones españolas (Rioja, Ribera del Duero y Valdepeñas, en este orden) ha dado un giro representativo, dedicando grandes cantidades económicas a la publicidad[9]. Según datos de Infoadex, las bodegas españolas invirtieron en 2013 algo más de 61 millones de euros en publicidad. Las primeras veinte bodegas concentran el 70 % de todo lo invertido en publicidad. La DOC Rioja (que acapara el 36,9 % de las ventas[10]) invirtió 7,4 y 8 millones de euros en la campaña promocional que lanzó en 2014 para los principales países consumidores de Rioja (Reino Unido, Alemania, Estados Unidos, China, etc.). Es la denominación que más vende, pero también la que más invierte en publicitar sus vinos un 60 % del capital aportado por bodegueros y viticultores. La evolución de su publicidad podría verse reflejada en las campañas ilustradas por las figuras 10.4 a 10.6:

9 Los datos referentes a la nueva política de promoción del sector vitivinícola en España se han extraído de la siguiente web: www.elcorreodelvino.com. El autor del artículo es José Luis Martínez Díaz (consultada: 4 de abril de 2021).

10 Según el estudio AC Nielsen realizado a finales de 2012.

Fig. 10.4: *Vinos Montecillo (2000)*

Fig. 10.5: *Viña Albina (2011)*

Fig. 10.6: *Viña Pomal (2014)*

Por su parte, Ribera del Duero destinó 2,4 millones de euros ese mismo año, y consiguió además el reconocimiento de «Mejor Región Vinícola del Mundo» por *WineEnthusiast*. Finalmente, Rueda (que junto con Ribera del Duero han desbancado a la DO Valdepeñas que antes ocupaba el segundo lugar a nivel nacional) hizo una inversión de 1,5 millones, incluyendo su campaña «Ponte un Rueda» (Figura 10.7).

Fig. 10.7: *Fuente: www.bodegasvicentesanz.com*

En 2015 estas cifras aumentaron. A modo de ejemplo, podemos citar que el Consejo de la D.O.Ca. Rioja dispuso de 14,9 millones de euros, de los que 10 millones se destinaron a la promoción. Y, según datos emitidos por Europa Press[11], este 2016 el Consejo Regulador de Ribera del Duero destinará 6 millones de euros a la promoción de los vinos de la Denominación de Origen y a acciones de comunicación de la marca de calidad (siendo 3,5 millones destinados a campañas internacionales).

11 http://www.eleconomista.es/economia/noticias/7402255/03/16/Economia-Ribera-del-Duero-invertira-en-2016-un-total-de-6-millones-para-la-promocion-nacional-e-internacional.html (consultada: 4 de abril de 2021).

La gestión del producto, la coherencia del precio, la segmentación en la distribución y una adecuada publicidad son elementos determinantes de un valor armónico para la explotación. La búsqueda de la calidad es ya una constante del sector, ya que esto implica una gestión de *marketing* responsable que eduque a los consumidores para una nueva cultura del producto y su entorno con un valor añadido real y con la continua diferenciación de las opciones de consumo que no entrañan ese valor. Ya explicábamos antes los pasos del proceso publicitario y remarcábamos la importancia de la elección del *target* para luego realizar una estrategia que permita persuadirle.

> Hacer marketing consiste principalmente en segmentar un mercado (elegir un objetivo de clientela) y crear una posición de manera clara frente a las expectativas de este target (tener un *marketing mix* coherente) diferenciándose de sus competidores. (Rouzet y Seguin, 2005: 18)

El primer paso será entonces conocer el mercado, cosa que conseguiremos mediante un buen *briefing*. Una vez que hemos obtenido ese dato nos preguntaremos: ¿Quién es el cliente? ¿Es mujer o hombre? ¿Qué edad tiene? ¿Dónde compra? ¿Qué compra? ¿Con qué frecuencia?

Tras analizar el público objetivo Rouzet y Seguin (2005) proponen 12 preguntas clave para analizar el mercado, diferenciando entre actores primarios y secundarios para luego desarrollar una estrategia. Nosotros, a título personal, no consideramos imprescindible seguir su patrón, sino que creemos oportuno analizar la situación de mercado al completo sin orden alguno. La confluencia de datos o estadísticas nos irán proporcionando una guía eficaz para elaborar la estrategia. Lo que sí es importante es distinguir entre estudios cualitativos y estudios cuantitativos, ambos utilizados en empresas y determinados sectores. Rouzet y Seguin (2005: 78) definen los estudios cualitativos como aquellos «que permiten realizar tests de clientes y analizar el comportamiento de los clientes a los que se dirige» y cuantitativos como aquellos que «miden, con datos numéricos, las indicaciones de los estudios cualitativos».

Una vez que se ha establecido una estrategia global, se establecerá una estrategia determinada para exportaciones específicas, es decir, el cliente general puede ser hombre o mujer de mediana edad que bebe un vino de calidad en ocasiones especiales. A pesar de que el público objetivo puede ser el mismo en España o en Italia o en Grecia, las formas de vida o el contexto en general no tienen por qué coincidir. En dicha exportación se centrará la nueva estrategia de *marketing*, una estrategia mucho más definida. O, sin irnos tan lejos, no será lo mismo vender a un grupo determinado de la población que vender a restauradores o almacenistas, o vender en ferias o al por mayor. En cada ocasión, la estrategia tendrá sus características propias. En dichas estrategias, se encontrará por tanto la publicidad. Las campañas publicitarias darán a conocer los productos, en este caso el vino español, a los diferentes clientes, siempre teniendo en cuenta sus necesidades y exigencias.

Al respecto, Juan Manuel Osorio Pitarch (2006), director adjunto de Vinos del Instituto de Comercio Exterior (ICEX), en el IV Foro Mundial del Vino – Rioja Tercer Milenio, dedica su ponencia al análisis de la promoción de los vinos españoles en el mundo. Nos explica el estancamiento que ha sufrido el sector tanto en consumo como en producción desde 1970 en los países de tradición vinícola (Francia, España e Italia, preferentemente). Sin embargo, nos aclara que la internacionalización ha incrementado como producto de la globalización mundial. España exporta el 37,2 % de las ventas totales, detrás de Francia, Australia e Italia. El consumo en Estados Unidos y en Alemania o Reino Unido el consumo ha aumentado considerablemente, factor clave en la exportación española. Estados Unidos es el 5.º exportador y el 5.º importador a escala mundial.

Para Osorio Pitarch (2006: 197), existe «una diferencia notable entre los productores europeos y los del Nuevo Mundo: el precio». Sin embargo, no es el único factor influyente en este ámbito, el hecho de que en estos países no haya ni control ni normativa en cuanto a la producción y a la denominación, los convierte en una fuerte competencia para los países tradicionalmente productores. El incipiente mercado de los países del Nuevo Mundo ha dado lugar a la venta de vinos a coste muy bajo. No obstante, el Viejo Mundo sigue encabezando la lista de exportadores. Si la tendencia a subir de los productos de estos primeros se estancara no habría mayor problema; de lo contrario, el mercado del sector vitivinícola cambiaría radicalmente.

Como ya hemos dicho, la distribución del vino español se centra especialmente en dos mercados: los supermercados, por un lado, y, los restauradores, por otro. Osorio Pitarch (2006) encuentra un problema dual al respecto. El supermercado es un mercado al alcance de todos, lo cual lo convierte en ordinario o vulgar. El restaurador es un distribuidor especializado y, por tanto, no «puede» vender las mismas marcas que el supermercado. Los consumidores son progresivamente más sofisticados y buscan la singularidad, lo que prevé una tendencia a la baja en la compra en el supermercado y una tendencia al alza en la compra en el restaurador. El consumidor ya no busca cantidad sino calidad; quizá sea por eso por lo que el consumo habitual de vino ha descendido y el consumo de vino caro y de calidad ha aumentado. Consecuentemente, aquí el valor de la marca y su publicidad, campo en el que nos estamos centrando, ganan terreno.

> Como fortalezas, España tiene sin duda la mayor diversidad de tipos de vinos del mundo por diferencias climáticas, de suelos y culturales. Además, tenemos vinos diferenciados

con variedades autóctonas y existe un altísimo nivel tecnológico-enológico. Por otro lado, estudios recientes inciden en la salud financiera del sector y de las bodegas en general. Como contrapunto de la escasa internacionalización, la base de esa fortaleza es la existencia de un mercado doméstico fiel al producto nacional, con un peso del canal especializado superior a la media europea y con un porcentaje elevado de la venta en restauración. (Osorio Pitarch, 2006: 202)

Dicho autor señala los puntos débiles y fuertes de la oferta del sector vitivinícola español. Por un lado, presenta las siguientes debilidades: la atomización de las ventas, la poca presencia internacional, la falta de grandes marcas (ya que Freixenet sería la única marca española a escala mundial en dicho sector) y, por supuesto, el hecho de tener una legislación compleja e incomprensible para los consumidores. Por otro lado, presenta las siguientes «fortalezas»: mayor variedad de tipos de vinos gracias al clima, el suelo y la cultura, la presencia de vinos diferenciados con base en variedades autóctonas, el gran nivel tecnológico, la buena economía y la fidelidad de los consumidores españoles al producto nacional.

Como vemos, España tiene cualidades para competir en el mercado mundial. Sin embargo, coincidimos de nuevo en que necesita promocionarse más. La publicidad del sector solucionaría dos de las flaquezas anteriormente citadas. Los anuncios darían a conocer el mercado español a nivel internacional, lo que incrementaría las ventas, y, además, grandes marcas españolas se constituirían como tal a escala mundial. En definitiva, la labor de la publicidad es dar a conocer el producto publicitado y conquistar al consumidor potencial. Es frecuente pedir un *Rioja* o un *Ribera*, pero no un *Martínez Lacuesta* o un *Celestina*, por ejemplo.

5. ¿Cómo publicitamos el vino español?

La publicidad ha evolucionado mucho hasta llegar a ser lo que es hoy. En cada zona, dicha evolución ha sido diferente (por motivos económicos y políticos, especialmente), pero la tendencia cronológica ha sido la misma.

En el siglo XVIII, vendedores ambulantes ofrecían su vino de pueblo en pueblo en los días de mercado. Elías Pastor, recoge en el IV Congreso Ferroviario, un poema típico de la sierra soriana que da fe de nuestras palabras:

En Valdegrado, tenderos
Que con sus machos y mulas
Acarrean agua y vino
A la villa de San Pedro.
En Valdenegrillos, tordos
Que los cogen en inviernos

> Y los traen a vender
> Al mercado de San Pedro
> Y luego compran «morapio»
> A los arrieros de Arnedo.

Los primeros signos de publicidad explícita fueron las ramas verdes de chopo que ponían los cosecheros en sus puertas para dar a conocer a sus clientes que allí se vendía vino. De ahí el refrán «Quien rama pone, su vino quiere vender». Pancartas, rótulos y banderolas fueron las siguientes expresiones publicitarias en este sector. Sin embargo, no encontramos anuncios publicados en revistas hasta finales del siglo XIX. En La Rioja específicamente hasta 1897, lo que coincide con el comienzo del transporte de vino por ferrocarril.

Primero se trataba de anuncios en blanco y negro, anuncios que luego fueron evolucionando hasta llegar a los anuncios en color que podemos encontrar ahora mismo. Se trataba de dibujos o fotografías. Ahora son las fotografías digitales y los anagramas informáticos los que cobran protagonismo y ganan terreno progresivamente. Se va pasando de la tradición a la innovación. A finales del siglo XIX dice Elías Pastor (2006: 16) «la publicidad tenía unos objetivos claros», entre los que destaca «hacer la marca». En esta línea señala:

> [...] cada bodega según su presupuesto y proyección prepara sus campañas publicitarias, que van desde el diseño de la etiqueta hasta los anuncios en televisión. El objetivo es distinguir su producto y ofertarlo al consumidor.

En la Antigüedad, los vinos se publicitaban por vía oral. Versos, coplas y romances recitados en la plaza eran el reclamo para los posibles compradores. Expresiones como «Te la han dado con queso», «No hay mal queso con buen vino», «Beso, queso y vino espeso», «Con vino y tocino no hay ni frío ni mal camino», «Con buen queso y mejor vino, más corto se hace el camino», «Aceitunas amargas, con el vino se pasan» son un claro ejemplo. Sin embargo, en el último tercio del siglo pasado se crean las revistas y los periódicos, dentro de los cuales se empezaron a incluir «notas» y «sueltos» que promocionaban productos y servicios de forma escrita.

En la exposición *El Rioja ante el Espejo*, nos dan un ejemplo de dichas «notas»:

> En fondos y restaurantes
> en banquetes y comidas
> corre mi vino especial
> esparciendo la alegría
> ¿qué prueba esto?
> pues que sin echar bravatas
> son el Logroño la flor
> los vinos marca Zapata.
> La Rioja, 1905.

A principios del siglo xx comienzan las exportaciones fuera de Europa y la publicidad se extiende, haciéndose a la vez más necesaria. Ya a finales del siglo pasado, se empezó a prestar especial atención a la vitivinicultura, tendencia que, aunque en menor medida, continúa en nuestros días. Se anunciaban abonos, herramientas, venta de viñas, productos para el campo y, por supuesto, para el vino. En esta época, comenzaron también a utilizar imperativos e interjecciones en sus mensajes a fin de captar la atención del consumidor. Ejemplos como «Léase» o «¡¡¡IMPORTANTE!!!» demuestran bien este hecho. Destaca también en aquellos días el incremento del auge de los productos foráneos. Actualmente, se siguen publicitando dichos productos; pero, sin lugar a dudas, el vino es el rey del mercado.

Tras la ley Evin[12] promulgada en Francia, la tendencia seguida hasta ahora cambia en toda Europa. La citada ley regula la publicidad del sector e incluso prohíbe totalmente su publicación en ciertos medios de comunicación. En 1982, el INFE, predecesor del ICEX, comenzó a publicitar los vinos con planes sectoriales según la DO. Crearon también «centros de promoción especializados de Vinos de España en el Reino Unido, Estados Unidos, Alemania y Holanda» (Osorio Pitarch, 2006: 204). Desde aquel momento, las etiquetas de las botellas se reconocen por la presencia de la bandera española, que proporciona al mercado español reconocimiento a nivel internacional.

Desde 1982 hasta 2002, esta oferta cambió radicalmente. El gran incremento del número de DO demandaba realizar campañas independientes. Sin embargo, en 2003, se pretende ampliar la promoción y dedicarla a los «mercados prioritarios». Se comienza a utilizar de nuevo la calificación de «Vinos de España» con el fin de crear una imagen del país y beneficiar a la venta del vino español, sin renunciar a la distinción de la gran variedad de vinos que posee el mercado español. Señala al respecto Osorio Pitarch (2006: 205) que en el caso de las denominaciones de gran prestigio a nivel internacional (ejemplifica con la DO Rioja) se quiere continuar con las acciones, pero siempre integradas en campañas efectivas. Y añade los objetivos que tiene el ICEX tanto a medio como a largo plazo. Como objetivos, a medio plazo, queremos mantener y mejorar la cuota de los vinos españoles en los mercados prioritarios en los segmentos *premium* y *superpremium*, superiores a los 5 euros en la venta al público. Lógicamente esto depende de los mercados a los que nos refiramos y los impuestos

12 En 1991, la ley Evin (que regula y limita la publicidad de bebidas alcohólicas) supuso para los franceses un impacto considerable, dado el arraigo cultural que siempre han tenido con el vino. Actualmente, se plantea la regulación de la promoción de este producto en Internet, ya que por el momento se encuentra en un vacío legal.

que tengan. A medio y largo plazo, el objetivo es consolidar la imagen de España como «el país vinícola más innovador de Europa», según el informe del Rabobank de 2003, y como «productor de los vinos más excitantes de Europa», según del *WineSpectator* de junio de 2003. A largo plazo, esta es una imagen interesante y que nos está ayudando a crear y difundir muchos medios de comunicación especializados.

Nos parece que se trata de una buena idea, pero el consumidor español no lo entiende así. Esto suele ocurrir por la falta de información, no se suele proporcionar la información necesaria para que los ciudadanos tengan una clara opinión. Mucha gente de la calle piensa que la idea es eliminar las DO y hacerlas confluir en una única bajo el nombre de Vinos de España. De hecho, los vinos españoles se publicitan generalmente por dos vías: como DO o como marca de una bodega y no como Vinos de España.

En cuanto a los objetivos, viene a reafirmar lo que venimos diciendo a lo largo de nuestro artículo. La promoción del vino español en el exterior es absolutamente necesaria. Además, la confluencia de todos los vinos españoles en un mismo objetivo (vender el vino del país) reduciría costes en las campañas publicitarias y ganaría terreno en eficacia. Afortunadamente, los vinos españoles sí se publicitan a nivel internacional en revistas de renombre como *WineSpectator* o *Vinum*.

Otra posible opción presentada en la exposición *El Rioja ante el Espejo* es la promoción de todo lo relativo a la *dieta mediterránea,* resaltando el aspecto saludable del vino respecto al resto de bebidas alcohólicas, informando más al consumidor de los beneficios sobre la salud que han sido descubiertos por reconocidos científicos y mostrando también la pirámide alimentaria propuesta por dicha dieta, en la cual el vino es un componente más.

6. Conclusiones

Una vez consultadas las definiciones aportadas por expertos en la materia tales como Ogilvy (1983), Bassat (1993), Marcos González (1994), Hervás Fernández (1998), Robin Landa (2004, 2011) o Ferraz Martínez (2011), entendemos por publicidad el producto creativo que nace del estudio de mercado con la intención de convencer al público objetivo para que adquiera un producto o cambie de opinión emitido en los diferentes medios de comunicación. En el caso del presente artículo, un producto creativo, fruto del estudio del mercado vitivinícola, que persuade al consumidor para que compre un vino en particular. Dicha publicidad atraviesa por las siguientes fases durante su elaboración: *briefing*, estrategia, creatividad, diseño, producción (gráfica o audiovisual) e investigación.

Como hemos visto, en el caso del mercado vitivinícola, la publicidad del vino evoluciona muy lentamente y se centra en textos muy informativos y objetivos. No obstante, la tendencia a la innovación permanece constante y comienza a incluir el aspecto sensorial en sus publicaciones.

De cara al futuro, las campañas del sector se encaminan hacia el progreso y la innovación. Como todos los campos, el mundo vitivinícola debe modernizarse y hacerse un hueco en el mercado internacional. Para ello, la documentación se sirve actualmente de medios interactivos que dan lugar a publicidad con texto, sonido e imagen y superan así las técnicas utilizadas en televisión o vídeo, aparentemente menos productivas. Finalmente, como reflexión, se debe tender a la promoción de todas las manifestaciones afectivas que rodean al mundo del vino (fiestas agrícolas, reuniones familiares, celebraciones religiosas, fiestas en general) a fin de hacer cómplice y partícipe al público. La clave está en hacerle sentirse identificado con lo que está leyendo, viendo o escuchando.

Referencias bibliográficas

Agencia Española De Seguridad Alimentaria Y Nutrición (1970): *Estatuto de la viña, del vino y de los alcoholes.* [Consulta en línea: http://www.aesan.msc.es/AESAN/web/legislacion/subdetalle/estatuto.shtml; 12/07/2017].

Bassat, Luis, (1993): *El libro rojo de la publicidad (ideas que mueven montañas).* Madrid, Espasa-Calpe.

Bassat, Luis (2011): *Inteligencia comercial.* Barcelona, Plataforma Editorial.

Bbdo Worldwide. Agencia de publicidad internacional Batten, Barton, Durstine & Osborn. [Consulta en línea https://www.bbdo.com; 2/08/2017].

Ddb. Agencia de marketing. «Los 10 Principios de Bill Bernbach» [Consulta en línea http://www.ddb.com/spain/principios.html; 20/10/2012].

El Blog Feroz (2012): Diario digital. Entrevista de Gracia Feroz [Consulta en línea www.elblogferoz.com; 12/07/2012].

Elías Pastor, Luis Vicente(2006): *La bodega R. López de Heredia y su relación con el ferrocarril.* Málaga, Actas del Congreso de Historia del Ferrocarril.

Ferraz Martínez, Antonio(2011): *El lenguaje de la publicidad* (9ªed), Madrid, Editorial Arco-Libros.

Gómez Urdáñez, José Luis(2000): *El Rioja Histórico.* Logroño, Consejo Regulador de la DOC Rioja en colaboración y Universidad de La Rioja.

Hervás Fernández, Gloria (1998): *Cómo dominar la comunicación verbal y no verbal*, Madrid, Playor, Teoría y actividades.

Infoadex. Base de datos española sobre publicidad. [Consulta en línea http://www.infoadex.es/index.html; 12/06/2016].

Instituto Español De Comercio Exterior (2016): Vinos de España. [Consulta en línea http://www.winesfromspain.com/icex/cda/controller/pageGen/0,3815,1559872_6759258_6759254_0,00.html; 12/06/2016].

IV Foro Mundial Del Vino. Rioja Tercer Milenio (2006): Congresos y Jornadas. Gobierno de La Rioja: Agricultura y Desarrollo Económico. Imprime: Quintana, Industrias Gráficas.

Landa, Robin (2011): *Publicidad y diseño. Las claves del éxito.* Madrid, Ediciones Anaya Multimedia.

Landa, Robin (2004): *El diseño en la publicidad. Crear mensajes gráficos con gran impacto visual.* Madrid, Grupo Anaya.

Marcos González, Teófilo (1994): *La publicidad hablando con Teófilo marcos.* Acento Editorial, Madrid.

Medina, Agustín (2001): *La Publicidad.* Madrid, Acento Editorial.

Ogilvy, David (1983): *Ogilvy on Advertising.* Nueva York, Crown Publishers Inc.

Organisation Internationale De La Vigne Et Du Vin (Oiv). [Consulta en línea http://www.oiv.int/oiv/cms/index; 3/11/2021].

Osorio Pitarch, Juan Manuel (2006): «Promoción de los vinos españoles en el mundo», en IV Foro Mundial del Vino, Rioja Tercer Milenio, 195–209.

Pérez Tornero, José Manuel, Fabio Tropea, Pilar Sanagustín y Pere-Oriol Costa (1992): *La seducción de la opulencia. Publicidad, moda y consumo.* Barcelona, Paidós Ibérica

Peynaud, Émile y Jacques Blouin (2002): *Le goût du vin.* París, Dunod.

Pozo, Antonio del (2006): «Publicidad y comunicación para incrementar el consumo», *en IV Foro Mundial del Vino. Rioja Tercer Milenio.* 12–14 de mayo de 2004. Logroño, Gobierno de La Rioja.

Rouzet, Emmanuelle y Gérard Seguin, (2005): *El marketing del vino. Saber vender el vino.* Madrid, Mundi-Prensa (Trad.: César Vacchiano).

The Nielsen Company (2012): *El año 2011 cerró con un incremento del 7,3% de inversión publicitaria frente al año 2010.* [Consulta en línea http://es.nielsen.com/news/20120424.sthm; 24/04/2012].

Vinetur (2012): Revista Digital Líder del Vino. [Consulta en línea http://vinetur.com; 25/04/2012].

Wordpress (2012). «La fortaleza e importancia de las marcas en tiempos de crisis» [Consulta en línea http://extensionacademica.wordpress.com/2012/04/11/la-fortaleza-e-importanica-de-las-marcas-en-epoca-de-crisis/; 12/47/2012].

Laura Enjuto Martín

El «hablar conciso»: fraseologismos en torno al vino. Géneros, tipos textuales y traducción

Resumen: Los fraseologismos en torno a la cultura del vino condensan experiencias y el saber popular y se usan de manera natural en nuestra lengua. Partiendo de esta base y analizando con más detalle las principales características de las unidades fraseológicas vamos a formular la hipótesis de que este tipo de unidades constituyen un género textual que a menudo se confunde con tipo textual o se utilizan indistintamente. Además, y puesto que nuestro enfoque es traductológico, nos vemos obligados a revisar los conceptos de género y tipo textual desde un punto de vista traductológico.

Palabras clave : Género textual. Tipo textual. Fraseologismo. Traducción. Vino.

Abstract: Many phraseological units that had their origin in the winemaking culture condense experiences and common knowledge and they are used naturally in the Spanish language. Taking this as a starting point and analysing the main characteristics of these phraseologisms in detail, we are formulating the hypothesis these units form a textual genre which is often confused with textual type, or they are used indifferently. As our purpose is to translate, we are obliged to review the concepts of genre and text type from a translation point of view.

Keywords: Textual genre. Textual type. Phaseologisms. Translation. Wine.

0. Introducción

En líneas generales, en el presente artículo y siguiendo el orden del título del mismo vamos a explicar una forma de hablar que hemos llamado el «hablar conciso» cuando utilizamos unidades fraseológicas (UF), concretamente fraseologismos que hoy en día son de uso común, pero tuvieron su origen en un contexto vitivinícola. Además, nuestro objetivo principal es intentar ubicar este tipo de fraseologismos dentro de un género o tipo textual. El género y la tipología textual se corresponden con criterios externos o internos de caracterización textual, por lo que ambos son fundamentales en investigaciones empíricas que recopilen corpus en su metodología. Al ser nuestro enfoque traductológico nos vemos avocados a revisar las definiciones de género, en contraste con tipo textual desde un punto de vista traductológico y ver así qué modelo de análisis se ajusta mejor a nuestros fines. Para ello, hacemos un repaso de las principales características que definen el tipo de UF que queremos analizar por dos razones, primero para entender la forma de hablar, y segundo, decidir si se pueden englobar dentro de un tipo o género textual.

1. El hablar conciso

«Al pan, pan y al vino, vino» es una paremia: refrán, de origen vitivinícola y que indica hablar de manera directa y sin rodeos sobre los asuntos que se discuten, condena las medias tintas, las indirectas y cualquier otra forma de ocultar, alterar o disfrazar el significado más evidente. Esta unidad fraseológica, muy conocida y usada en nuestra comunidad lingüística, resume muy bien la idea que pretendemos reflejar con el término el «hablar conciso» que explicamos en las siguientes líneas.

Hacemos uso de la expresión el «hablar conciso», tomando como referencia la obra *El hablar lapidario: ensayo de paremiología mexicana* (1996) de Herón Pérez Martínez, en la que el autor se propone realizar una exploración en el «hablar paremiológico» o discurso lapidario con el fin de estudiar su técnica, sus funciones, recursos y características a partir de un corpus de refranes mexicanos. En la primera parte de su ensayo define los conceptos de «habla», «discurso» «lapidario» y «refranero», entre otros. Cuando utiliza los términos «discurso» o «habla lapidario» se refiere a una forma de hablar «breve, concisa, pesada, preñada de sentido, tajante, capaz de zanjar por sí misma cualquier discusión y por tanto, lacónica» (Pérez Martínez, 1996: 55). Nosotros aplicamos la palabra «conciso» no solamente a las paremias de origen vitivinícola, sino a todo el conjunto de unidades fraseológicas de uso común en torno a la cultura del vino y que explicamos en el siguiente apartado.

Según el Diccionario de la lengua española «conciso», proviene del latín *concisus*: adj. Que tiene concisión. Según el mismo diccionario, «concisión» significa: f. Brevedad y economía de medios en el modo de expresar un concepto con exactitud.

Veamos ahora sinónimos del adjetivo *conciso* tomadas de diferentes fuentes que nos ayudarán a entender cómo nosotros vemos las unidades fraseológicas que estudiamos:

> abreviado, breve, cabal, compendioso, cortante, corto, escrupuloso, escueto, estricto, exacto, exiguo, lacónico, llano, parco, preciso, reducido, resumido, seco, sintético, sobrio, sucinto, sumario, telegráfico, terminante, etc.

Cuando hacemos uso de UF en nuestras conversaciones naturales hablamos de forma concisa, resumida o telegráfica, a veces sobria, cortante y siempre exacta, expresamos lo que queremos decir tal cual es.

«Hablar conciso» es, por tanto, una forma de hablar abreviada, densa o condensada en la medida en que es austera y expresa con exactitud una idea empleando solamente las palabras indispensables, sin florituras innecesarias y que por ese solo hecho es una forma de hablar clara y precisa que dice exactamente lo que quiere decir y como se quiere decir.

Para Pérez Martínez (1996: 63) «Un texto conciso es, por definición, un texto preciso y, consiguientemente un texto denso y pesado en donde las palabras despliegan su plena capacidad expresiva». Refiriéndose al refrán dice Pérez Martínez que pertenece a las formas breves y que en las actuales ciencias de la literatura, en efecto, se suele llamar «forma breve a ciertos géneros literarios, pseudo-géneros o formas particulares» (1996: 61).

Una vez explicado esto, y siguiendo el orden del título que damos a este artículo, vamos a pasar a hablar de las unidades fraseológicas a las que nosotros nos referimos, sus características esenciales y como las entendemos.

2. Fraseologismos en torno a la cultura del vino

Una forma de hablar conciso es utilizando UF. Cuando usamos este término nos referimos a una serie de construcciones que son discurso repetido, que anteriormente se denominaban de forma general como *frases hechas*, formadas por sintagmas u oraciones simples o compuestas que amén de su brevedad, concisión y máxima expresividad, dan cuerpo a sentencias, avisos, consejos, máximas o indicaciones morales, didácticas, prácticas, sapienciales, a veces contradictorias, incluso misóginas o machistas. Son una magnífica vía para conocer y comprender la forma de razonar, ser y quehacer de las personas, son construcciones que se han fijado en la memoria colectiva e individual y en el habla común, formando parte del acervo sociocultural de nuestra comunidad lingüística.

2.1. Fraseología y fraseologismos

Empezamos hablando de fraseología y fraseologismos, con lo cual nos arriesgamos a repetir cosas bien sabidas, pero para dejar claro nuestra postura sobre el tipo de UF a las que nos referimos en este artículo nos parece interesante enumerar las principales características que las definen y esbozar al menos dos propuestas clasificatorias: la de Corpas (1996, 1997, 2000, 2003) y Penadés (1997, 2000, 2001, 2005, 2012).

En las últimas décadas se han realizado varios estudios sobre la disciplina de la fraseología y su objeto de estudio: las unidades fraseológicas o fraseologismos. Nos referimos a investigaciones de Gloria Corpas (1996, 1997, 2000, 2003), Julia

Sevilla (1993, 1997), Pedro Mogorrón (2002, 2009), e Inmaculada Penadés (2000, 2001, 2005, 2012), entre otros, que han hecho especial hincapié en el potencial empleo de las mismas. Pues bien, existen muchos fraseologismos que, siendo de uso común tienen su origen en torno a la cultura del vino, describen el lenguaje como parte de la realidad en cuanto a que son utilizados en la vida ordinaria y condensan, de ahí «el hablar conciso», experiencias y el saber popular de nuestra comunidad lingüística.

Los lingüistas que mencionamos han ido proporcionando distintas definiciones y diferentes términos para referirse a este tipo de unidades, además los criterios que se deben seguir para la clasificación o delimitación de las UF siguen siendo un aspecto no claro y controvertido. Mogorrón (2002: 20–21) dice al respecto:

> A título meramente ilustrativo, citamos a continuación los siguientes nombres que servirán para dar una pequeña idea de la abundante nomenclatura que la mayoría de las veces responde además a concepciones diferentes: «Fraseologismo, expresiones idiomáticas, unidad fraseológica, expresiones fijas, expresiones fijadas, modismos, giros idiomáticos, fórmulas proverbiales, refranes y sentencias, proverbios, frases hechas, paremias, locuciones, etc.».
> Sin embargo, hay un cierto consenso en que hay rasgos, tres en concreto, que no pueden faltar y que caracterizan de forma general a este tipo de construcciones: su idiomaticidad, su fijación y su carácter compuesto o polisémico.

Pionera en la disciplina en España, Gloria Corpas, en su *Manual de fraseología española* (1996), indaga en las cuestiones «institucionales» de la fraseología, las cuales son los límites de la disciplina, la elección de un término común y características. Opta por el término *unidad fraseológica* por ser el menos comprometido, el más explícito y el más aceptado en los ámbitos de las distintas lenguas. Entiende por unidades fraseológicas:

> … unidades léxicas formadas por más de dos palabras gráficas en su límite inferior, cuyo límite superior se sitúa en el nivel de la oración compuesta. Dichas unidades se caracterizan por su alta frecuencia de uso, y de coaparición de sus elementos integrantes; por su institucionalización, entendida en términos de fijación y especialización semántica, por su idiomaticidad y variación potenciales; así como por el grado en el cual se dan todos estos aspectos en los distintos tipos (Corpas, 1996: 20).

Según se observa en esta definición, la autora presenta una concepción amplia de la fraseología, puesto que según su opinión bajo el paraguas de unidad fraseológica tienen cabida tanto estructuras sintagmáticas que constituyen enunciados incompletos: locuciones y colocaciones, como enunciados completos: refranes, citas y fórmulas.

Para Corpas Pastor (1996: 23) una UF nace del hecho de que una construcción libre, usada en una determinada ocasión, aparezca repetida por otros hablantes como una combinación ya hecha. A mayor frecuencia de aparición en el discurso, más posibilidad tendrá la combinación de convertirse en una expresión fija. Este proceso de institucionalización de un fraseologismo va parejo a la sucesiva pérdida de la autonomía componencial y a la especialización semántica. La idiomaticidad, se presenta como el grado más alto de la especialización semántica. En cuanto a la fijación, es relativa, como advierte Corpas, y no significa «congelación» de la UF. Muchas UF admiten variación en sus componentes sin alterar el significado, ya que se llevan a cabo dentro de los mismos límites contextuales, sociolingüísticos o estructurales y no pierden su «personalidad». Así, por ejemplo, no hay diferencia de significado entre *de tal parra, tal racimo* o *de tal cepa, tal vino*. El grado de fijación y de idiomaticidad de una UF asegura que las modificaciones que experimenten serán reconocidas por la comunidad hablante.

Como es de esperar, no todas las unidades fraseológicas presentan el mismo grado de fijación formal y semántica. Y esto, permite hablar de gradación en la manifestación de los rasgos de las UF que sirve de fundamento para sus clasificaciones. La clasificación «ancha» de la fraseología de Corpas se basa en dos criterios taxonómicos básicos, el de enunciado y el de fijación, que le permiten diseñar a la autora una clasificación en tres esferas: colocaciones, locuciones y enunciados fraseológicos, que van desde un menor a un mayor grado de idiomaticidad.

La primera esfera, las colocaciones, y la segunda esfera, las locuciones, están representadas por sintagmas que requieren un apoyo contextual para desarrollar sus funciones, se refieren por tanto a enunciados incompletos y consecuentemente se encuentran dentro del dominio suboracional. La tercera esfera integra a las paremias y a las fórmulas rutinarias que se encuentran dentro del dominio oracional.

Su *Manual* ha sido un trabajo clave para el desarrollo de la fraseología en el ámbito español. Con el trascurso de los años, la autora ha ido actualizando su concepción de la disciplina con trabajos posteriores como *Las lenguas de Europa: estudios de fraseología, fraseografía y traducción* (2000) y *Diez años de investigación en fraseología: análisis sintáctico-semánticos, contrastivos y traductológicos* (2003).

Penadés (2012:10) matiza la división de Corpas de tres esferas añadiendo una cuarta esfera: las paremias.

> Dado que las dos primeras clases de unidades se caracterizan por no constituir enunciados y la tercera por serlo, y dado que en la tercera esfera diferencia entre paremias, por una parte, y fórmulas, por otra, creo que puede ser más ilustrativo partir, para clasificar los fraseologismos, de la equivalencia o no con un enunciado, de manera que el resultado serían cuatro esferas distribuidas en dos grupos: unidades que equivalen a un enunciado o a una oración y unidades que no equivalen a un enunciado, sino que, más bien, forman parte de él. Dentro del primer grupo, a su vez, se pueden separar las paremias de las fórmulas y, en el segundo, es posible diferenciar entre colocaciones y locuciones.

Para Penadés (2012: 6), la propia definición del término UF proporciona sus tres características. Estas son combinaciones de palabras, fijas formalmente y fijas semánticamente.

Por fijación formal entiende fijación de orden, de categorías gramaticales, fijación en el inventario de los componentes y, por último, fijación transformativa. Las variaciones, modificaciones y alteraciones propias de los elementos que las constituyen no son posibles cuando esos elementos entran a formar parte de alguna UF. Sería el caso de *a ojo de buen cubero* que no aceptaría la inclusión del determinante *dos*, *a dos ojos de buen cubero*, por ejemplo.

Sin embargo, la fijación formal, explica la autora (2012: 6) es una característica relativa, no absoluta, porque en algunas UF sí es posible modificar su forma, por lo que existen grados dentro de esta característica. Se puede decir, *sin gastar el vino no podrás gustar* o *sin gastar no podrás el vino gustar*, es decir, se puede alterar el orden de los componentes en algunas de ellas. En otros casos se pueden cambiar las categorías gramaticales como en *pregona vino y vende vinagre* o *pregono vino y vendo vinagre*; se puede variar el inventario de componentes, es válido decir *ir de vinos*, e *ir a tomar unos vinos*, en este caso incluyendo elementos entre sus constituyentes, suprimiéndolos o sustituyendo algún elemento por otro, como en *pillar una mierda/borrachera/cogorza.* Por último, señala Penadés, se puede transformar algún elemento *bautizar el vino y vino bautizado.*

En cuanto a la fijación semántica, también llamada idiomaticidad, cuando estamos ante una UF cuyo significado no se puede deducir del significado de los elementos que la forman, se considera que está fijada semánticamente, está lexicalizada, tiene un significado fijo o es idiomática (Penadés, 2012). Son diversas las circunstancias que pueden contribuir a la fijación semántica y, al igual que en la fijación formal, en la semántica encontramos grados, de modo que algunas UF pueden ser más fijas que otras en cuanto a su significado, por lo cual resultan en la clasificación: UF idiomáticas, no idiomáticas y semiidiomática.

Las cuatro esferas a las que Penadés (2012) se refiere son las fórmulas[13], las colocaciones, las locuciones y las paremias.

- Las colocaciones

Según la autora este tipo de unidad fraseológica no equivale a un enunciado, sino que funciona como un elemento dentro de él. Se diferencian de las locuciones por estar compuestas de dos elementos: una base y un colocativo, en la que la base es una palabra autosemántica que determina el segundo elemento. A diferencia de las locuciones, se establece una restricción combinatoria: por ejemplo, en *vino añejo*, *vino* es la base, y *añejo*, el colocativo. La frecuencia de uso es importante, aunque no decisiva a la hora de determinar si una UF es una colocación. Penadés (2001: 63–64) dice al respecto:

> una determinada combinación se considera una colocación si la aparición conjunta de las unidades léxicas que la forman es frecuente, [...] esa aparición conjunta y altamente frecuente de dos elementos es una consecuencia, no la causa, de que los dos lexemas formen una colocación [...] como el criterio de la frecuencia plantea dudas, urge la obligación de acudir a otras caracterizaciones del término colocación.

Hace la autora una comparación entre las definiciones que Corpas, Koike y Alonso hacen de las colocaciones, y concluye que aún hay una cierta incertidumbre en los análisis de estas y que, por lo tanto, debe seguir siendo tema de estudio.

- Las locuciones

En lo referente a las locuciones, Penadés Martínez (2102: 14) siguiendo a Casares, reformula su definición y la cambia, palabra por palabra, a la vez que explica la causa de la elección de cada término. Así, una locución no es tanto como indicaba Casares una «combinación estable de dos o más términos, que funciona como elemento oracional y cuyo sentido unitario consabido no se justifica, sin más, como una suma del significado normal de los componentes» (Casares, 1992 [1950]: 170), sino una «combinación fija de palabras que funciona como elemento de la oración y cuyo significado no se corresponde con la suma de los significados de sus componentes» (Penadés, 2012: 23), es decir, son construcciones en las cuales la imagen y significado general se pierde y pasa este a ser idiomático.

La autora desarrolla las características que presentan dichas unidades y las justifica con una extensa exposición de citas de diferentes lingüistas doctos en la

13 En los fraseologismos de uso común en torno a la cultura del vino que nosotros analizamos no constatamos ejemplos de «fórmulas» con lo cual no las mencionamos.

materia. En especial, hace hincapié en las características principales de las locuciones, la fijación formal y la idiomaticidad. Desarrolla también otras características secundarias, como son la gradación, la variación y la frecuencia y realiza un estudio gramatical y semántico de cada tipo de locución.

Indica Penadés que existe un problema de base a la hora de catalogar las locuciones, ya que no se hace una separación terminológica exacta entre los términos «locución», «colocación», «compuesto sintagmático», «paremia» o «fórmula rutinaria» ni de las características que las definen. Advierte que no es tan sencillo delimitar las locuciones y propone una clasificación morfológica de las mismas. Hace también un análisis de cómo operan la metáfora y la metonimia en la creación de las locuciones, bien por separado, o bien por la conjunción de ambas. Toma como referencia de partida para el estudio de la metáfora los dominios fuente y los dominios meta de Lakoff. Observa que en muchos de los casos en la creación de dichas unidades opera un doble mecanismo, metáfora en primer lugar y metonimia en segundo. Y deja abierta una reflexión, ya que muchas veces no está claro qué proceso fue el primero.

- Las paremias

Para Penadés (2012: 10) las paremias son objeto de estudio de la paremiología. Son unidades que equivalen a una oración, simple o compuesta, se trataría de los refranes, los proverbios, las sentencias, las máximas o las citas. Son fraseologismos difíciles de separar, pero todos ellos constituyen una combinación de palabras equivalente a un enunciado y presentan las características de fijación formal y semántica. Por ejemplo, la UF *A nadie le hace daño el vino si se toma con tino* no permite modificar las palabras que la componen, ni se pueden incluir palabras nuevas.

Al igual que Penadés, los partidarios de una concepción estrecha de la fraseología estudian únicamente las unidades fraseológicas que no superan la estructura del sintagma y ceden el estudio de las paremias a la paremiología. Autores como Jesús Cantera o Julia Sevilla (2002) defienden la paremiología como una disciplina separada de la fraseología que se dedica al estudio de las paremias. Reconocen que existe un paralelismo entre ambas: «se trata de dos modalidades paralelas de estudios lingüísticos que pueden complementarse en más de una ocasión» (Sevilla y Cantera, 2002: 11).

El caso más representativo de paremias son los refranes, son muy populares en las lenguas, fácilmente reconocidos como tal por la comunidad lingüística, están muy vinculados a la cultura que corresponde a la lengua en cuestión y tienen carácter anónimo. Sirven para expresar un consejo, una advertencia, una recomendación o algún tipo de enseñanza moral o práctica. Teniendo en cuenta estas características, se comprende que el refrán haya sido definido como una paremia popular que se caracteriza por una temática genérica, un sentido idiomático, elementos mnemotécnicos, un alcance universal y una morfosintaxis a veces arcaica (Almela y Sevilla, 2000: 16).

Para Corpas (2003: 22):

> En verdad, no es posible establecer una separación clara y tajante entre paremiólogos y fraseólogos. Y esto por dos razones: primero porque la mayor parte de los autores que investigan en paremiología también lo hacen sobre otros tipos de unidades fraseológicas (y viceversa); y, segundo, porque las paremias forman parte integrante del universo fraseológico de las lenguas, y, por tanto, conviene estudiarlas dentro de este marco de referencia general.

En el nivel pragmático, las paremias, se aprenden de memoria, potencian la función elocutiva del mensaje y están institucionalizadas sociolingüísticamente. Idea que ampliamos a todas las UF de uso común en torno al mundo del vino a las que nos referimos en este artículo.

Según Corpas (2003: 147–148) las paremias se dividen en tres grupos.

- Enunciados de valor específico: se diferencian del resto de las paremias por no poseer valor de verdad general.
- Las citas: su característica principal es que se conoce su origen. Pueden venir de varias fuentes: obras de la literatura nacional o internacional, zarzuelas, textos bíblicos o afirmaciones atribuidas a personajes famosos. Ejemplo de la autora es *La vida es Sueño* (Calderón de la Barca) y otras que consideramos de origen vitivinícola: *In vino veritas* (Plinio el Viejo), *De mis viñas vengo* (Cervantes).
- Refranes: a diferencia de las citas, su origen es desconocido. Sin embargo, Corpas señala la existencia de refranes que han sido atribuidos a varios personajes y que por su uso general han pasado a formar parte de repertorios de refranes.

A esta clasificación, la investigadora añade otro grupo que estaría a caballo entre las paremias y las fórmulas rutinarias. Se trata, dice, de lugares comunes como *la vida da muchas vueltas*.

Destaca el refrán como el elemento central y característico de las paremias. Existen muchas otras denominaciones de los refranes, como *proverbio, máxima, dicho, aforismo, apotegma* o *sentencia*.

Corpas, siguiendo a Arnaud (1991) habla de cinco criterios para definir el refrán: lexicalización, autonomía sintáctica, autonomía textual, valor de verdad general y carácter anónimo. Y continúa, que habría que añadir las características que definen el refrán prototípico: «significado metafórico, particularidades fónicas, anomalías sintácticas o estructuras sintácticas particulares en las que sus miembros mantienen relaciones precisas, carácter tradicional y propósito didáctico o dogmático» (Corpas, 2003: 143–144).

Por último, queremos recordar que las paremias tienen aspectos formales y semánticos propios, según Corpas (1996). Entre los formales presentan arcaísmos, dialectismos, variantes de la misma paremia, y pueden mostrar varios tipos de figuras sintácticas o esquemas: isocolon*([Llamar] Al pan, pan y al vino, vino)*, antanaclasis, quiasmo, paralelismo, anáfora, antítesis o contraposición. Sintácticamente, pueden presentar estructuras complejas como por ejemplo yuxtaposición, coordinación, etc. Pueden tener forma de oraciones sin núcleo verbal que ofrecen dos miembros yuxtapuestos (*El vino calienta, el aceite alimenta)*, dos miembros en el que uno es introducido por una preposición (*Estar entre Pinto y Valdemoro)*, o pueden contener dos términos contrapuestos unidos por una conjunción (*Uvas son regalo de Dios: para el bueno y para el malo).*

Semánticamente, Corpas considera el significado denotativo literal y traslaticio de las paremias, junto con otros aspectos tales como su relación con el pensamiento simbólico o interpretación estándar. El significado denotativo está motivado por las figuras e imágenes reconocidas por la comunidad lingüística. En: *Yo te perdono, vino, el mal que me haces, por lo bien que me sabes*, se emplea la personificación del vino. Las paremias pueden estar también influidas semánticamente por sistemas de creencias: *Estar más alegre que unas Pascuas*. La autora puntualiza que el significado denotativo de las paremias expresa verdades generales, a veces, de validez atemporal, pero son verdades que se aplican a realidades distintas (Corpas, 1996: 161–163). Además de significado denotativo, las paremias tienen un significado estándar, cuya comprensión depende de la competencia del hablante. Así mismo las paremias tienen connotaciones de nivel social y cultural, también geográficas o histórico-culturales.

Con base en nuestra tesis doctoral[1] en la que realizamos varios estudios en torno a los fraseologismos de uso común en torno a la cultura del vino, las UF con las que nos encontramos son principalmente paremias, en concreto refranes, alguna cita y en menor número enunciados de valor específico. A estos les siguen las locuciones, que ocupan un lugar importante dentro de este tipo de fraseologismos, principalmente verbales y alguna nominal, y en menor medida, las colocaciones. No se da el caso de las fórmulas como indicamos anteriormente. Así, tomando como referencia las clasificaciones de Corpas y Penadés, nuestra propuesta de clasificación es esta: colocaciones, locuciones y paremias.

1 Las unidades fraseológicas de uso común en torno a la cultura del vino y su traducción al inglés (2019).

Algunos ejemplos del tipo de fraseologismos a los que nos referimos son los siguientes:

—A buen vino, no hay mal bebedor.
—A mucho vino, poco tino.
—A ojo de buen cubero.
—A su tiempo maduran las uvas.
—Al pan, pan y al vino, vino.
—Al vino y al niño hay que criarlos con cariño.
—Apestar a vino.
—Bautizar el vino.
—Beber a boca (de) jarro.
—Caerse de la parra.
—Carta de vinos.
—Con pan y vino se anda el camino.
—Dar las uvas.
—De buena cepa.
—De tal parra, tal racimo (De tal cepa, tal vino).
—De todo hay en la viña del Señor.
—De uvas a peras.
—Dormir la mona.
—Estar a por uvas.
—Estar de mala uva.
—Estar en la parra.
—Estar entre Pinto y Valdemoro.
—Estar más borracho que una cuba.
—Ir de vinos.
—Los niños y los borrachos siempre dicen la verdad.
—Más tonto que Abundio que se fue a vendimiar y llevó uvas de postre.
—Nadie diga: de esta agua no beberé.
—Ni harto (de) vino.
—Pasarlas más putas que en vendimias.
—Pintan las uvas.
—Ser o Estar avinagrado.
—Subirse a la parra.
—Te la dan con queso.
—Tener cara de vinagre.
—Tener mala uva.
—Uvas con queso saben a beso.
—Vino de la casa.
—Vino de la tierra.
—Vino de mesa.
—Vino peleón.

O menos conocidos:

—A la vuelta lo venden tinto.

—A nadie le hace daño el vino si se bebe con tino.

—Aceite y vino, bálsamo divino.

—Clases de vino solo hay dos: el buen vino y el mejor.

—Comida sin vino, vale un comino.

—De buena madre buen hijo y de buena pipa buen vino.

—De las uvas sale el vino y del vino el desatino.

—De mis viñas vengo.

—El amor y el vino sacan al hombre de tino.

—El buen vinagre del buen vino sale.

—El buen vino es oro fino.

—El buen vino resucita al peregrino.

—El buen vino se ha de beber en cristal fino.

—El milagro del borracho que lo bebe tinto y lo mea blanco.

—El mucho vino agua las fiestas.

—El pan con hartura y el vino con mesura.

—El trigo en la panera y el trigo en la bodega.

—En el vino está la verdad (In vino veritas).

—Lo que se promete con vino, se olvida por el camino.

—Más vale copa en mano, que bodega en retrato.

—Sin pan ni vino, no anda Venus el camino.

—Quien vino bebe, despacio envejece.

3. Géneros, tipos textuales y traducción

A lo largo de la historia se han intentado clasificar los diferentes tipos de textos con el fin de sistematizar su estudio y entender los mecanismos retóricos y pragmáticos que los subyacen. Aristóteles propuso estudiar la poesía en sus distintos tipos haciendo hincapié en las características individuales de cada uno de ellos porque a cada género lo determina un fin. En las últimas décadas, los ámbitos donde más se trabaja sobre el concepto de género son el de la lingüística aplicada (Swales, 1990; Bhatia 1993) y los estudios de traducción (Hatim y Mason, 1990; Trosborg, 1997; Hurtado, 2001), especialmente, la traducción especializada (Borja y Monzó, 2002; Montalt, Ezpeleta y García Izquierdo, 2008).

Prácticamente todos los autores reconocen la dimensión comunicativa del género y aparte de los aspectos textuales y las características internas de los textos que pertenecen a un mismo género, algunos insisten en la primacía de lo social para comprender los géneros. El género textual hace referencia a las categorías textuales que los hablantes de una comunidad lingüística reconocen por sus características formales y la situación o contexto en que se utilizan, según Mijaíl Bajtín aprendemos a plasmar nuestro discurso en formas genéricas.

El concepto de género y tipo de texto están interrelacionados y contribuyen a la clasificación y mejor comprensión de los textos. Sin embargo, en necesario delimitar las fronteras entre género discursivo y tipo de texto que desde hace ya unas décadas ha sido objeto de estudio:

> El estudio del género ha ido ganando mayor interés gracias a las aportaciones de corrientes lingüísticas como el análisis del discurso, la lingüística del texto o la pragmática. Otras investigaciones dedicadas al estudio de la interacción social también se han centrado en este concepto, este interés responde a la necesidad humana de sistematizar y categorizar un fenómeno de interacción social tipificada que se halla presente en todos los ámbitos en que se producen intercambios comunicativos entre los miembros de una determinada comunidad profesional o académica (Ezpeleta, 2008: 429).

En las siguientes líneas vamos a examinar lo que diferentes autores entienden por género, tipo textual y clase de texto. Los géneros no se dan aislados sino en estructuras jerarquizadas, por eso existen conceptos relacionados como supragéneros, subgéneros y pregéneros o más complejas como el caso de colonia de géneros, familia de géneros, etc., que no vamos a tratar en este artículo. Veamos lo que dicen algunos autores sobre la noción de género.

3.1. El concepto de género

Bajtín, es uno de los primeros en retomar la Retórica clásica para estudiar la teoría que él formuló de los géneros discursivos. El autor (1979) puso de relieve que el género es un conjunto de enunciados relativamente estable y ligado a una esfera social determinada. Las esferas sociales de Bajtín coinciden con los espacios sociales propuestos por el Marco Común Europeo de Referencia (MCER) dentro de los cuales se clasifican los géneros teniendo en cuenta criterios contextuales. Estos ámbitos son el público (relacionado con la interacción social), el ámbito personal (relaciones sociales y prácticas sociales individuales), el ámbito profesional (relativo a las actividades y las relaciones de una persona en el ejercicio de su profesión) y el ámbito educativo (contexto de aprendizaje o formación donde el objetivo consiste en la adquisición de conocimientos o destrezas específicas) (MCER, 2002: 24). Los estudios de traducción se han interesado en los géneros textuales a nivel profesional y didáctico porque se considera fundamental para facilitar el trabajo de los traductores.

Para Campbell y Jamieson (1978: 20) el género es una forma de conocimiento social:

> A genre is a group of acts unified by a constellation of forms that recurs in each of its members. These forms, in isolation, appear in other discourses. What is distinctive about the acts in a genre is a recurrence of the forms together in constellation.

Para Swales (1990: 58):

> A genre comprises a class of communicative events, the members of which share some set of communicative purposes. These purposes are recognized by the expert members of the parent discourse community, and thereby constitute the rationale for the genre. This rationale shapes the schematic structure of the discourse and influences and constrains choice of content and style. Communicative purpose is both a privileged criterion and one that operates to keep the scope of a genre as here conceived narrowly focused on comparable rhetorical action. In addition to purpose, exemplars of a genre exhibit various patterns of similarity in terms of structure, style, content and intended audience. If all high probability expectations are realized, the exemplar will be viewed as prototypical by the parent discourse community.

Swales (1990) considera que todas las propuestas para definir lo que es género coinciden en que el género forma parte de un grupo de hablantes con objetivos comunes, los define como eventos comunicativos que comparten propósitos comunicativos. Si bien más tarde añadirá que un texto de un género con similitudes retóricas y lingüísticas puede presentar diferencias en su propósito comunicativo (Swales y Rogers, 1995: 223), que los géneros pueden tener varios fines comunicativos que pueden percibirse de forma diferente en las partes implicadas en la comunicación (Askehave y Swales, 2001) y que el propósito comunicativo de un género puede evolucionar con el tiempo (Swales, 2004).

La idea de evolución de los géneros la han tenido en cuenta otros autores, García Izquierdo (2007: 122) dice al respecto:

> El género se concibe como un constructo (Monzó, 2002), una abstracción que representa una interfaz entre el texto y contexto; una categoría que, lejos de ser estática, puede cambiar en función de diferentes parámetros culturales y socioprofesionales. Y este carácter cambiante permite, por una parte, explicar las dificultades de clasificación de algunos géneros (aquellos que están menos convencionalizados) y, por otra, nos permite validar clasificaciones abiertas por ámbitos socioprofesionales con finalidad investigadora que podrán (y deberán) ir actualizándose de acuerdo con la dinámica propia de cada ámbito.

Hatim y Mason (1990: 96–97) hablan de los géneros como «conventionalised forms of texts» y hacen referencia a la orientación retórica, la finalidad comunicativa y las intenciones de los participantes, su naturaleza convencional y su vinculación con aspectos culturales de los que dependen. García Izquierdo

(2009: 17) considera esta triple dimensión esencial para conocer la diversidad de los géneros dependiendo de las lenguas y culturas.

Para Bhatia (1993: 39):

> Genre, after all, is a socio-culturally dependent communicative event and is judged effective to the extent that it can ensure pragmatic success in the business or other professional context in which it is used.

Trosborg (1997) tomando como referencia las teorías de Halliday, analiza la interdependencia entre «tipo de texto» y «género» y su vinculación con el «registro», esto es, campo, modo y tono. Para la autora, los géneros son categorías textuales que los hablantes de una lengua determinada pueden distinguir fácilmente, por lo tanto, se puede hablar de una «folk typology» (1997: 6). Se entiende por esto que los textos que se usan en una situación determinada y con un determinado propósito se pueden clasificar bajo una etiqueta: una guía, una canción, un poema, un anuncio, etc., y cada categoría recibe el nombre de género.

Según Muñoz Torres (2011), Adam considera:

> Los géneros son categorías empírico-prácticas de la producción y recepción, reguladoras de los enunciados y actividades comunicativas de los hablantes y prototípicas-estereotípicas definibles por tendencias o frecuencias típicas, por frecuencias de regularidades dominantes más que por criterios muy estrictos. (Apud. Muñoz Torres, 2011: 25).

Hurtado (2001:497) los define de la siguiente forma:

> Los géneros son agrupaciones textuales que comparten una situación de uso determinada, con emisores y receptores particulares, que pertenecen a un mismo campo y/o modo, generalmente con una misma función (o funciones) y tono textual, y que tienen características textuales convencionales, fundamentalmente en cuanto a su superestructura y ciertas formas lingüísticas fijas. Existen, así, diversos géneros escritos (técnicos, científicos, jurídicos, literarios, etc.), audiovisuales y orales.

Siguiendo a Gamero (2001) para diferenciar un género de otro y definirlo hay que tener en cuenta una serie de rasgos: rasgos convencionales, función textual, elementos de la situación comunicativa (emisor, receptor, campo, modo y tenor), influencia del contexto sociocultural y elementos intratextuales.

Aunque el concepto de género difiere en las referencias citadas observamos que los géneros hacen referencia a aquellas categorías textuales que los hablantes de una lengua reconocen por sus características formales y la situación en la que se utilizan. Por lo tanto, los géneros constituyen prototipos específicos o «convenciones sociotextuales» (Hatim y Mason, 1990) de cada comunidad asociados a determinadas ocasiones sociales. Es fundamental que el traductor, como agente intercultural, conozca esos patrones de cada una de las lenguas de trabajo.

Tomando como base a Swales, referente indispensable cuando se habla de géneros cuya investigación se centra en el inglés para fines específicos (1990: 34–45), veamos brevemente el concepto de género en los ámbitos del folclore, la literatura, la lingüística y la retórica. Consideramos que estos ámbitos aportan aspectos de análisis interesantes en cuanto a las unidades fraseológicas a las que se refiere.

- El género en el folclore

Uno de los enfoques en el ámbito del folclore percibe los géneros como «formas» que se consideran estables o permanentes, por ejemplo, los proverbios no han cambiado desde tiempo inmemoriales y las estructuras cognitivas se conservan gracias a la relación que se establece entre sus propios componentes discursivos. Para Swales (1990: 34):

> [...] vicious political satires become innocuous nursery rimes, incantations to prevent the soul from leaving the body reduce to formulaic «God Bless You» responses to a sneeze; and proverbs no longer play as central a role in popular education as they once used to.

Por lo tanto, lo que cambia según Swales no son los textos, sino el papel que desempeñan en la sociedad. Si consideramos las UF como géneros podríamos afirmar que no han cambiado, pero sí el papel que juega en la sociedad, debido a su idiomaticidad.

Los trabajos de los funcionalistas sobre folclore se centran en el valor sociocultural. Según Swales (1990) para asignar un valor cultural el investigador debe prestar atención a cómo una comunidad clasifica los géneros. Para los especialistas en folclore, muchos de los géneros narrativos se etiquetan en función de cómo la comunidad recibe la narración en detrimento de la forma de la propia narración. Terminamos diciendo que no todos los estudios sobre folclore aceptan el carácter estable o permanente de la forma, algunos abogan por la evolución de estos.

- El género en la literatura

La práctica literaria del siglo XX parece haber eliminado las convenciones en cuanto a la forma, contenido y papel del autor para volver al propio «género» obsoleto según indica Todorov (1976). Para el autor (1976: 159) el hecho de que la obra «desobedezca» a su género no lo hace inexistente. Es decir, si existe una transgresión hay una ley que será transgredida, por lo tanto, la norma es visible gracias a las transgresiones. Para el autor, este es el proceso del origen de los géneros: «A new genre is always the transformation of one or several old genres: by inversion, by displacement, by combination» (Todorov 1976: 161).

De acuerdo con Swales (1990), estos procesos confirman que la cuestión de las convenciones del género es vital para la evolución de las artes (en el cine, la música, el arte y la literatura). Continúa diciendo que una apreciación del género más que una condición necesaria es una condición suficiente para apreciar la literatura, es tan textual como cultural, histórica, socioeconómica y política.

- El género en la lingüística

Los lingüistas han sido más parciales en cuanto al género (Swales, 1990: 38). Esto se debe, en parte, a la renuncia a emplear un «término del arte» y también a la tendencia tradicional para hacer frente a aspectos de la lengua que se encuentra por debajo del nivel textual. Refiriéndose al «término del arte», apunta Swales (1990: 38): «In any event, the term is only found with any frequency among linguists of either ethnographic or systemic persuasions».

Nos interesa aquí mencionar al etnógrafo Hymes (1974: 61) cuando habla de géneros:

> Genres often coincide with speech events but must be treated as analytically independent of them. They may occur in (or as) different events. The sermon as a genre is typically identified with a certain place in a church service, but its properties may be invoked, for serious or humorous effect, in other situations.

Hymes acuña el concepto de «etnografía del habla», también llamado «etnografía de la comunicación», separa el género del «evento de habla» y estudia las relaciones entre lengua, cultura y sociedad a través del habla contextualmente situada. La etnografía del habla investiga la configuración que adquiere en cada comunidad lingüística, la organización de los elementos lingüísticos y culturales que entran en juego en la conducta verbal.

Al respecto, Swales, (1990) apunta que no se deben separar los eventos de habla de los géneros, pues existen, por ejemplo, discursos simples y discursos con efectos humorísticos, aunque solamente se difieran en los propósitos comunicativos.

Otros etnógrafos emplean el término género para referirse a «tipo» de evento comunicativo, como es el caso de Saville-Troike (1982) quien ofrece los siguientes ejemplos: los chistes, los cuentos, las conferencias, los saludos y las conversaciones. La autora, al igual que los folclóricos, estudia qué comunicaciones dentro de una comunidad se escriben de forma genérica, ya que estas revelan elementos de la conducta verbal de dicha comunidad.

- El género de la retórica

Al principio de esta sección decíamos que el mismo Aristóteles se propuso estudiar la poesía en sus distintos tipos haciendo hincapié en las características individuales de cada uno de ellos. La investigación de la retórica se ha interesado por la clasificación del discurso, por lo que tomaron un enfoque inductivo en vez de actuar de forma deductiva y elaborar una clasificación cerrada de categorías. Se basan en el contexto y otorgan al género un lugar central. Jamieson (1975: 406) señala:

> Three bodies of discourse may serve as evidence for the thesis that it is sometimes rhetorical genres and not rhetorical situations that are decisively formative. These bodies of discourse are the papal encyclical, the early state of the union addresses, and their congressional replies. I will argue that these discourses bear the chromosomal imprint of ancestral genres. Specifically, I propose to track essential elements of the contemporary papal encyclical to Roman imperial documents and the apostolic epistles, essential elements of the early state of the union addresses to the «king's Speech» form the throne, and essential elements of the early congressional replies to the parliamentary replies to the king.

Al respecto, Swales (1990: 43) dice:

> Jamieson is careful not to assert that established rhetoric will necessarily be a prevailing influence on a particular rhetorical response. Whether it is a situation, audience expectations or genre itself is, she advocates, a matter of inquiry.

Como recogíamos en la primera definición sobre género en este apartado, Campbell y Jamieson (1978) consideran el género como una forma de conocimiento social.

3.2. Diferencia entre género y tipo textual

El interés por las clasificaciones textuales se introdujo en traductología, principalmente desde la lingüística y el análisis del discurso. La creación de tipologías textuales que compartan características similares resulta de gran ayuda para reconocerlos, comprenderlos y trabajar con ellos. Por eso es que desde hace décadas se han realizado distintas clasificaciones desde la lingüística, la didáctica de las lenguas y la traductología principalmente, ejemplos de ello son las de Werlich (1975), Isenberg (1987), Biber (1989), Hatim y Mason (1990), Adam (1992) o Ciapuscio (1994), entre otros.

Varias investigaciones apuntan que la confusión inicial viene del ámbito germánico para «tipo textual» que equivalían a *textsorte* y *texttype*, esto es «clase de tipo textual» y «tipo textual». *Textsorte* o «clase de tipo textual» sería similar al concepto de género en traductología, para Hurtado (2001) son textos que se producen en situaciones comunicativas recurrentes.

Desde un contexto lingüístico es esencial mencionar las diferentes perspectivas recogidas por Hurtado (2001) que además de señalar la importancia y necesidad de las tipologías textuales en el estudio y didáctica de la traducción, las agrupa entre aquellas que se basan en lo siguiente:

a) la búsqueda de rasgos distintivos (Longacre, 1983; Biber 1989, etc.)
b) las clasificaciones de base contextual (Werlich, 1975, Bronckart 1985, etc.)
c) las clasificaciones de base funcional (Adam 1992, Bustos 1996, etc.)
d) las clasificaciones por géneros (Swales, 1990, Bhatia, 1993, etc.)

Veamos la propuesta de la autora que se fundamenta en el «tipo textual», el «género» o la «clase textual» (aclaramos de nuevo que esta se corresponde con el concepto de «género» en traductología). Hurtado recoge los problemas por la confusión conceptual y terminológica existentes hasta finales de los años noventa:

> Esta dispersión, además de mostrar la complejidad de la cuestión, no hace, quizás, sino poner de relieve la necesidad de vías clasificatorias diferentes y complementarias (Hurtado, 2001: 470).

Para la autora los textos pueden agruparse según su función, a los que denomina «tipos» o según su forma convencional y situación de uso, a los que denomina «géneros». Añade que es necesario identificar los rasgos afines tanto internos como externos.

De todas las propuestas que analiza, considera de suma importancia la propuesta para clasificar los géneros según Castellá y la propuesta sobre la tipología textual de Bustos.

En las siguientes líneas recogemos la propuesta sobre la tipología textual de Bustos, las propuestas de géneros literarios de la propia autora y la de Castellà que Hurtado recoge en el mismo volumen (Hurtado, 2001).

Bustos (1996) apoyándose en la clasificación de Werlich emplea como base tres variables: funciones lingüísticas predominantes, tipo de contenido transmitido (macroestructura) y forma de construcción (superestructura). Para el autor, el lector distingue cinco tipos de textos, recogidos en la tabla 11.1, donde, por claridad, se ha extraído la composición a una columna aparte en lugar de considerarla dentro de la superestructura:

Tab. 11.1: Cuadro resumen de la clasificación de Bustos, basada a su vez en Werlich.

Tipo	**Función predominante**	**Macroestructura**	**Superestructura**	**Composición**
Narrativos	Representativa	Sucesión de acciones en el tiempo	Predominio de los conectores temporales	3 partes: marco, complicación y resolución, o lo que es lo mismo: planteamiento, nudo y desenlace.
Descriptivos	Representativa	Representación de un todo y sus partes	Predominio de los conectores aditivos, los localizadores espaciales y los focalizantes.	2 partes: designación de lo que se va a escribir y expansión.
Expositivos	Representativa	Representación ordenada de un concepto o una sucesión de conceptos aislados del tiempo y del espacio	Predominio de conectores de naturaleza lógica	4 partes: planteamiento, observaciones, explicación y solución.
Argumentativos	Conativa o apelativa	Representación ordenada de conceptos que persiguen variar la imagen que asume el lector en relación con un estado de cosas	Predominio de conectores de naturaleza lógica	4 partes: tesis inicial, premisas, argumentación y conclusión
Instructivos	Apelativa y representativa	Presentación de las informaciones necesarias para llevar a cabo una tarea	Predominio de conectores temporales	Se componen de dos partes: útiles y de instrucción

Volviendo a la clasificación de los géneros de Hurtado (2001) la autora los clasifica con base en unos rasgos que los definen: función(es); elementos de la situación comunicativa como el campo, el modo, el tono y convenciones formales como la supraestructura, las formas lingüísticas fijas, etc.

Añade que dentro de los géneros existen agrupaciones más específicas que ella denomina subgéneros (por ejemplo, dentro de la novela se encuentra el subgénero de la tragedia, el drama, etc.) y otros criterios de agrupación de diversos géneros dentro del mismo ámbito que denomina *categoría supragenérica*, esta coincide con lo que Swales llamó *etiqueta supragenérica*.

Nos interesa la clasificación que Hurtado recoge sobre los géneros literarios donde podemos situar a los fraseologismos (2001: 504):

Tab. 11.2: *Clasificación de los géneros literarios (Adaptado de Marco Borillo, Verdegal Cerezo y Hurtado Albir, 1999: 168)*

CATEGORÍA SUPRAGENÉRICA	FUNCIÓN	GÉNEROS
Narrativa	Narrativa (otras funciones posibles)	Cómics e historietas Novela de quiosco o subliteratura (del oeste, rosa, policiaca) Leyenda y fábula (religiosa, moralizadora, épica, fantástica, etc.) Cuento o narración corta Novela (aventuras, picaresca, epistolar, ciencia ficción, negra, policíaca o de intriga, testimonial, biográfica autobiográfica, histórica, novela-río, *Bildungsroman*, psicológica, etc.)
Teatro	Narrativa (otras funciones posibles)	Géneros menores (entremés, farsa, sainete y vodevil) Comedia Tragedia (griega, humanista, isabelina, francesa clásica, del absurdo, etc.) Drama (melodrama, tragicomedia, moralizadora, libretos de ópera, etc.)

(*continúa en la siguiente página*)

Tab. 11.2: Continuado

CATEGORÍA SUPRAGENÉRICA	FUNCIÓN	GÉNEROS
Ensayo	Conceptual + argumentativa	Histórico, filosófico, literario, de divulgación científica, biográfico, político, etc.
Literatura didáctica	Instructiva (otras funciones posibles)	Adagios, dichos, máximas, proverbios, refranes, sentencias
Literatura periodística	Heterogeneidad de funciones (expositiva, argumentativa, instructiva)	Reportaje, entrevista, crónica, crítica (de cine, teatro, etc.), artículo, columna, editorial
Poesía	Heterogeneidad de funciones (expositiva, argumentativa, instructiva)	Dramática Lírica (anacreóntica, apología, balada, canción, égloga, elegía, glosa, idilio, loa, oda, etc.) Épica (balada, cantar de gesta, epopeya, himno, romance)

Veamos ahora la propuesta para clasificar los géneros según Castellà (1992) que a nosotros también nos parece interesante para el estudio y clasificación de los géneros:

Tab. 11.3: *Clasificación de los géneros de* Castellà (1992)

1. ÁMBITOS DE APARICIÓN
Medios de comunicación (radio, TV, prensa, publicidad): noticiarios, entrevistas, etc.
Académico (enseñanza obligatoria): examen, apuntes, resumen, etc.
Científico (académico universitario): recensión, artículo, tesis, comunicación, ponencia, etc.
Cotidiano: notas, cartas, postales, instrucciones, conversaciones, etc.
De ocio (textos de ficción y/o literarios): cine, teatro, novela, poesía, etc.
Político: mitin electoral, programa de partido, etc.
Religioso: misa, homilía, géneros de la Biblia, etc.
Administración pública: instancias, formularios, etc.
Profesionales (los diferentes sectores profesionales: técnico, comercial, etc.): informes, reuniones, etc.

(*continúa en la siguiente página*)

Tab. 11.3: Continuado

2. RASGOS TIPOLÓGICOS CONTEXTUALES
1. Relativos al tema: 1) General/Específico; 2) Simultaneidad referencial/No simultaneidad referencial; 3) Proyectado/No proyectado, Predictivo/No predictivo; 4) Pasado/No pasado; 5) Temporal/Lógico; 6) Ficción/No ficción.
2. Relativos al modo o canal: 7) Oral/Escrito; 8) Espontáneo/Preparado; 9) Simultaneidad espacial/ No simultaneidad espacial; 10) Simultaneidad temporal/No simultaneidad temporal; 11) Multidireccional/Unidireccional.
3. Relativos al tenor interpersonal: 12) Informal/Formal; 13) Modalizado/No modalizado; 14) Monologado/Dialogado; 15) Presencia emisor/Ausencia emisor; 16) Presencia receptor/Ausencia receptor.
4. Relativos al tenor funcional: 17) Descriptivo, informa sobre estados; 18) Narrativo, informa sobre hechos y acciones; 19) Expositivo, informa sobre conceptos; 20) Argumentativo, expresa opiniones, quiere convencer, etc.; 21) Directivo, quiere hacer algo a alguien; 22) Retórico, juega con el lenguaje (para crear belleza, humor, etc.).

Según este autor el conocimiento que tenemos sobre los textos se basa en un conjunto de rasgos que actúan a la vez. Define los géneros como «formas textuales convencionales para situaciones arquetípicas, creadas por la sociedad para facilitar la intercomunicación» (Castellà 1992: 236. Apud Hurtado, 2001: 467).

Por último, nos parece interesante el siguiente cuadro (Tabla 11.4) que María Pascual Cabrerizo (2016) recoge en su tesis doctoral basado en las definiciones de género y tipo textual de Castellà que sintetiza las principales diferencias entre ambos conceptos (Pascual Cabrerizo, 2016: 49):

Tab. 11.4: *Cuadro resumen de las diferencias entre géneros y tipos textuales (*Pascual Cabrerizo, 2016*: 49)*

	Tipos	**Géneros**
Definidos por…	…características lingüísticas internas.	…características externas, sociales y culturales (asociadas a otras lingüísticas internas).
Reconocidos por …	…su estructura informativa y por sus rasgos gramaticales.	…por su formato externo y los parámetros situacionales en los que se produce.
Vinculados a…	…una teoría para la clasificación científica.	…los conocimientos de la comunidad de hablantes.
Son un conjunto…	…cerrado y abstracto.	…abierto y en evolución constante.
Se puede clasificar por…	…la función predominante (manifestada a través de la organización textual y la selección de formas gramaticales y léxicas determinadas).	…ámbitos de uso social.

Pascual se suma a los autores que sostienen la idea de que clase y género son conceptos diferentes que se complementan. Nuestra postura también es esta, ambos, clase y género se complementan, suman y se perfeccionan.

3.3. Géneros y traducción

A pesar de haber incluido alguna pincelada sobre traducción, hasta ahora se ha hablado de los géneros desde un punto de vista lingüístico. En este apartado vamos a mencionar brevemente la labor del grupo GENTT (Géneros textuales para la traducción) de la Universidad de Castellón, integrado por autores que hemos mencionado anteriormente como García Izquierdo, Montalt, Gamero, Monzó o Ezpeleta, entre otros, y realiza una importantísima labor de investigación del género como herramienta epistemológica para profundizar en la comunicación.

Hay dos puntos fuertes que nos han llamado la atención sobre su investigación: la definición de género y la noción de transgénero.

> [...], los géneros son unidades de comunicación de una comunidad. Constituyen una síntesis de situaciones y manifestaciones discursivas prototípicas que constituyen una herencia aprendida y un medio de aceptación en las diferentes comunidades (son, al cabo, parte de nuestro capital cultural). Son, por supuesto, un instrumento de transmisión de contenidos a través de medios discursivos en el que se aprecia la situación de los interlocutores en la comunidad en la que participan (cumplen, por lo tanto, las condiciones del lenguaje que identifican los funcionalistas). Y, por último, pertenecen a comunidades, que pueden ser definidas por su campo de actuación, cuyos miembros son clientes potenciales de los traductores en cualquier situación intercultural (García Izquierdo y Monzó, 2003:85).

Nos parece interesante esta cita por dos razones: la primera es que los géneros son unidades de comunicación de una comunidad, la segunda es que constituyen una herencia aprendida y constituyen un medio de aceptación de las diferentes comunidades por ser parte de nuestro capital cultural.

Ya hemos hablado de las unidades fraseológicas en el apartado 1 y no vamos a repetir las características más relevantes que las definen, pero a colación de la definición de género de García Izquierdo y Monzó, queremos añadir que las UF son una forma de expresar los aspectos culturales de una comunidad lingüística, el contenido de estas está relacionado con el entorno sociocultural donde tienen lugar y, por último, traducen y reflejan nuestro vivir diario. Se trata de construcciones que, aunque tuvieron su origen en algunos casos hace siglos debido a nuestra tradición vitivinícola, se han transmitido oralmente de generación en generación y han sido aceptadas por nuestra comunidad lingüística.

Unos años más tarde García Izquierdo matiza esta idea de género[2] y considera la versatilidad de los géneros como una posibilidad para actualizarlos en cada ámbito de investigación, lo que supone a la vez un foco de inconvenientes para elaborar clasificaciones.

Otra aportación relevante del grupo GENTT es la noción de transgénero:

> Género propio de la traducción, que reúne la triple consideración cultural, cognitiva y discursiva de los géneros, y posee características homogéneas entre los textos pertenecientes a un mismo género y diferencias respecto a los textos originales de la cultura de partida y de llegada a los que se podría considerar análogos (Monzó, 2002: 251).

Si tenemos en cuenta el contexto sociocultural del género y lo llevamos más allá de nuestras fronteras, nos encontramos con el concepto de transgénero, es por lo tanto un género que se desarrolla en dos o más lenguas. El concepto de transgénero nos lleva a las nociones de paracultura, transculturación y culturema.

La cultura es un componente inherente del género y, por tanto, toma forma de acuerdo con el estilo de la vida de la comunidad en la que se desarrolla. Monzó (2002) incluye la noción de paracultura para hacer referencia a las «comunidades unidas por vínculos profesionales» (Vermeer, 1986; en García Izquierdo, 2012: 71) dentro del campo de la traductología. Así, la traducción sería «una paracultura específica, en la que se desarrollarán también unos géneros específicos: los transgéneros» (García Izquierdo, 2001: 61).

Algunas UF transmiten conceptos culturales similares o casi idénticos a otras culturas. La cultura del vino está muy arraigada en países como Francia, Italia e incluso Portugal y, por lo tanto, se refleja en su lengua. Estas culturas comparten valores y aspectos culturales universales, lo que implica que haya mayor existencia de correspondencias entre diversas culturas, como indica Monzó en su definición de transgénero ambos textos, el de partida y de llegada, se pueden considerar análogos. Sin embargo, la tradición vitivinícola en la lengua inglesa no está tan enraizada como pueda estarlo en francés o italiano, por ejemplo, consecuentemente, traducir al inglés UF relativas al vino puede implicar traducir el mensaje del texto de la lengua origen a una realidad cultural diferente. Es aquí donde el fraseologismo adquiere el sello de culturema. Para explicar este término empezamos definiendo lo que es transculturación.

El Diccionario de la Lengua Española define el término «transculturación» como «Recepción por un pueblo o grupo social de formas de cultura procedentes de otro, que sustituyen de un modo más o menos completo a las propias».

---

2 Recogida en el apartado 4.1. El concepto de género.

De esta definición, obtenemos los términos pueblo o grupo social y cultura. La cultura integra los elementos que caracterizan y definen a un grupo social, estos elementos que identifican a un pueblo como tal se convierten en una cualidad primordial de las unidades fraseológicas. Hay UF que están impregnadas de conceptos, símbolos, metáforas, etc., que pertenecen exclusivamente a un pueblo determinado que se denominan «culturemas». Los culturemas albergan comportamientos, y formas de pensar y actuar propios de un individuo o grupo colectivo, lo que dificulta su traducción a otra lengua. El origen de la definición de culturema no está muy claro, algunos lo atribuyen a Nord (1997), otros a Vermeer (1983) quien lo define de esta forma:

> Un fenómeno social de una cultura A, que es considerado relevante por los miembros de esta cultura y que, cuando se compara con un fenómeno social correspondiente en la cultura B, se encuentra que es específico de la cultura A (1983: 8).

Para Molina Martínez (2006: 79) un culturema es lo siguiente: «un elemento verbal o paraverbal que posee una carga cultural específica en una cultura, y que, al ser transferido a otra cultura, puede provocar una transferencia nula o distinta al original». Según la autora se caracterizan por poseer unos rasgos comunes:

> a) los culturemas son contextuales y surgen en el seno de una transferencia cultural entre dos culturas A y B, y esa relación no se aplica a ninguna otra lengua o cultura C; b) la activación de los culturemas, simples o complejos, se refiere a la correspondencia real que se da entre ellos y alguna idea, algún objeto, hábito, actividad o emoción típica, con los que la sociedad descrita se identifica en un momento determinado, concediéndoles valor simbólico, a título de guía, referencia o modelo de (inter)acción-interpretación; c) las fuentes son innumerables y reflejan el aprendizaje de la sociedad correspondiente, desde textos religiosos, hasta chistes y refraneros, pero también en la literatura, el arte y los medios de comunicación; d) existen culturemas regionales, nacionales y urbanas, y otros supranacionales o universales que quizás se retomen al subconsciente colectivo defendido por Jung (2006: 78–79).

Según estas ideas, los culturemas deben plantearse como la consecuencia de un trasvase cultural, no como elementos propios de una única cultura, pues lo son en el marco de dos culturas concretas. Son elementos simbólicos que corresponden a una idea, objeto, actividad o hecho reconocido entre los miembros de una comunidad que utilizan como medio comunicativo y expresivo en la interacción comunicativa.

4. Conclusiones

En vista a todo lo expuesto sobre las unidades fraseológicas y en concreto nuestro caso de estudio, las unidades fraseológicas de uso común en torno a la cultura del vino, tomando en consideración la diferencias entre género, clase y tipo textual y las definiciones propuestas por diferentes autores, podemos establecer una serie de conclusiones.

Tomando como referencia la clasificación de Hurtado (2001) los fraseologismos son géneros literarios que pertenecen a la categoría supragenérica de la literatura didáctica cuya función es instructiva, entre otras. También pueden informar sobre hechos y acciones (función narrativa), sobre conceptos (función expositiva), expresar opiniones, convencer (función argumentativa) y a menudo se juega con el lenguaje (función retorica).

Hablar de fraseologismos (formas textuales convencionales) de uso común en torno a la cultura del vino, tomando como referencia a Castellà (1992) es hablar de construcciones que son reconocidas por los hablantes porque las usan, las reconocen y las necesitan y, por lo tanto, forman parte de su competencia textual en las conversaciones cotidianas, de a pie, normalmente informales, para temas generales porque a pesar de que su origen sea el vitivinícola se utilizan idiomáticamente, normalmente en el diálogo oral, espontáneo, también escrito pues están documentadas. Son construcciones arquetípicas, es decir, construcciones prototipo ideales que sirven como ejemplo de perfección de algo, de hablar conciso, con exactitud, empleando las palabras indispensables, diciendo lo que se quiere decir y como se quiere decir.

Siguiendo a García Izquierdo y Monzó (2003) del grupo GENTT podemos concluir que las UF son una forma de expresar los aspectos culturales de una comunidad lingüística, el contenido de estas está relacionado con el entorno sociocultural donde tienen lugar y traducen y reflejan nuestro vivir diario. Estos fraseologismos son una herencia aprendida que se han transmitido oralmente de generación en generación, han sido aceptadas por nuestra comunidad lingüística y tuvieron origen en la cultura vitivinícola tan arraigada a nuestra historia y cultura.

Finalmente, en referencia a los autores mencionados y sus definiciones sobre «género», nos decantamos por usar este término para referirnos a los fraseologismos de uso común en torno a la cultura del vino por basarse principalmente en la situación en la que se producen. Insistimos en que es la finalidad comunicativa la que determina la estructura, el léxico, la forma y otros componentes del género. Es decir, que las UF sirven a una función, le corresponden unas características determinadas que las diferencia de otros géneros: características externas, sociales y culturales reconocidas por su formato externo y las situaciones en las que se producen.

De todos modos, queremos insistir en la importancia de adoptar una postura flexible y abierta en cuanto a la cuestión de clasificaciones textuales y rasgos que caracterizan a cada género, especialmente para evitar encorsetar las traducciones en patrones preestablecidos que no sería más que hacer un flaco favor a la didáctica y práctica de la traducción.

Referencias bibliográficas

Adam, Jean Michel (1992): *Les textes: types et prototypes. Récit, description, argumentation, explication et dialogue*. París, Nathan.

Almela Pérez, Ramón y Julia Sevilla Muñoz (2000): «Paremiología contrastiva: propuesta de análisis lingüístico». *Revista de Investigación Lingüística*, 3 (1), 7–47. [Consulta en línea: https://revistas.um.es/ril/article/view/4421; 06/06/2021].

Arnaud, Pierre J.L. (1991): «Reflexions sur le proverbe», *Cahiers de Lexicologie*, 59, 5–27.

Askehave, Inger y John M. Swales, (2001): «Genre identification and communicative purpose: A problem and possible solution». *Applied Linguistics*, 22, 195–212.

Bhatia, Vijay Kumar (1993): Analysing Genre: *Language use in Professional Setting.* Londres/Nueva York, Longman.

Biber, Douglas (1989): «A typology of English texts», *Linguistics*, 27, 3–43.

Bronckart, Jean-Paul et al. (1985): *Le fonctionnement des discours. Un modèle psychologque et une méthode d'analyse*. Paris, Delachaux et Niestlé.

Bustos Gisbert, José Manuel (1996): *La construcción de textos en español.* Salamanca, Ediciones Universidad de Salamanca.

Campbell, Karlyn Kohrs y Kathleen Hall Jamieson (1978): *Form and genre: shaping rhetorical action*. Falls Church, The Speech Communication Association.

Casares, Julio (1992 [1950]): *Introducción a la lexicografía moderna.* Madrid, CSIC.

Castellà, Josep Maria (1992): *Géneros informativos audiovisuales.* Madrid, Ciencia.

Ciapuscio, Guiomar Elena (1994): *Tipos textuales*. Buenos Aires, Ciclo Básico Común.

Consejo de Europa(2001[2002]): *Marco común de referencia para las lenguas: aprendizaje, enseñanza y evaluación (MCER).* Madrid, Secretaría General Técnica de MECD y Grupo Anaya. [Consulta en línea: https://cvc.cervantes.es/ENSENANZA/BIBLIOTECA_ELE/MARCO/cvc_mer.pdf; 10/06/2021].

Corpas Pastor, Gloria (1996): *Manual de Fraseología Española*. Madrid, Gredos.

Corpas Pastor, Gloria (1997): «Grados de equivalencia translémica de las locuciones en inglés y en español», en J.A. Gurpequi, R. J. Sola, L. y A. Lázaro, *XVII Congreso de AEDEAN*, 329–334. (Recopilado también en Corpas (2003)).

Corpas Pastor, Gloria (2000): *Las lenguas de Europa: estudios de fraseología, fraseografía y traducción*. Granada, Comares.

Corpas Pastor, Gloria (2003): *Diez años de investigación en fraseología: análisis sintáctico-semánticos, contrastivos y traductológicos*. Madrid, Iberoamericana, Vervuert.

Ezpeleta, Pilar (2008): «El informe técnico. Estudio y definición del género textual», en Pegenaute, L. et al. (eds.), *La traducción del futuro: mediación lingüística y cultural en el siglo XXI*. Barcelona, Promociones y Publicaciones Universitarias, 429–438.

Gamero, Silvia (2001): *La traducción de textos técnicos: descripción y análisis de textos(alemán-español)*. Barcelona, Ariel.

García Izquierdo, Isabel (2001): «La lingüística aplicada en el currículum del traductor. Algunas consideraciones didácticas», *Hermeneus: Revista de la Facultad de Traducción e Interpretación de Soria*, 3, 83–111.

García Izquierdo, Isabel (2007): «Los géneros y las lenguas de especialidad» en E. Alcaraz, J. Mateo y F. Yus, (eds.), *Las lenguas profesionales y académicas*. Barcelona, Ariel-IULMA, 119–125.

García Izquierdo, Isabel (2009): *Divulgación médica y traducción: el género informativo para pacientes*. Bern, Peter Lang.

García Izquierdo, Isabel (2012): *Competencia textual para la traducción*. Madrid, Tirant Humanidades.

García Izquierdo, Isabel y Esther. Monzó (2003): «Una enciclopedia para traductores. Los géneros de especialidad como herramienta privilegiada del traductor profesional», R. Muñoz (ed.), *Actas del I Congreso Internacional de la Asociación Ibérica de Estudios de Traducción*. Granada, Universidad de Granada, 83–9.

Hatim, Basil e Ian Mason (1990): *Discourse and the translator*. Londres, Longman.

Hurtado Albir, Amparo (1999): *Enseñar a traducir. Metodología en la formación de traductores e intérpretes*. Madrid, Edelsa.

Hurtado Albir, Amparo (2001): *Traducción y Traductología: Introducción a la Traductología*. Madrid, Cátedra.

Hymes, Dell Hathaway (1974): *Foundations in sociolinguistics: an ethnographic approach*. Filadelfia, University of Pennsylvania Press.

Isenberg, Horst (1987): «Cuestiones fundamentales de tipología textual», en E. Bernárdez (ed.), *Lingüística del texto*. Madrid, Arco, 95–129.

Jamieson, Kathleen M. (1975): «Antecedent genre as rhetorical constraint». *Quarterly Journal of Speech*, 61, 406–415.

Longacre, Robert (1976): *An Anatomy of Speech Notions*. Lisse, Peter de Ridder Press.

Mogorrón, Pedro (2002): *La expresividad en las locuciones verbales en francés y en español*. Alicante, Publicaciones de la Universidad de Alicante.

Mogorrón, Pedro (2009): «Del origen paremiológico de algunas locuciones». *Paremia*, 18, 65–76.

Molina Martínez, Lucía (2006): *El otoño del pingüino: análisis descriptivo de la traducción de los culturemas*. Castellón de la Plana, Publicaciones de la Universitat Jaume I.

Montalt, Vicent, Pilar Ezpeleta e Isabel García Izquierdo (2008): «The Acquisition of Translation Competence through Textual Genre», *Translation Journal*, 12(4), 1–12.

Monzó, Esther (2002): «La traducción jurídica a través de los géneros de especialidad: El transgénero y la socialización del traductor en los procesos de enseñanza/aprendizaje». *Discursos* 2, 21–36.

Muñoz Torres, Carlos Arturo (2011): *Análisis contrastivo y traductológico de textos médicos (inglés-español). El género caso clínico*. Tesis doctoral. Universidad Autónoma de Barcelona [Consulta en línea: https://ddd.uab.cat/pub/tesis/2011/hdl_10803_48658/camt1de1.pdf; 03/06/2021].

Nord, Christiane (1997): *Translation as a Purposeful Activity*. Manchester, St. Jerome.

Pascual Cabrerizo, María (2016): *El texto enoturístico.* Tesis doctoral. Universidad de Valladolid. [Consulta en línea: https://dialnet.unirioja.es/servlet/tesis?codigo=48507; 06/06/2021].

Penadés Martínez, Inmaculada (1997): «Reseña a G. Corpas Pastor, Manual de fraseología española». Madrid, Gredos, 1997. *Revista de Estudios de Adquisición de la Lengua Española,* 7, 113–119.

Penadés Martínez, Inmaculada (2000): *La hiponimia en las unidades fraseológicas*. Cádiz, Universidad.

Penadés Martínez, Inmaculada (2001): «¿Colocaciones o locuciones verbales?» *Lingüística Española Actual*. XXXIII/1, 57–88.

Penadés Martínez, Inmaculada (2005): *Diccionario de locuciones verbales para la enseñanza del español.* Madrid, Arco Libros.

Penadés Martínez, Inmaculada (2012): «La fraseología y su objeto de estudio». *Linred, lingüística en la red, 10.* [Consulta en línea: https://linred.es/numero10_monografico1.html; 10/072021].

Pérez Martínez, Herón (1996): *El hablar lapidario: ensayo de paremiología mexicana.* Zamora, Mich., El Colegio de Michoacán, A.C.

Saville-Troike, Muriel (1982): *The ethnography of communication.* Oxford, Basil Blackwell.

Sevilla Muñoz, Julia (1993): «Las paremias españolas: clasificación, definición y correspondencia francesa». *Paremia*, 2, 15–20.

Sevilla muñoz, Julia (1997): «Fraseología y traducción». *Thélème. Revista Complutense de Estudios Franceses*, 12, 431–440.

Sevilla Muñoz, Julia y Jesús Cantera (2002): *Pocas palabras bastan: vida e interculturalidad del refrán.* Salamanca, Centro de Cultura Tradicional (Diputación de Salamanca).

Swales, John M. y Priscilla Rogers (1995): «Discourse and the projections of corporate culture: The mission statement». *Discourse and Society*, 6, 223–242.

Swales, John M. (1990): *Genre Analysis. English in academic and research settings.* Cambridge, Cambridge University Press.

Swales, John M. (2004): *Research genres: explorations and applications.* Cambridge, Cambridge University Press.

Todorov, Tzvetan (1976): «The origin of genres». *New Literary History*, 8, 159–170.

Trosborg, Anna (1997): *Text typology and translation.* Ámsterdam/Filadelfia, John Benjamins.

Vermmer, Hans Joseph (1983): «Translation theory and linguistics». *Näkökohtia käänämisen tutkimuksesta*, en P. Roinila, R. Orfanos y S. Tirkkonen-Condit (eds). Joensuu, University, 1–10.

Werlich, Egon (1975): *Typologie der Texte.* Múnich, Fink.

Miguel Ibáñez Rodríguez

Tratados del vino originales de la primera mitad del s. XIX, porque el clima y el terreno no se pueden traducir

Resumen: En la primera mitad del siglo XIX se publican en España, como reacción a tanta traducción, el *Ensayo sobre las variedades de la vid común que vegetan en Andalucía*, de Simón de Rojas Clemente, y la *Memoria sobre el cultivo de la vid en Sanlúcar de Barrameda y Xerez de la Frontera*, de Esteban de Boutelou. Son tratados originales que reflejan un modelo de vitivinicultura diferente a la del norte de España, por lo que se convierten en un material de gran interés para conocer y estudiar las voces especializadas de la vid y el vino en esa época.

Palabras clave: Tratados del vino. Originales. Españoles. S. XIX. Terminología.

Abstract: *Ensayo sobre las variedades de la vid común que vegetan en Andalucía*, by Simón de Rojas Clemente, and *Memoria sobre el cultivo de la vid en Sanlúcar de Barrameda y Xerez de la Frontera*, by Esteban de Boutelou, were published in Spain in the first half of the 19th century, in reaction to the ubiquitous translations of the time. These are original treatises that reflect a model of viticulture different from that of northern Spain, which makes them an extremely interesting material for learning about specialised words relating to vine and wine at that time.

Keywords: Treatises on wine. Original works. Spanish. 19th century. Terminology.

0. Introducción

En la primera mitad del siglo XIX se publican en España un buen número de traducciones de tratados sobre el vino por lo general desde el francés (Ibáñez, 2015). También se editan algunos tratados originales, como reacción precisamente a tanta traducción. Nos referimos al *Ensayo sobre las variedades de la vid común que vegetan en Andalucía,* de Simón de Rojas Clemente, y a la *Memoria sobre el cultivo de la vid en Sanlúcar de Barrameda y Xerez de la Frontera,* de Esteban de Boutelou. Ambas ven la luz en Madrid en la Imprenta de Villalpando en el mismo año, en 1807, tras haberse dado a conocer antes en fascículos en el *Semanario de Agricultura y Artes dirigido a los párrocos.* Se trata de dos obras importantes para la vitivinicultura en el siglo XIX. Simón de Rojas Clemente sienta las bases de la moderna ampelografía, disciplina a la que Esteban de Boutelou llama en su tratado (1807: 10): «la ciencia de las variedades».

Este trabajo lo planteamos como una contribución más para conocer la historia de la traducción en el ámbito de la enología y más particularmente, en este caso, para aportar nuevos datos para la historia de la lengua de la vid y el vino en español. El tratado de Simón de Rojas Clemente y el de Esteban de Boutelou antes citados, objeto de estudio del presente trabajo, nos resultan de gran interés para nuestros propósitos. Frente a los tratados hasta ahora estudiados, traducciones por lo general; estos son originales y además reflejan un modelo de vitivinicultura diferente al del norte de España o modelo atlántico que sigue los parámetros de Burdeos. Y esto tiene su repercusión en la lengua, en el español de la vid y el vino. En la viticultura andaluza hay técnicas de cultivo propias como el *alumbrar* y sus tipologías y las variedades cultivadas son diferentes a las del norte. En la vinificación se practican técnicas como el *asolado*, el añadido de mosto, conocido como *arropar*, o la incorporación de alcohol vínico, que llaman *aguardientar* y la *oxidación* en el proceso de envejecimiento de los vinos de jerez.

Las obras de Simón de Rojas Clemente y Esteban Boutelou corresponden al llamado Marco de Jerez. El primero de los autores, hace extensiva también su obra a toda Andalucía. El Marco de Jerez comprende las localidades de Jerez, Puerto de Santa María, Sanlúcar de Barrameda, Rota, Chipiona, Puerto Real, Chiclana, Trebujena y Lebrija. El núcleo más importante está constituido por las tres primeras localidades anotadas, que conforman el jerez superior (Maldonado, 2008). Desde el siglo XV sus vinos fueron muy apreciados en el mercado europeo, en particular en Inglaterra. Inicialmente se conocía este vino como *sack* y desde el siglo XVII como *sherry*.

La modernización del sector del vino en Jerez a mediados del siglo XVIII se debe a los ingleses que por entonces se instalaron en la zona. Estos invirtieron dinero en la compra de bodegas, viñas y vinos. Se incrementan los contactos con Gran Bretaña, lo que contribuyó a incrementar el comercio de vinos. Javier Maldonado (2008: 82–83) señala también el papel desempeñado con anterioridad por comerciantes franceses y españoles:

> El papel de ingleses e irlandeses, siendo importante, no debe ser sobredimensionado, dado que hubo empresarios franceses, españoles y naturalizados que también tuvieron un notable peso específico en el proceso.

Las obras que constituyen nuestro corpus, que detallamos al final de este trabajo, tuvieron un amplio reconocimiento en su época y contaron con una importante difusión en España. En el caso de la obra de Simón de Rojas, también en el extranjero, pues fue traducida al francés y al alemán.

Tras un primer punto en el que contextualizamos nuestro corpus, nos ocupamos de la defensa del conocimiento agronómico español frente al extranjero, ejercida por Simón de Rojas Clemente y Esteban Boutelou. Y en el punto tercero damos cuenta de las aportaciones de sus tratados al español del vino.

1. Esteban de Boutelou y Simón de Rojas Clemente y sus tratados

Esteban Boutelou (1776–1813), nacido en Aranjuez, formaba parte de la cuarta generación de una amplia dinastía de jardineros y botánicos españoles durante el siglo XVIII y XIX. La primera generación de la familia, de origen francés, se estableció por primera vez en España «cuando Etienne Boutelou es llamado, junto con otros artistas, por Felipe V para trabajar en el planteamiento y conservación de los jardines de los Sitios Reales» (Ramos, 2008: 51). Fue nombrado jardinero mayor de Aranjuez en 1716.

Esteban Boutelou y su hermano Claudio (1774–1842), dos años mayor que él, al igual que sus antepasados se formaron en la jardinería. Tras sus primeras enseñanzas en el ámbito familiar, ambos hermanos se trasladan a Francia e Inglaterra a partir de 1789 con una pensión real para formarse en botánica, agricultura y horticultura. Vuelven en 1798 y Esteban se quedó trabajando en los jardines de Aranjuez mientras que su hermano Claudio fue nombrado jardinero mayor en el Real Jardín Botánico de Madrid (Ramos Santana, 2008).

El 22 de agosto de 1806, Esteban Boutelou fue nombrado director del Jardín Botánico de Sanlúcar de Barrameda. La estancia en esta ciudad propició que escribiera su obra titulada *Memoria sobre el cultivo de la vid en Sanlúcar de Barrameda y Jerez de la Frontera*, consciente de la importancia que la vitivinicultura tenía para la economía española. Se publicó primeramente en el *Semanario de agricultura y artes dirigido a los párrocos*, entre los números 554 y 572 del tomo XXII, publicado en 1807, y seguidamente en el mismo año también se publicó en formato de libro, al que Esteban añadió un apéndice sobre la práctica enológica en Sanlúcar.

Esteban de Boutelou escribe este trabajo porque «el vino y demás productos de la uva son el ramo principal y el verdaderamente activo de nuestro comercio» y siendo así no se saca «la milésima parte de la utilidad que promete», y que seguramente aplicando el conocimiento al cultivo de la vid y la elaboración del vino los resultados serán mucho más satisfactorios (Boutelou, 1807). Son muchos los profesionales que se pueden favorecer de este sector: el cultivador, el cosechero, el extractor, el comerciante, el tonelero, el destilador y el marinero, entre otros, dice Esteban de Boutelou (1807).

Tras la introducción, se suceden los trece capítulos de la obra, que en su mayoría versan sobre la vid y su cultivo. El capítulo I se ocupa de la aclimatación de la vid, del origen de sus variedades, de las colecciones agronómicas, de las variedades preferidas en Sanlúcar de Barrameda, de los caracteres agronómicos de la vid y de su edad y tamaño. El capítulo II, que sigue ocupándose de la vid como planta, trata de su fisiología, de sus raíces y de sus hojas. Los tres capítulos siguientes se dedican a la plantación de la vid. El III se centra en los tipos de terrenos para el cultivo de la vid: *albarizo* o *tosca*, *barros* y *arenas*, el IV a la preparación del terreno para la plantación y el V a la selección de los sarmientos y a la plantación de los mismos. Vienen a continuación varios capítulos (VI, VII y VIII) dedicados a los cuidados y labores que requieren el cultivo de la vid. Sobre esta misma temática trata el capítulo X, en concreto sobre la replantación y la poda en verde. Las enfermedades de la vid, escasas entonces, se tratan en el capítulo XI. Es la primera vez que vemos en un tratado un estudio económico sobre el cultivo de la vid y su rentabilidad (capítulos IX y XII). El capítulo XIII y último está dedicado a las prácticas locales, los cambios meteorológicos y a las hoces e instrumentos de podar las vides.

Al final de la obra se añade un apéndice titulado «Idea de la práctica enológica de Sanlúcar de Barrameda» con los siguientes contenidos: maduración, asoleo de la vid, pisa, mostos de primera, segunda y tercera suerte, despalillar, arropar, método del arrope, mostos, fermentación, trasiego, azufrar, fermentación insensible, cabecear los vinos, aclaro, fragancia de los vinos, azúcar, mezcla de los vinos, aguardientar, destilación de aguardientes, alambiques, corbato, hornillas y calórico, orujos, heces, etc.

Simón de Rojas Clemente nació el 27 de septiembre de 1777 en Titaguas (Valencia). Sus padres se preocuparon de su educación desde pequeño y como era habitual para los hijos segundones fue destinado a los estudios eclesiásticos (Marchena, 2008). Estudió humanidades y latinidad en el colegio seminario de Segorbe (Castellón), donde cursó materias como sintaxis, retórica y poética latina y castellana. Más tarde, en 1791, estudió también filosofía en Valencia con el doctor Antonio Galiano. Además, se instruyó en otras disciplinas como la lengua árabe, griega, hebrea y latina.

Desde muy niño la contemplación de la naturaleza se convirtió en él en una pasión, lo que le llevó a recoger y clasificar todo tipo de plantas. Aunque consiguió el grado de doctor en Teología a finales de julio de 1799, su verdadera vocación fue el campo al que va a consagrar su vida. A partir de 1800 comienza a recibir clases de botánica, mineralogía y química en el Real Jardín Botánico de Madrid, al tiempo que trabajaba de profesor de lógica y ética, haciendo varias sustituciones en el Colegio de San Isidro. En el Jardín Botánico entra en contacto con Casimiro Gómez Ortega y con Mariano Lagasca y más tarde con José

Cavanilles, cuando accede a la dirección del centro, y con Francisco Antonio Zea (Marchena, 2008).

En 1802 viajó a Francia y a Inglaterra con el fin de hacer acopio de «noticias, instrumentos de observación y demás útiles» y aprovecha para visitar el Museo de Historia Natural de París y la Casa de Banks en Londres. Además, mantiene contactos frecuentes con científicos franceses e ingleses como J. Sowerby, J. E. Smith o D. Turner (Marchena, 2008).

El gobierno, siendo Godoy el máximo responsable, le asignó la suma de 1500 reales anuales, con el fin de que recorriera el reino de Granada y la Serranía de Ronda para estudiar «sus riquezas naturales con total independencia académica y administrativa» (Marchena, 2008: 32–33). Por entonces, en 1803, Simón de Rojas Clemente vivía en Sanlúcar de Barrameda, en casa de Francisco Terán, el director del Jardín Experimental de esta ciudad. Un año más tarde, en 1804, animado por este y por los hermanos agrónomos Esteban y Claudio Boutelou, a los que conoció entonces, se decide a recoger información sobre las diferentes variedades de vid recorriendo el antiguo reino de Granada, Jerez y Sanlúcar. Se inicia así la ampelografía científica en España (Marchena Domínguez, 2008: 34).

Simón de Rojas Clemente, consciente de la importancia económica del sector vitivinícola, decide elaborar «un tratado sobre las variedades de la vid» con el fin de «contribuir al adelantamiento de tan precioso ramo de nuestra agricultura» (Simón de Rojas, 1807: XII). Publicó su trabajo con el título de *Ensayo sobre las variedades de la vid común que vegetan en Andalucía, con un índice etimológico y tres listas de plantas en que se caracterizan varias especies nuevas*. Primero lo hizo en fascículos en el *Semanario de agricultura*, entre los números 523 y 547 del tomo XXI, editado en 1807, y ese mismo año lo publicó en Madrid como libro autónomo en la Imprenta de Villalpando. En 1879 se hizo una segunda edición, publicada por la Imprenta Esterotipia Perojo con las ilustraciones de las 38 variedades de vid que inicialmente Simón de Rojas quería haber incluido en la primera edición, pero finalmente no se incorporaron. La primera edición incluye dos ilustraciones, una de ellas con las hojas y frutos de la vid.

En 1807 Simón de Rojas regresa de nuevo a Sanlúcar de Barrameda como director del Jardín Experimental y de Aclimatación de la Paz con intención de crear un campo de experimentación en el que reunir las variedades de la vid de España, y emular el proyecto de Chaptal en Francia. Explica Simón de Rojas Clemente (1807: 73, nota 1) que siendo Ministro del Interior Chaptal decretó que se llevaran a París «todos los *vidueños* del Imperio y se cultivasen en un terreno determinado con el fin de observarlos botánica, química, agronómica y económicamente». Por entonces tenía Simón de Rojas Clemente 30 años y era «conocido y prestigiado en los foros botánicos europeos» (Marchena, 2008: 35).

Simón de Rojas Clemente murió el 27 de febrero de 1827 en Madrid a los 49 años. Su cuerpo se depositó en una sepultura común en el Cementerio de Extramuros de la Puerta de Toledo. Todos sus trabajos, materiales, colecciones y manuscritos fueron llevados al Real Jardín Botánico de Madrid.

El *Ensayo sobre las variedades de la vid común que vegetan en Andalucía, con un índice etimológico y tres listas de plantas en que se caracterizan varias especies nuevas* es el primer tratado científico de ampelografía, con el que se inaugura esta disciplina en España. Con anterioridad se había escrito sobre la materia, pero sin el rigor que tiene el trabajo de Simón de Rojas. Gabriel Alonso de Herrera en *Agricultura general*, escrito en 1513, en el capítulo segundo de su libro segundo, incluye una descripción de 14 variedades de vid. Simón de Rojas Clemente (1807: XVI/72) considera que Duhamel (1768: 261–280) y él son «los primeros que hemos tratado científicamente de la vid». Ambos reúnen los conocimientos agronómicos y botánicos necesarios para ello, estos últimos aún no se habían desarrollado en los tiempos de Gabriel Alonso de Herrera.

Escribe su ensayo con método y rigor. Hace trabajo de campo: «recorrí hasta Conil todas las viñas de la costa, y sucesivamente las de Trebugena, Xerez, Espera, Paxarete y Bornos, restituyéndome siempre a mi mansión querida, en donde estudiaba tranquila y deliciosamente las variedades que iba describiendo» (Clemente, 1807: XXIII) y consulta las publicaciones de la materia, hace un estado de la cuestión (capítulo IV). Además de deber a los conocimientos enciclopédicos de Simón de Rojas Clemente y a sus lecturas, el tratado debe mucho a sus informantes en su trabajo de campo, capataces de diferentes explosiones de viñas: Pablo Galán, Antonio Bernal, Francisco Soto y Antonio Ruiz, a los que califica como «mis maestros y amigos, los Plinios y los Columelas del campo» y también dice de ellos que son «los viñadores prácticos más inteligentes de Europa» (Clemente, 1807: XIV, nota 1).

Tras una introducción, los contenidos del ensayo de Simón de Rojas Clemente se dividen en tres partes: la primera con el título de Preliminares, la segunda titulada Tabla sinóptica de las variedades y se añade a continuación un tercer bloque con varios índices e instrucciones. La primera parte queda dividida en cinco capítulos. De ellos, sin duda, el de mayor trascendencia, no solo de esta parte, sino de toda la obra, es el segundo, dedicado a fijar los caracteres distintivos que permiten diferenciar unas variedades de vid de otras. El capítulo tercero es una explicación de estos caracteres y el quinto recoge unas observaciones sobre el género vid y sus especies. El primero está dedicado a los terrenos de Andalucía donde se cultiva la vid y el cuarto es un estado de la cuestión de los estudios existentes sobre las variedades de vid.

La segunda parte del ensayo contiene una tabla sinóptica de las variedades, su clasificación y su descripción. La clasificación se distribuye en dos secciones, con sus nombres en español y latín. La primera sección abarca las tribus I-VI y variedades aisladas y la sección segunda las tribus VII-XV y variedades aisladas. En cuanto a la descripción de las variedades, comienza Simón de Rojas Clemente con las tribus de la primera sección (Tribu I-VI) y continúa con las de la sección segunda (Tribus VII-XV).

Viene después, a partir de la página 245, el tercer bloque con varios índices e instrucciones: «Índice de algunas variedades que no se han insertado en el cuerpo de la obra por no conocerse suficientemente»; «Instrucción sobre los medios de que pueden valerse los que quieran contribuir a la formación de un tratado completo sobre los vidueños de España» (Clemente, 1807: 255); «Índice de los sinónimos, nombres vulgares y otros que se han dado o dan a las especies y variedades de la vid, y se citan en esta obra» (Clemente, 1807: 266); «Índice de palabras y materias» (Clemente, 1807: 269); «Etimologías de varias voces españolas usadas en esta obra» (Clemente, 1807: 275) y las «Listas de plantas» (Clemente, 1807: 283).

2. En defensa del conocimiento agronómico propio frente al foráneo y su proyección en el extranjero

Esteban de Boutelou y Simón de Rojas Clemente defienden el conocimiento agronómico propio frente al foráneo y este último consigue además que su tratado traspase las fronteras nacionales y sea conocido en el extranjero.

Esteban de Boutelou (1807: 5, nota 1) señala que serían mucho más eficaces los tratados originales que las traducciones pues «poco o nada valen mientras no se traduzcan el clima y el terreno»:

> Consérvanse todavía en otras provincias uno u otro resto semejante de nuestra ciencia agraria, y sería de desear que se reuniesen para formar un cuerpo de doctrina, que teniendo ya la sanción de la experiencia, no sería difícil propagarla y contribuiría más a la prosperidad de nuestros campos que tantas traducciones de obras tal vez muy apreciables; pero que poco o nada valen mientras no se traduzcan el clima y el terreno.

Al final de esta cita hay un claro rechazo de las traducciones, puesto que se hacen a partir de tratados originales escritos por lo general en francés y pensados para la vitivinicultura en Francia, donde la climatología y los suelos son distintos a los de España. No todos los principios y reglas recogidos en ellos sirven para el caso español. La climatología y tipo de terreno determinan las técnicas que en un caso pueden ser buenas y en otras no tanto. Por el ejemplo, la poda en verde será mucho más necesaria en zonas húmedas donde se hace necesario limitar el desarrollo vegetativo de la vid para evitar enfermedades y propiciar un óptimo desarrollo del racimo de uva.

Esteban de Boutelou (1807: 23) señala en su tratado la incidencia del clima en la elección del terreno para plantar una viña y cómo en Andalucía no se puede aplicar lo que dicen «los autores extranjeros»:

> … quienes colocan en la primera clase para viñas a los terrenos guijarrosos, arenosos y cálidos; por cuanto la humedad de su clima presta copiosos xugos a la vid en semejantes terrenos. En las provincias cálidas de Andalucía, por el contrario, carecen semejantes terrenos de humor, y no pueden madurar la uva completamente, ni con aquel grado de perfección correspondiente, y de consiguiente son poco aptos para este cultivo.

Esta circunstancia del clima hace difícil incluso que un único tratado sirva para el cultivo de la vid en un solo país, como puede ser España. Así lo anota Esteban Boutelou (1807: 4):

> … nada sería más ventajoso que un tratado general sobre las viñas de España. Pero no es fácil formarlo de modo que sea indistintamente aplicable a todos los países y a todos los pagos y terrenos. La diversidad de temperamentos, la calidad de los varios terrenos, su localidad, situaciones y exposiciones diversas, la índole de las distintas variedades, y otras muchas causas exigen alteraciones indispensables en el cultivo de la vid.

Esteban de Boutelou (1807: 5) señala también que el conocimiento sobre el cultivo de la vid en el Marco de Jerez es superior al existente fuera de España:

> … las principales operaciones del cultivo de la vid en Sanlúcar de Barrameda y Xerez de la Frontera, cuyos naturales han adquirido un grado de perfección, maestría y superioridad en el cultivo de tan interesante vegetal, que no han igualado hasta ahora los extranjeros en su ponderados escritos.

Muestra de la reivindicación del conocimiento agronómico español frente al extranjero es la reedición que se hace en 1818 de *Agricultura general* de Gabriel Alonso de Herrera. Simón de Rojas Clemente participó en dicha reedición y actualización junto con otros colegas: Mariano Lagasca, Antonio Sandalio de Arias, Claudio Boutelou (hermano de Esteban), Francisco de Paula Martí, Francisco Martínez Robles y Agustín Pascua. De entre todos, la aportación de Simón de Rojas fue la más importante. Se ocupó del prólogo, de las castas del trigo, del cultivo del algodón y en particular del cultivo de la vid, la vinificación y de los principales vinos de España (Marchena, 2008: 39). En el prólogo de la obra se señala que el tratado de Alonso de Herrera, al que se presenta como el «el padre de la agricultura europea» (p. XVII), había sido y seguía siendo obra de referencia en España y en el extranjero. Seguía siendo una obra consultada en el extranjero a pesar del importante número de obras que entonces se publican sobre agronomía: «... y ahora mismo después de haberse divulgado los escritos de un Duhamel y de un Rozier, todavía se consulta al Herrera en las naciones extranjeras, y es la leyenda favorita y casi exclusiva de los cultivadores de la nuestra» (Alonso de Herrera, 1818: XVI).

La admiración y reconocimiento de Gabriel Alonso de Herrera por parte de Esteban Boutelou (1807: 32) queda patente en su tratado, en el que lo cita con frecuencia[3] y le llama: «... nuestro sabio Herrera». Tanto él y aún con más razón Simón de Rojas Clemente siguen la estela de su maestro Herrera y como él se convierten en agrónomos de referencia en Europa.

El *Ensayo sobre las variedades de la vid común que vegetan en Andalucía, con un índice etimológico y tres listas de plantas en que se caracterizan varias especies nuevas* está escrito, dice su autor, «para ponerla al alcance de todos» y no solo para los «agrónomos que poseen la botánica». Pretende que su obra trascienda las fronteras españolas, para lo que recurre al latín: «He añadido a todas las definiciones su traducción latina, siguiendo el uso recibido entre los botánicos, con el objeto de facilitar el manejo de la obra a los sabios extranjeros» (Simón de Rojas Clemente, 1807: 66/71).

El tratado tuvo una importante repercusión en España y en el extranjero: «... constituyó una revolución científica en Europa y alcanzó gran éxito, como se puede observar por sus traducciones al francés en 1814 y al alemán en 1821 y extractos y capítulos enteros en las lenguas europeas» (Lara y García, 2008: 94). Su libro se tradujo al francés y al alemán. Recogemos las traducciones al francés y al alemán al final de este trabajo, en las referencias bibliográficas. A los siete años de su publicación Caumels lo tradujo al francés y se publicó en París en la imprenta Poulet. También el mismo Caumels hizo otra traducción en 1816, aunque en este caso se limita solo a traducir las tablas con los rasgos distintivos que había fijado Simón de Rojas para clasificar las diferentes variedades de vid. La traducción al alemán es posterior, de 1821.

3. Aportaciones al español del vino

El hecho de ser dos tratados originales y reflejo ambos de un modelo de viticultura particular, el andaluz, diferente a la del norte de España, los convierte en una fuente de indudable interés para conocer y profundizar en el español de la vid y el vino.

3 Esteban de Boutelou, 1807: 18, 22, 31, 41. Son algunas de las páginas en las que lo cita.

3.1. El tratado de Esteban Boutelou

En el capítulo III Esteban de Boutelou (1807: 18–23) describe los tres tipos de terrenos que en Sanlúcar de Barrameda se dedican al cultivo de la vid: *albarizo* o *tosca*, *barros*, *arenas*. Detalla y explica en qué consiste cada uno de ellos. La tierra *albariza* «es la superior para el cultivo de las viñas de Sanlúcar» (Boutelou, 1807: 19). La voz *albariza* es culta, está formada a partir del latín *albo* 'blanco', que es el color de ese tipo de tierra. Su sinónimo *tosca* denomina aquí la piedra caliza porosa que se forma de la cal de algunas aguas. Nos encontramos por todo ello ante un terreno calizo. Este tipo de tierra se divide, a su vez, en la *tosca cerrada*, la *tosca de lentejuela* y el *tejón* (Boutelou, 1807: 19). La primera de ella «forma un cuerpo unido y compacto, que se deshace, esponja, y divide fácilmente a beneficio de las aguas lluvias, del calor y de las labores suministradas a tiempo y con conocimiento» (Boutelou, 1807: 19). La *tosca de lentejuela* «es la que se halla dispuesta por lechos horizontales o verticales más o menos gruesos» (Boutelou, 1807: 19). Y por último el *tejón* «es la tosca más endurecida y hecha piedra que no se descompone ni se deshace al aire» (Boutelou, 1807: 19). Esteban de Boutelou explica que quemándola se obtiene la cal. Los terrenos albarizos son los mejores para la vid por ser «muy frescos, fríos, tardíos, absorbentes, porosos y esponjosos» (Boutelou, 1807: 19–20), además retienen la humedad y la mantienen durante el verano.

Las tierras llamadas *barros* están formadas por «una masa arenosa aglutinada con arcilla y con óxido ferruginoso» que se endurecen mucho durante el verano. Conviene que los cubra una capa de arena suelta y menuda para que «amortigüe la fuerza del sol» y evite que se evapore la humedad, a la que se llama *cobija* (Boutelou, 1807: 21).

Y, por último, las *arenas* son tierras en las que en el pasado estuvieron cubiertas por el mar y en las que se puede encontrar conchas marinas. Aquellas que conservan cierta humedad son las que se prefieren para el cultivo de la vid. No son las mejores para la vid y de ellas se obtienen aguardiente «flojos y de poco aguante» (Boutelou, 1807: 22–23).

Cualquier conocedor de los terrenos para el cultivo de la vid echaría en falta los terrenos pedregosos que se califican entre los más aptos para la viña por su permeabilidad y capacidad de drenaje. Pero, estos terrenos muy recomendados por los «autores extranjeros» son buenos en las tierras húmedas del norte, pero como anota Esteban Boutelou no sirven en «las provincias cálidas de Andalucía» (Boutelou, 1807: 23).

En lo referente al arreglo y preparación del terreno, Esteban de Boutelou introduce en el capítulo IV más tecnicismos, en este caso sobre las distintas maneras de cavar los terrenos: *agostado de tajo y burra, agostado de frente, recalao, charruado.* También se ocupa de cómo *embasurar* los *agostados.*

La voz *agostar* la recoge Esteban de Boutelou de la tradición oral pues dice: «Llaman los Sanluqueños *agostar* a la cava profunda, que dan al terreno destinado para el plantío de viñas, durante los meses de julio, agosto, y aun septiembre si continúa la estación de colores» (Boutelou, 1807: 24). Cuanto mayor es el calor, más tienen que profundizar.

Para el a*gostado a tajo y burra* «llevan los operarios segado u oblicuo el tajo, corte o abertura de la cava», comienzan desde la parte derecha de la finca y «rematan por el lado izquierdo o extremo de la tierra lindera en un corte perpendicular que nombran la *burra*» (Boutelou,1807: 27). En este extremo o *burra* es donde se hace un *zajón* o *gabia* donde desagua el terreno. Esta técnica es la que se utiliza en terrenos húmedos en los que las aguas del invierno se encharcan. En mi tierra, Badarán (La Rioja) y otras localidades se dice *cavar a cornejal.* El *agostado de frente* es «cuando los operarios trabajan de frente o en línea igual», así se llama «para distinguir la maniobra del *agostado de tajo y burra,* donde caminan los trabajadores sesgados, o en ala o manga oblicua» (Esteban de Boutelou, 1807: 25).

Anota Esteban de Boutelou (1807: 26) que los cosecheros no se conforman con *agostar* y preparar los terrenos para el plantío de las viñas, «sino que *recalan* además el fondo de lo cavado», operación que llaman *recalo,* que se realiza una vez que sacan y echan hacia atrás toda la tierra cavada y que consiste en clavar e introducir la pala de la azada en la abertura de la cava para dividir y mullir la tierra del fondo sin traspalarla del tajo.

A pesar de que nos encontramos ante un texto original, Esteban de Boutelou no puede evitar el uso de galicismos: «usaban antiguamente los sanluqueños, para preparar los terrenos que destinaban al plantío de viñas, de arados fuertes franceses, que nombraban *charruas,* de la voz francesa *charrue.* Uncían dos pares de bueyes…» (Boutelou, 1807: 26). El terreno arado con los *charruas* se llamaba *charruado.* Hemos encontrado más ejemplos, como el uso de *œnologista* (Boutelou, 1807: 37). Es bastante probable que se trate de la primera documentación de este galicismo en un texto original, pues las que hasta ahora habíamos localizado datadas también en 1807 son de dos traducciones desde el francés (Ibáñez, 2018). Esteban de Boutelou (1807: 82, 96, 117, 129) cita en cuatro ocasiones a Chaptal y a otros autores franceses. En las dos primeras ocasiones nombra su obra *Traité sur la culture de la vigne*[1]. También aparece (1807: 88, 129, 135) en

1 Aunque no apunta el título exacto, ni la fecha de la publicación, suponemos que se trata de tratado: Chaptal, Jean Antoine (1801): *Traité théorique et pratique sur la culture*

dos ocasiones Olivier de Serres indicando su obra (*Théâtre d´agriculture*[2]) a pie de página y nombra el areómetro de Baumé y el gleucómetro de Cadet-de-Vaux.

Una vez preparado el terreno, hay que marcar las distancias entre las cepas, con ese fin «cortan un palo corto, que llaman *escala*, que señala la medida o distancia que media desde una cepa hasta la inmediata» y después «señalan con la *escala* las distancias de los hoyos en un soga o cuerda de palma, marcando cada punto donde toca la cepa con un nudo…» (Boutelou, 1807: 28). Intervienen después los *ahoyadores* que se sirven de «una azada de hoja estrecha y de astil mediano» con la que abren el hoyo donde se va a introducir la planta (Boutelou, 1807: 30).

En el capítulo V se explica cómo se planta: «Derriba el operario con los pies una ligera tanda de buena tierra para *cama*, colocando el sarmiento derecho en el pico del hoyo, donde estuvo clavado el *tiento*, para no perder de este modo la simetría, ni…» (Boutelou,1807: 35). El *tiento* es la caña o vara clavada previamente en el punto donde se ha de introducir cada planta o sarmiento.

Con el fin de que «medren los nuevos majuelos, deben dejarse en cada sarmiento o postura una, dos o tres yemas fuera de la tierra, enterrando las restantes» (Boutelou, 1807: 36). Las yemas enterradas generarán las raíces de la planta y las dejadas por encima de la tierra darán lugar, si todo va bien, «al brote, *saeta* o *banderilla*», que será más vigoroso si solo se ha dejado una.

En este caso como el que vamos a anotar a continuación vemos el uso de la sinonimia, lo que muestra que estamos ante una terminología inestable. Es más evidente en el caso de la herramienta utilizada por algunos labradores para hacer el agujero donde introducir la planta, que recibe hasta cuatro denominaciones distintas:

> Hay muchos labradores que plantan los sarmientos con la *barra*, *aguja*, *parpal* o *plantador de yerro*. Es este un palo rollizo, o una barra redonda de hierro del grueso de un astil de azadón, o poco más, y de vara y media de altura. (Boutelou, 1807: 36)

Una vez que ha prendido la planta vienen después, tal como se explican en el capítulo VI, los cuidados de la cepa joven, como el *descabezar* o *rodrigar*. Los sanluqueños, dice Esteban de Boutelou (1807: 39) «no cortan ni despuntan la *banderilla* del sarmiento recién plantado hasta el segundo o tercer año». Lo que

---

de la vigne, avec l´art de faire le vin, les eaux-de-vie, esprit de vin, vinaigres simples et composés. Paris, Delalain.

2 Como no indica la fecha no sabemos si cita algún ejemplar de su primera edición (Serres, Olivier de -1600-: *Le théâtre d'agriculture et mesnage des champs*. Paris: Iamet Métayer Imprimeur ordinaire du Roy) o la hecha en 1611.

sí hacen es *descabezar*, es decir, «cortar por lo general al ras de la tierra en el segundo año de su plantío los sarmientos recién puestos, conservando para caña la mejor guía de las que brota al siguiente año» (Boutelou, 1807: 39).

Para facilitar el desarrollo de las plantas utilizan *rodrigones*, a los que también llaman: *ayos*, *arrimos* o *tutores*, sobre todo «en los países en que reinan aires recios y violentos» y lo hacen «hasta tanto que se han robustecido sus cañas…» (Boutelou, 1807: 39). Las *cañas* son las guías que con el tiempo se convertirán en el tronco de la cepa. Para enderezar las cepas utilizan las *muletillas* que clavan oblicuamente contra las cepas (Boutelou, 1807: 39).

A medida que se desarrolla la cepa esta queda constituida por un *fiel* que es el tronco del que parten los brazos que formarán la *cabeza* de la cepa. En el fiel puede haber *yemas peludas* o *limpias* que, llegado el caso, pueden proporcionar brazos a la vid. Llaman el *desguince* o *banderilla* a la porción de sarmiento que queda por encima de la cabeza y sirve para atar el *rodrigón* y a su parte superior *residuo* o *tocón del desguince* y también *testigo del desguince* (Boutelou, 1807: 41–42).

El capítulo VII se dedica a la poda. El podador deber buscar una distribución equilibrada entre los *brazos* o *brocados* y los *pulgares*. La voz *brazo*, referida a las ramas de las cepas y pulgares, para nombrar el trozo de sarmiento dejado con la poda es propia de la viticultura del norte de España mientras que *brocado* es propio de Andalucía (Boutelou, 1807: 49).

La voz *yema*, común también en la viticultura del norte, presenta una tipología cuyas denominaciones son propias de Andalucía: *yemas limpias* o *claras*, *yemas peludas*, *muertas* o *ciegas*, a lo que se llama *lagrimal*. En ocasiones es necesario rehacer la cepa y a esto le llaman *atornillar* pues se hace con un *tornillo* o nuevo brote que permite que la planta «torne» a un desarrollo óptimo que había perdido (Boutelou, 1807: 54).

La *poda en redondo* y la *poda en moflete* son colocaciones que no hemos encontrado en el viñedo del norte. De nuevo la fuente es oral: «llaman *poda en redondo* cuando no dejan vara, y sí solamente pulgares con yemas limpias». Y de la *poda en moflete* dice: «llaman así a la poda de corto o con pulgares, en los cuales quedan dos o tres yemas fructíferas, sin dejar vara…» (Boutelou, 1807: 65).

En las labores que se practican en la viña (capítulo VIII) es donde la terminología del viñedo andaluz presenta más diferencias con la del norte. Tiene denominaciones propias como *alumbrar* y sus tipologías. La *alumbra* «es la operación de abrir o escavar las cepas» (Boutelou, 1807: 67), haciendo pequeñas piletas con la ayuda de la azada, con el fin de que el agua de lluvia del invierno se retenga en el terreno. Esta técnica se denomina *alumbrar con piletas*.

En los terrenos demasiado húmedos y que retienen el agua encharcándose en invierno se practica la *alumbra por lomos* (Boutelou, 1807: 67), con el fin de dar salida al agua. Hay un tercer tipo, el conocido como la *alumbra de chata y pileta* y también como la *labor de triángulo* (Boutelou, 1807: 67). Esta técnica se practica cuando se estercola la viña.

La *cava* de las viñas se hace en febrero y por el mes de abril se *binan*, término común también en el norte, que es dar la segunda cava. *Binar* se forma a partir del latín vulgar *binare* que significa doble. Y por agosto se hace la *rebina*, tarea con la que se hace otra, el *achatado*, *asentado* o *palmeo* de la tierra (Boutelou, 1807: 71–75).

En lo relativo a reponer las faltas hay coincidencia terminológica con la viticultura del norte (*marras*, *mugrones*), así como en la poda en verde (*despimpollar*). En las variantes de las *marras* explicadas en este capítulo X, sí que hay voces propias de la viticultura andaluza. Cuando al *echar un mugrón* no alcanza hasta el punto en el que se quiere reponer la cepa, se entierra el sarmiento dejando su punta a la vista para volverlo a enterrar al año siguiente, en este caso se llama *echar puntas* o *echar mugrones de cabestrillos*. Cuando hay muchas faltas o marras en el entorno de una cepa, se entierra esta hasta la *cruz* o *cabeza*, con el fin de que sus sarmientos echen raíces. A estas cepas se les llama *bogas* o *boyas* (Boutelou, 1807: 93).

Para *despimpollar* se usan otras denominaciones, todas ellas conocidas también en la vitivinicultura del norte: *castrar*, *deslechugar*, *desvanillar* o *dar de mano* (Boutelou, 1807: 94). Como este tipo de poda en verde no es tan aconsejable en zonas secas, su poca práctica en la razón por la que seguramente no se ha generado una terminología particular en la viticultura andaluza. Sí es específico de esta zona el término *alares* que son unos setos muertos que se colocan en el entorno de las viñas plantadas en las arenas, con el fin de que impidan que los fuertes vientos arrastren la arena y tapen las cepas (Boutelou, 1807: 97).

A los vendedores de mosto les llaman *mayetas* y entre las enfermedades de la vid se cita el *samago*, a las cepas estropeadas por el tiempo se les llama *carrasqueñas*, se considera el *lloro* como una enfermedad y la *pajuela* es una oruga que ataca la vid (Boutelou, 1807: 98, 100, 101, 102).

Se usa *cocedero*, no habitual en el norte, para referirse al lugar donde fermenta el vino y se habla de *lardeando* o *lerdeando* cuando no se produce la fecundación (Boutelou, 1807: 103, 107).

Antes de iniciar la vinificación, se practica el *asoleo* o exposición de las uvas al sol para deshidratarlas extendiéndolas en el suelo o encima de esteras (Boutelou, 1807: 120). El *arropar* los vinos dulces y de color durante su elaboración es una técnica propia de los vinos de Jerez y Sanlúcar de Barrameda, desconocida en el norte. Consiste en añadir mosto condensado durante la vinificación.

> El arrope acelera la fermentación, principalmente si se echa hirviendo o caliente en la bota juntamente con el mosto, y comunica a los vinos densidad, substancia o cuerpo, y vigor o espirituosidad; y proporciona aquel color tostado o de caramelo, que apreciamos tanto en los vinos generosos y dulces. (Boutelou, 1807: 125).

La cubas o depósitos del vino, como vemos en la cita anterior, se llaman *botas* o *pipas* (p. 131) denominación no utilizadas en el norte. Se dice que «los vinos blancos toman *viso* o *cara* con el *arrope*» (Boutelou, 1807: 126). El *viso* o *cara* es el color del vino. Para obtener el *arrope*, se introduce el mosto en unas grandes calderas donde se calienta a fuego lento y si no se controla la temperatura puede pegarse el mosto a la caldera y adquirir el gusto del *resquemo* que iría al vino (Boutelou, 1807: 127).

Cuando llega el momento de la fermentación, Esteban de Boutelou (1807: 129–130) se pone en manos de Chaptal[3] y remite al lector a la lectura del *Diccionario* del abate Rozier, traducido al español por Juan Álvarez Guerra[4], que incluye el artículo del citado Chaptal que más tarde dará lugar a su *Arte de hacer el vino*[5], el primer manual de enología.

Otra práctica propia de Jerez es el *cabecear* los vinos, es decir añadir vinos añejos en otros para mejorar estos:

> Los cosecheros de Xerez, y los extractores de fama guardan vinos añejos o rancios, muy fuertes, para cabecear otros de menor edad, a los cuales desean dar fuerza, substancia, olor, suavidad y buen gusto, y sobre todo aquel sabor a rancio, que caracteriza solamente a los buenos vinos. (Boutelou,1807: 127)

Para que los vinos andaluces agraden a los paladares de los habitantes del norte se tienen que *aguardientar*. Consiste en añadir aguardiente (alcohol de vino) al vino (Boutelou, 1807: 143).

---

3 Chaptal, Jean Antoine (1803): «Vin», en *Cours complet d'agriculture théorique, pratique, économique et de médecine rurale et vétérinaire ou dictionnaire universel d'agriculture.* Tome X. Paris: Librairie d´Educaction et des Sciences et Arts, pp. 284–377.

4 Rozier, Abate (1797–1803): *Curso completo ó diccionario universal de agricultura teórica-práctica, económica y de medicina rural y veterinaria*, escrito en francés por una sociedad de agrónomos y ordenado por el abate Rozier, traducido al castellano por Juan Álvarez Guerra, individuo de la Sociedad económica de Madrid. Madrid: Imprenta Real. 16 tomos.

5 Chaptal, Jean Antoine (1807): *L´Art de faire le vin*. Paris: Deterville.

3.2. El tratado de Simón de Rojas Clemente

Frente al tratado de Esteban de Boutelou, que es de carácter general, pues comprende desde la plantación de la vid hasta la elaboración del vino, el de Simón de Rojas Clemente es una monografía dedicada a las variedades de vid, con la que se inaugura en España una nueva disciplina la *ampelografía*. Del griego *ampelos* que significa vid, se trata de la disciplina, generada a partir de la botánica, dedicada a la descripción y estudio de las diferentes variedades de la vid. En este tratado, están las primeras documentaciones de término *ampelografía* (Simón de Rojas, 1807: 66, 73, 93,178, 230, 231, 258). Esteban Boutelou no nombra la disciplina en su tratado, sin embargo, Simón de Rojas lo presenta como el «restaurador de la ampelografía en España» (Clemente, 1807: 230).

De los 15 nombres de *vidueños* (variedades de vid) recogidas por Gabriel Alonso de Herrera (Ibáñez, 2020: 72–73), antes citado, con Simón de Rojas Clemente pasamos a 119. En su introducción Simón de Rojas Clemente (1807: XVII) indica que en la península hay «entre quinientos o más vidueños».

Mientras no se fijen unos caracteres distintivos el conocimiento de las variedades de vid seguirá siendo «empírico, obscuro e incomunicable» dice Simón de Rojas Clemente (1807: 25). Al fijar dichos caracteres, en el capítulo II, para cada uno de ellos se propone, entre otros aspectos, «denominarlo con términos propios en castellano y en latín, inventándolos siempre que no los hallase en estos idiomas» y «definir los términos cuando no son comunes» y darles «una acepción nueva o más precisa» (Simón de Rojas, 1807: 26). Es pues consciente de la importancia de la lengua, además de la botánica, y de su interrelación.

Los caracteres distintivos fijados son los siguientes: *cepa*, *sarmientos*, *hojas*, *flores*, *racimos* y *uvas* (Simón de Rojas, 1807: 26–66). Además de fijar estos caracteres para poder clasificar y estudiar las distintas variedades de vid, que es la gran aportación de Simón de Rojas Clemente, a partir de este momento vamos a contar en el español del vino con las voces técnicas para denominar las distintas partes de la vid.

La *cepa* (*caudex*, *truncus*) «es la parte de la vid que en los demás árboles llaman tronco» (Simón de Rojas, 1807: 26), su parte inferior es la *caña* (*crus*) y la superior la *cabeza* o *casco* (*caput*) y según el grosor distingue entre *caña delgada* (*crus gracilis*) y *caña gruesa* (*crus crassus*). También el mayor o el menor grosor de la *corteza* (*cortex*) le permite fijar criterios para diferenciar las variedades de vid, así como su grado de adherencia a la madera. En la viticultura del norte no se distingue en la cepa entre *caña* y *cabeza*.

Los *sarmientos* o *ramos* (*rami*, *palmites*, *sarmenta*, *flagella*, *materiae*) que nacen de la *cabeza* de las *cepas* trepan si pueden asirse en cualquier cuerpo por medio de sus *zarcillos* o *tijeretas*, si no encuentran apoyo se extienden. Las ramas secundarias que nacen de los sarmientos se llaman *nietos* y los racimos que salen de ellos, *rebuscos* o *redrojos*. A estos racimos dice Simón de Rojas les llaman *grumos* y *cencerrones* en el Reino de Granada, *cabrerotes* en muchas partes de Valencia y *carpones* en otras provincias (Clemente, 1807: 27–29 y nota1). Algunos de estos términos (*sarmientos*, *tijeretas*, *nietos*) ya se encuentran en Alonso de Herrera (Ibáñez, 2020). Que muchos de los términos anotados proceden de la tradición oral es en muchos casos evidente: «Llaman *cañuto* (*internodium*) a la parte del sarmiento comprendida entre dos nudos o articulaciones (*nodi*)» (Clemente, 1807: 27–28). Al *cañuto* se le conoce como *taba* en «Velez y otros pueblos del Reino de Granada», anota Simón de Rojas Clemente en nota a pie de página. Hasta ahora no habíamos visto el verbo *nietear*, formado a partir del sustantivo *nieto*: «Por eso nietea más la vid joven y el sarmiento que pierde su punta por algún accidente» (Simón de Rojas, 1807: 29).

El *zarcillo* (*cirrhus*, *capreolus*, *clavicula*) es un racimo que no ha llegado a conformarse como tal «por haberle faltado jugos apropiados». En Granada, dice Simón de Rojas Clemente, le llaman *sortijuela*, *sortijilla* o *tijerilla* y en otras provincias *sortija*, *gavilán* y *cordel* (1807: 31 y nota 1).

Las *hojas* (*folia*) es otro de los elementos que sirven para clasificar y estudiar las variedades de vid. También reciben el nombre de *pámpanas* o *pámpanos* (*pampani*). En la viticultura del norte las hojas no reciben estos nombres; llaman *pámpanos* a las ramas tiernas antes de agostarse y secarse, entonces pasan a llamarse *sarmientos*. Simón de Rojas Clemente (1807: 32 y nota 1) puntualiza en nota a pie de página que *pámpana* o *pámpano* también se llama a la punta del *sarmiento* y también al *sarmiento* entero cuando está entero o herbáceo, lo que coincide en este caso con la viticultura del norte.

Los *gajos* (*lobi*, *lobuli*, *divisurae*) de las hojas suelen ser cinco por lo general y con menos frecuencia cuatro, tres o dos. En algunas variedades suelen estar divididos por *senos* poco profundos (*lobi incisi*) (Clemente, 1807: 32).

En las *flores* (*flores*) de la vid se distinguen seis partes: el *cáliz* (*calix*), la *corola* (*corolla*), los *estambres* (*stamina*), el *pistilo* (*pistillum*), el *disco* (*discus*) y las *glándulas* (*glandulae*) (Clemente, 1807: 37).

Los *racimos* (*uvae*, *racemi*, *botri*, *botriyones*) constan de *pezón*, *raspa*, *pezoncillos* y *uvas*. El *pezón* (*pedunculus* o *pediculus*) es «el palito que se ve sin uvas y prendido al sarmiento en el extremo superior del racimo». La *raspa* (*rachis*) es «la continuación o parte del pezón que corre oculta entre las uvas por el centro del racimo hasta su punta». Los *pezoncillos* o *pezones parciales* o *secundarios* (*pedicelli*, *pedunculi secundarii*) son los «piececillos que nacen a lo largo de la raspa y sostienen una sola uva o bien a otros *pezoncillos* más delgados con una uva cada uno que llamo *secundarios* (*pedicelli secundarii*)». Si es necesario, como ocurre en esta última denominación, Simón de Rojas Clemente la crea (1807: 42). En ocasiones, los *pezoncillos* secundarios se dividen en otros *terciarios* (*pedicelli tertiarii*) que llevan las uvas.

Simón de Rojas Clemente (1807: 42 y notas) pone mucho empecho en recoger las distintas denominaciones que toman las distintas partes del racimo. El conjunto de la *raspa* y *pezoncillos* dice que se llama *escobajo* o *rampojo* (*scopus, scopio*) y señala que en algunos pueblos de Aragón y Valencia se llama *raspajo*. El *racimo parcial* o *gajo* (*racemus partialis* o *racemulus*) es un conjunto de *pezoncillos* unidos con sus uvas que en Zaragoza y Campo de Cariñena se llama *racimo*; en la Mancha, *gancha*; en Castilla, *carpa*; en el reino de Sevilla, *escala;* y en otras partes, *grume*, *raspa*. Es sorprendente la cantidad de variantes que conoce Simón de Rojas Clemente y de cómo quiere precisar las definiciones. Para *casca* u *orujo* (*vinaceus, vinaceum*) anota las dos acepciones que tiene: «La uva exprimida, o bien el conjunto del hollejo y semillas» y precisa que en Granada se llama *orujo* a los hollejos y semillas que ya han pasado por la prensa y *casca* a los granos de uva *descobajados* y algo pisoteados (1807: 42–43 y nota 1).

Las *uvas* o *granos de uva* (*acini*), el último de los caracteres, tienen la *inserción del pezoncito* en la parte superior y el *estigma* o *ápice* en la inferior. Su *piel* u *hollejo* recubre la *pulpa* y *semillas* que están en el interior. Sobre el término *uva* hace un comentario muy interesante en nota a pie de página. Dice que en algunas partes de España, como Zaragoza y campo de Cariñena, denominan *uva* al *racimo* y «llaman *grano* a lo que yo *uva*» (Clemente, 1807: 46/50). Así sigue ocurriendo a fecha de hoy en La Rioja. Para conocer todos estos localismos, Simón de Rojas Clemente o viajó mucho o tuvo muy buenos informantes. Su afán por llegar a todos es seguramente el que le lleva a introducir todas estas variantes locales, consciente de que en cada región vitícola hablaban de forma diferente.

A las *uvas* que se desarrollan muy pequeñas y que no llegan a madurar, ni producen semillas, les llaman en el Reino de Sevilla, *agracejo* (*acini abortivi*); y de la vid en que abundan los *agracejos* se dice que *machea* o *está machía*, «voz nacida de la falsa denominación de macho aplicada por el vulgo a las plantas que cree no producen fruto». Cuando la cepa echa *agracejos* y uvas menudas en el Reino de Granada se usa «el verbo *alherear* o *alhelear*» y en Castilla «*lardear*, *ardalear* y *ralear*», formados a partir de arralear o ralear (Clemente, 1807: 47/276).

Además, de la terminología de la organografía de la vid, la otra gran aportación de Simón de Rojas Clemente es la de los nombres de las variedades. Simón de Rojas Clemente sigue la nomenclatura establecida por Linneo que distingue entre *género* y *especie* y dentro de esta las *variedades*. Pone en duda las especies que fija Linneo dentro del género vid (1807: 96) e insiste en la necesidad de estudiar sus variedades. Señala, por otra parte, que los agrónomos no distinguen entre *especie* y *variedad* y que al referirse a estas dos categorías tienen una gran confusión terminológica: «Para ellos lo mismo significa estos dos nombres que los de clase, género, linaje, casta, calidad, ley o suerte de vid, y los de vidueño, viduño, veduño o vidao» (Clemente,1807: 99). En nota a pie de página explica en dónde se usa cada una de estas denominaciones y justifica por qué se decanta por *variedad*[6], que señala es la utilizada por los botánicos. Es consciente de la necesidad de normalizar la terminología.

> La voz *vidao* se usa en Aragón, la de *ley* en muchos pueblos de Valencia. La de *vidueño* se aplica ordinariamente desde Sanlúcar hasta Málaga, en la Contraviesa y otras partes a las variedades que cultivan por gusto o casualidad, para comer o conservarlas hechas pasas (no para vinos), y que suelen poner aparte en un sitio llamado por los malagueños *botica*. En otros distritos llaman más bien *vidueño* a la variedad dominante y *castas* a las demás. Esta última denominación suele darse a todas, especialmente donde no se conoce la de *vidueño*, como en Huéscar[7], Puebla de Don Fabrique, etc. Las de *clase*, *género*, *especie* y *calidad* de vid se usa indistintamente por el vulgo de casi toda España. La de *suerte* es algo menos general. La de *variedades* de vid apenas se oye entre el vulgo, pero como la entienden todos, carece de muchos defectos que son obvios en las demás, y está ya consagrada por los Botánicos, he resuelto darle en mi obra la preferencia sobre todas. (Clemente, 1807: 99, nota 2)

La segunda parte del ensayo contiene una tabla sinóptica de las variedades (Clemente, 1807: 109–130), su clasificación y su descripción. La clasificación se distribuye en dos secciones, con sus nombres en español y latín. La primera sección abarca las siguientes tribus: Tribu I (Listanes, *Forenses*), Tribu II (Palominos, *Fissiles*), Tribu III (Mantúos, *Pensiles*), Tribu IV (Jaenes, *Duracinae*), Tribu V (Mollares, *Helvolae*), Tribu VI (Albillos, *Dapsiles*) y variedades aisladas. La sección segunda queda distribuida así: Tribu VII (Ximenecias, *Ximeneciae*), Tribu VIII (Perrunos, *Flaventes*), Tribu IX (Vigiriegos, *Prostratae*), Tribu X (Agraceras, *Oxycarpae*), Tribu XI (Ferrares, *Pergulanae*), Tribu XII (Teta de vaca, *Bumasti*), Tribu XIII (Cabrieles, *Oleagineae*), Tribu XIV (Datileras, *Dactylides*), Tribu XV (*Moscateles, Apianae)* y variedades aisladas. En cuanto a la descripción de las variedades (Clemente, 1807: 131-mmm), Simón de Rojas Clemente comienza con las tribus de la primera sección (Tribu I-VI) y continúa con las de la sección segunda (Tribus VII–XV).

---

6 También usa *vidueño* (p. XI, XIII, XV, XVI, 19, 26, 27, 28, 29, 31, entre otros casos) y *casta* (p. 46, 50, 53).

7 Localidad de Granada.

Incluye un total de 119 variedades cuyos nombres son los siguientes: *listán común* (p. 131), *listán morado* (p. 136), *listán ladrenado* (p. 136), *colgadera* (p. 137), *de fuentedueña* (p. 138), *tempranillo* (p. 138), *palomillo común* (p. 140), *palomino bravío* (p. 140), *mantúo castellano* (p. 141), *mantúo bravío* (p. 143), *mantúo morado* (p. 143), *mantúo de pilas* (p. 143), *mantúo laeren* (p. 145), *cordoví* (p. 145), *fray gusano de Miraflores* (p. 146), *torrontés* (p. 146), *jaén negro de Sevilla* (p. 147), *jaén negro de granada* (p. 148), *jaén blanco* (p. 149), *mollar negro* (p. 151), *mollar cano* (p. 153), *mollar negro bravío* (p. 153), *albillo castellano* (p. 154), *albillo negro* (p. 155), *de laleña* (p. 156), *de beguillet* (p. 156), *albillo pardo* (p. 157), *albillo de Huelva* (p. 157), *albillo loco* (p. 158), *albillo de Granada* (p. 159), *verdagüilla* (p. 160), *verdal* (p. 161), *abejera* (p. 162), *llorona* (p. 163), *gallega* (p. 163), *mollar de Cádiz* (p. 164), *malvasía* (p. 165), *ximénez zumbón* (p. 166), *tintilla* (p. 167), *tinto* (p. 169), *romé* (p. 170), *garabatona* (p. 171), *morrastell* (p. 172), *virgiliana* (p. 173), *beba* (p. 174), *galana* (p. 175), *montúo castellano* (p. 175), *pecho de perdiz* (p. 176), *zurumí* (p. 177), *de columela* (p. 178), *cepa canasta* (p. 179), *calona* (p. 179), *fray gusano de maina* (p. 180), *cienfuentes* (p. 181), *doradillo* (p. 181), *montúoperruno* (p. 183), *listán de paxarate* (p. 184), *heben* (p. 184), *rabo de vaca* (p. 185), *rebazo* (p. 186), *ximenez loco* (p. 189), *ximenez* (p. 186), *perruno común* (p. 192), *perruno negro* (p. 193), *quintiniea* (p. 194), *bernala* (p. 194), *perruno duro* (p. 195), *vigiriega común* (p. 196), *vigiriega negra* (p. 197), *de bidet* (p. 197), *blanquecina* (p. 198), *de soto* (p. 198), *melonera* (p. 199), *agracera* (p. 200), *langleya* (p. 201), *ferrar común* (p. 202), *ferrar blanco* (p. 202), *jetubí loco* (p. 203), *calona negra* (p. 204), *zucarí* (p. 204), *melcocha* (p. 206), *leonada* (p. 207), *corazón de cabrito* (p. 209), *martinecia* (p. 210), *santa paula de Granada* (p. 211), *casco de tinaja* (p. 213), *cabriel* (p. 214), *jetubí bueno* (p. 216), *ataubí* (p. 216), *santa paula de xerez* (p. 218), *moravita* (p. 218), *arrobal* (p. 219), *de ragol* (p. 220), *teta de vaca negra* (p. 220), teta de negra (p. 221), *teta de vaca blanca* (p. 221), de loxa (p. 222), *almuñecar* (p. 223), *botón de gallo* (p. 225), *botón de gallo negro* (p. 225), *moscatel menudo blanco* (p. 226), *moscatel menudo morado* (p. 227), *moscatel gordo morado* (p. 228), *moscatel gordo blanco* (p. 229), *de boutelou* (p. 230), *vigiriega de motril* (p. 231), *jamí* (p. 231), *terana* (p. 233), *albán real* (p. 234), *moscatel de flandes* (p. 235), *santa Isabel* (p. 236), *vaoa* (p. 236), *ruizia* (p. 237), *mollar de Granada* (p. 237), *cañocazo* (p. 238), *uva de rey* (p. 239), *ciutí* (p. 240), *casta de ohanez* (p. 242), *nievasea* (p. 243).

En gran número son de origen popular y su nombre responde al deseo de identificar la variedad por algún rasgo distintivo: por su procedencia (*mantúo castellano*, *cordoví*[8], *jaén negro de sevilla*, *gallega*, *mollar de cádiz*, *malvasía*[9],

8 Vid de Córdoba.

9 Véase Ibáñez, 2010: 84–85.

almuñecar, moscatel de flandes, mollar de granada, ciutí); por su color (*listán morado, jaén blanco, mollar negro, albillo pardo, tintilla, tinto, doradillo, perruno negro, blanquecina, ferrar blanco, colona negra*); por tomar el nombre de quien lo ha estudiado (*de fuenledueña, de beguillet, de columela, de bidet, de boutelou*); por su parecido con… (*pecho de perdiz, cepa canasta, rabo de vaca, leonada, corazón de cabrito, casco de tinaja, teta de vaca blanca, botón de gallo, cañocazo*); por su comportamiento (*llorona, ximenez loco, palomino bravío, galana*); por su manera de conducirse (*colgadera*); por ser temprana (*tempranillo)*; por ser del gusto de las abejas (*abejera*) o de las moscas (*moscatel*). En algunos casos se evoca lo monástico (*fray gusano de miraflores, fray gusano de maina*) y en otros se recurre al santoral (*santa paula de granada, santa paula de xerez, santa Isabel*). Hay también alguna etimología latina como *albillo castellano*, de *albus -a -um* 'blanco' o *mantúo castellano* y *mantúo bravío*, de *mons montis* 'monte'.

Además, en buen número de casos, incluye la sinonimia de cada una de las variedades. No vamos a incluirlas aquí pues desbordaría los límites de este trabajo. Tan solo a modo de ejemplo anotamos a continuación las sinonimias que da para la primera de las variedades descrita que es la *listán común*:

> Listán en Salúcar de Barrameda y en Chipiona. Palomina blanca en Xerez de la Frontera, Trebugena, Arcos, Espera y Paxarete. Palomina en Conil y Tarifa, etc. Tempranilla en Rota, Trebugena y Granada. Orgazuela en el Puerto de San María. Ojo de liebre en Lebrija. Tempranas blancas en Málaga, etc. Temprana o temprano en Algeciras, Motril, Granada, la Alpujarra, Guadix, Baza, río Almazora, etc. Albán en Granada y muchos pueblos de su Provincia. (Simón de Rojas1807: 132)

A pesar del esfuerzo realizado por Simón de Rojas (1807: 255) en cuanto a «la sinonimia o nombres que suelen darse a cada vidueño, ya en diversos países, ya en uno mismo, he citado muy pocos fuera de los usados en Andalucía, y no dudo que aun entre estos se hallen algunos que me son enteramente desconocidos».

Además, anota en un índice más de un centenar de nombres de las variedades que no ha analizado por «no conocerse suficientemente» (Simón de Rojas, 1807: 245–254).

4. Conclusiones

Esteban Boutelou (1776–1813) y Simón de Rojas Clemente (1777–1827) reivindican sus tratados defendiendo sus técnicas agronómicas de aplicación directa al caso español frente a las traducciones de los tratados de Francia, pensados y diseñados para sus viñedos, y que no siempre pueden servir para la vitivinicultura española, con otros suelos y otra climatología. Se convierten en referentes en España y en el caso de Simón de Rojas Clemente también en Europa, donde su obra es conocida, gracias a sus traducciones al francés y al alemán. Se alinean, sobre todo el segundo, con otro gran geópono español, Gabriel Alonso de Herrera, considerado como una autoridad en Europa.

La *Memoria sobre el cultivo de la vid en Sanlúcar de Barrameda y Jerez de la Frontera* de Esteban Boutelou, escrito con el rigor de un ilustrado, se centra en la vid y su cultivo, y solo dedica un apéndice a la elaboración del vino. El *Ensayo sobre las variedades de la vid común que vegetan en Andalucía, con un índice etimológico y tres listas de plantas en que se caracterizan varias especies nuevas* de Simón de Rojas es el primer tratado científico de ampelografía, con el que se inaugura esta disciplina en España.

Ahora bien, parte de sus conocimientos los adquieren fuera, en Inglaterra y en Francia, pero los ponen al servicio de la vitivinicultura española, en particular la andaluza. Esteban Boutelou forma parte de la cuarta generación de una familia de jardineros y botánicos de origen francés. Tras una primera formación en el ámbito familiar, en 1789 se traslada a Inglaterra y a Francia, junto a su hermano Claudio para estudiar botánica, agricultura y horticultura. Simón de Rojas Clemente, aunque alcanzó el grado de doctor en Teología, su verdadera vocación fue el campo y a partir de 1800 comenzó a recibir clases de botánica, mineralogía y química en el Real Jardín Botánico de Madrid. En 1802 viajó a Francia y a Inglaterra con el fin de incrementar su formación en botánica. Estuvo muy en contacto con científicos franceses e ingleses como J. Sowerby, J. E. Smith o D. Turner.

El hecho de ser dos tratados originales y ambos reflejo de un modelo de viticultura particular, el andaluz, diferente a la del norte de España, los convierte en una fuente de indudable interés para conocer y profundizar en el español de la vid y el vino.

Las denominaciones de los tipos de tierras propias para el viñedo tienen nombres desconocidos en el norte: *albarizo* o *tosca*, *barros* y *arenas*. Lo mismo ocurre con las maneras de cavar las viñas como *alumbrar* y sus tipologías: *alumbra con piletas*, *alumbra por lomos*, *alumbra de chata y pileta* o *labor de triángulo*. En el norte a las ramas de las cepas se les llama *brazos* y en Andalucía *brocados*. Son denominaciones propias de Andalucía la *poda en redondo* y la *poda en moflete*, el *lardeado*, el oficio de *mayeta*, el *asoleo*, el *arropar*, *aguardientar*, *cabecear*, el llamar *botas* o *pipas* a las cubas de vino, entre otros términos que anotamos en nuestro trabajo. En el tratado de Simón de Rojas Clemente la aportación más importante es el relativo a las voces técnicas relativas a la organografía de la vid y sobre todo a los 119 nombres de variedades de vid que hemos recogido en nuestro trabajo.

Un buen número de voces especializadas son de tradición oral. Con frecuencia los autores hacen referencias a ello cuando dicen: «llaman los sanluqueños *agostar*…». Además de *agostar*, hemos anotado otras muchas denominaciones populares. También está muy presente la variación diatópica. Simón de Rojas Clemente en las sinonimias de las variedades de vid indica con frecuencia con qué nombre se recogen en distintos lugares de Andalucía y otros sitios de España como Valencia o Aragón. También hay algunas voces cultas como *albariza* de latín *albo*. Abundan las sinonimias, que delatan el carácter inestable de la terminología. La *barra* utilizada para hacer el agujero para plantar las vides se llama también *aguja*, *parpal* o *plantador de yerro*. A los *rodrigones*, también se los llaman: *ayos*, *arrimos* o *tutores*. Serían muchos los ejemplos que podríamos anotar. Los galicismos, tan frecuentes en otros tratados, sobre todo los traducidos del francés, tienen aquí una presencia meramente testimonial. Tan solo hemos registrado cuatro: *charrúa*, *œnologista*, *areómetro y gleucómetro*.

Corpus de textos

1. Tratados del vino de la primera mitad del siglo XIX

BOUTELOU, Esteban (1807): *Memoria sobre el cultivo de la vid en Sanlúcar de Barrameda y Xerez de la Frontera*, en *Semanario de agricultura y artes dirigido a los párrocos* por el Real Jardín Botánico de Madrid, tomo XXII, Madrid, Imprenta de Villalpando; pp. 97–109, pp. 114–122, pp. 131–143, pp. 149–156, pp. 169–173, pp. 180–189, pp. 200–207, pp. 214–226, pp. 230–236, pp. 247–254, pp. 263–264, pp. 277–279, pp. 294–299, pp. 310–315, pp. 331–334, pp. 341–343, pp. 359–360, pp. 368–369, pp. 337. 381.

BOUTELOU, Esteban (1807): *Memoria sobre el cultivo de la vid en Sanlúcar de Barrameda y Xerez de la Frontera*. Madrid: Imprenta de Villalpando.

CLEMENTE Y RUBIO, Simón de Rojas (1807): *Ensayo sobre las variedades de la vid común que vegetan en Andalucía*. Madrid: Imprenta de Villalpando, en el *Semanario de Agricultura y Artes dirigido a los párrocos*. Madrid, Imprenta de Villalpando, tomo 21, pp. 1–36, pp. 37–47, pp. 49–80, pp. 84–92, pp. 100–106, pp. 112–120, pp. 125–135, pp. 144–148, pp. 165, 169, pp. 179–183, pp. 187–198, pp. 207–216, pp. 224–232, pp. 244–248, pp. 256–261, pp. 273–278, pp. 284–289, pp. 301–310, pp. 320–328, pp. 335–344, pp. 346–413.

CLEMENTE Y RUBIO, Simón de Rojas (1807): *Ensayo sobre las variedades de vid común que vegetan en Andalucía con un índice etimológico y tres listas de plantas en que se caracterizan varias especies nuevas*. Madrid, Imprenta de Villalpando.

2. Ediciones posteriores de los tratados

BOUTELOU, Esteban (1949–1807): *Memoria sobre el cultivo de la vid en Sanlúcar de Barrameda y Xerez de la Frontera*. Ministerio de Agricultura. Manuales técnicos.

Boutelou, Esteban (1991/1994–1807): *Idea de la práctica enológica de Sanlúcar de Barrameda o del método que allí se sigue en la fabricación de los vinos y algunas observaciones sobre la destilación de los aguardientes.* Edición de Bodegas Antonio Barbadillo, S. A. (2.ª ed.).

Boutelou, Esteban (2001–1807): *Memoria sobre el cultivo de la vid en Sanlúcar de Barrameda y Xerez de la Frontera.* Sevilla, Consejería de Agricultura y Pesca.

Boutelou, Esteban (2009–1807): *Memoria sobre el cultivo de la vid en Sanlúcar de Barrameda y Xerez de la Frontera.* Facsímil. Extramuros Edición. (Colección Vinos y Licores).

Clemente y Rubio, Simón de Rojas (1879): *Ensayo sobre las variedades de vid común que vegetan en Andalucía con un índice etimológico y tres listas de plantas en que se caracterizan varias especies nuevas.* Madrid, Imprenta Estereotipia Perojo.

3. Traducciones

Clemente y Rubio, Simón de Rojas (1814): *Essai sur les variétés de la vigne qui végètent en Andalousie.* Paris, Imprimerie de Poulet. (Traduit par M. Le M. is de Caumels).

Clemente y Rubio, Simón de Rojas (1816): *Tables synoptiques des caracteres distinctifs de la vigne* extraites *de l´Essai sur les vignes d´Andalousie* de D. Simon-Roxa Clemente. À l´usage del Cultivateurs que désirent s´occuper de la synonimie de la Vigne et de la description de ses variétés par M. Le M.is de Caumes. Toulouse, Bellegarrigue.

Clemente y Rubio, Simón de Rojas (1821): *Bersuch uber die Barietäten des Beinstocks in Andalusien.* Grätz.

Referencias bibliográficas

Alonso de Herrera, Gabriel (1513): *Obra de agricultura, copilada de diversos autores por Gabriel Alonso de Herrera de mandato del muy ilustre y reverendísimo señor el cardenal de España, arçobispo de Toledo.* Con privilegio real, Alcalá de Henares, Arnao de Guillén de Brocar.

Alonso de Herrera, Gabriel (1818–1819): *Agricultura general* (corregida y ampliada de la primera edición publicada en 1513). 4 tomos. Madrid, Imprenta Real.

Chaptal, Jean Antoine (1801): *Traité théorique et pratique sur la culture de la vigne, avec l´art de faire le vin, les eaux-de-vie, esprit de vin, vinaigres simples et composés.* Paris, Delalain.

Chaptal, Jean Antoine (1803): «Vin», en *Cours complet d'agriculture théorique, pratique, économique et de médecine rurale et vétérinaire ou dictionnaire universel d'agriculture.* Tome X. Paris: Librairie d´Educaction et des Sciences et Arts, pp. 284–377.

Chaptal, Jean Antoine (1807): *L´Art de faire le vin.* Paris: Deterville.

Duhamel Du Monceau, Henri-Louis (1768): *Traité des arbres fruitierscontenantleur figure, leur description, leurs culture.* 2 vols. Paris, Chez Saillant Libraire et Chez Desaint Libraire.

Ibáñez Rodríguez, Miguel (2015): «La traducción científico-técnica francés-español en el ámbito de la enología (1750–1850)». *Çedille: Revista de Estudios Franceses*, 11, 273–311.

Ibáñez Rodríguez, Miguel (2018): *El tratado de la vid de Louis Dussieux y el tratado del vino de Jean Antoine Chaptal de 1796 conservados en la biblioteca de San Millán. Contextualización y estudio de la traducción de 1803.* Cilengua (Centro Internacional de Investigación de la Lengua Española).

Ibáñez Rodríguez, Miguel (2020): «El libro segundo de la *Obra de agricultura* de 1513 de Gabriel Alonso de Herrera. En los orígenes del español del vino», en M. Ibáñez Rodríguez (ed.), *Enotradulengua. Vino, lengua y traducción*, Berlín, Peter Lang, 61–81.

Ibáñez Rodríguez, Miguel (2010): *43 palabras de la vid y el vino.* Gobierno de La Rioja, Consejería de Agricultura, Ganadería y Desarrollo Rural.

Lara Benítez, Miguel y Alberto García De Luján (2008): «Las aportaciones ampelográficas de Simón de Rojas Clemente en el contexto de la historia de la ampelografía», en J. Pascual Hernández, *Bicentenario de Esteban Boutelou y Simón de Rojas Clemente.* Junta de Andalucía, Consejería de Agricultura y Pesca, Servicio de Publicaciones y Divulgación. (Colección: El Arado y la Red), 91–113.

Maldonado Rosso, Javier (2008): «Quimera y realidad: El Marco de Jerez durante las comisiones agronómicas de Simón Rojas Clemente y Esteban de Boutelou (1803–1808)», en J. Pascual Hernández, *Bicentenario de Esteban Boutelou y Simón de Rojas Clemente.* Junta de Andalucía, Consejería de Agricultura y Pesca, Servicio de Publicaciones y Divulgación. (Colección: El Arado y la Red), 65–90.

Marchena Domínguez, José (2008): «Simón de Rojas Clemente y Rubio (1777–1827): un sabio botánico en la España Ilustrada», en J. Pascual Hernández, *Bicentenario de Esteban Boutelou y Simón de Rojas Clemente.* Junta de Andalucía. Consejería de Agricultura y Pesca, Servicio de Publicaciones y Divulgación (Colección: El Arado y la Red), 21–47.

Ramos Santana, Alberto (2008): «Esteban de Boutelou y la viticultura del Marco de Jerez», en J. Pascual Hernández, *Bicentenario de Esteban Boutelou y Simón de Rojas Clemente*. Junta de Andalucía, Consejería de Agricultura y Pesca, Servicio de Publicaciones y Divulgación. (Colección: El Arado y la Red), 49–61.

Lista de figuras

La publicidad del vino en España: proceso de creación y evolución dentro del sector
Laura Barahona Mijancos

Lista de tablas

Studien zur romanischen Sprachwissenschaft und interkulturellen Kommunikation

Herausgegeben von Gerd Wotjak, José Juan Batista Rodríguez und Dolores García-Padrón

Die vollständige Liste der in der Reihe erschienenen Bände finden Sie auf unserer Website https://www.peterlang.com/view/serial/SRSIK

Band 110 Joaquín García Palacios / Goedele De Sterck / Daniel Linder / Nava Maroto / Miguel Sánchez Ibáñez / Jesús Torres del Rey (eds): La neología en las lenguas románicas. Recursos, estrategias y nuevas orientaciones. 2016.

Band 111 André Horak: Le langage fleuri. Histoire et analyse linguistique de l'euphémisme. 2017.

Band 112 María José Domínguez Vázquez / Ulrich Engel / Gemma Paredes Suárez: Neue Wege zur Verbvalenz I. Theoretische und methodologische Grundlagen. 2017.

Band 113 María José Domínguez Vázquez / Ulrich Engel / Gemma Paredes Suárez: Neue Wege zur Verbvalenz II. Deutsch-spanisches Valenzlexikon. 2017.

Band 114 Ana Díaz Galán / Marcial Morera (eds.): Estudios en Memoria de Franz Bopp y Ferdinand de Saussure. 2017.

Band 115 Mª José Domínguez Vázquez / Mª Teresa Sanmarco Bande (ed.): Lexicografía y didáctica. Diccionarios y otros recursos lexicográficos en el aula. 2017.

Band 116 Joan Torruella Casañas: Lingüística de corpus: génesis y bases metodológicas de los corpus (históricos) para la investigación en lingüística. 2017.

Band 117 Pedro Pablo Devís Márquez: Comparativas de desigualdad con la preposición de en español. Comparación y pseudocomparación. 2017.

Band 118 María Cecilia Ainciburu (ed.): La adquisición del sistema verbal del español. Datos empíricos del proceso de aprendizaje del español como lengua extranjera. 2017.

Band 119 Cristina Villalba Ibáñez: Actividades de imagen, atenuación e impersonalidad. Un estudio a partir de juicios orales españoles. 2017.

Band 120 Josefa Dorta (ed.): La entonación declarativa e interrogativa en cinco zonas fronterizas del español. Canarias, Cuba, Venezuela, Colombia y San Antonio de Texas. 2017.

Band 121 Celayeta, Nekane / Olza, Inés / Pérez-Salazar, Carmela (eds.): Semántica, léxico y fraseología. 2018.

Band 122 Alberto Domínguez Martínez: Morfología. Procesos Psicológicos y Evaluación. 2018.

Band 123 Lobato Patricio, Julia / Granados Navarro, Adrián: La traducción jurada de certificados de registro civil. Manual para el Traductor-Intérprete Jurado. 2018.

Band 124 Hernández Socas, Elia / Batista Rodríguez, José Juan / Sinner, Carsten (eds.): Clases y categorías lingüísticas en contraste. Español y otras lenguas. 2018.

Band 125 Miguel Ángel García Peinado / Ignacio Ahumada Lara (eds.): Traducción literaria y discursos traductológicos especializados. 2018.

Band 126 Emma García Sanz: El aspecto verbal en el aula de español como lengua extranjera. Hacia una didáctica de las perífrasis verbales. 2018.

Band 127 Miriam Seghiri. La linguística de corpus aplicada al desarrollo de la competencia tecnológica en los estudios de traducción e interpretación y la enseñanza de segundas lenguas. 2019 (forthcoming)

Band 128 Pino Valero Cuadra / Analía Cuadrado Rey / Paola Carrión González (eds.): Nuevas tendencias en traducción: Fraseología, Interpretación, TAV y sus didácticas. 2018.

Band 129 María Jesús Barros García: Cortesía valorizadora. Uso en la conversación informal española. 2018.

Band 130 Alexandra Marti / Montserrat Planelles Iváñez / Elena Sandakova (éds.): Langues, cultures et gastronomie : communication interculturelle et contrastes / Lenguas, culturas y gastronomía: comunicación intercultural y contrastes. 2018.

Band 131 Santiago Del Rey Quesada / Florencio del Barrio de la Rosa / Jaime González Gómez (eds.): Lenguas en contacto, ayer y hoy: Traducción y variación desde una perspectiva filológica. 2018.

Band 132 José Juan Batista Rodríguez / Carsten Sinner / Gerd Wotjak (Hrsg.): La Escuela traductológica de Leipzig. Continuación y recepción. 2019.

Band 133 Carlos Alberto Crida Álvarez / Arianna Alessandro (eds.): Innovación en fraseodidáctica. tendencias, enfoques y perspectivas. 2019.

Band 134 Eleni Leontaridi: Plurifuncionalidad modotemporal en español y griego moderno. 2019.

Band 135 Ana Díaz-Galán / Marcial Morera (eds.): Nuevos estudios de lingüística moderna. 2019.

Band 136 Jorge Soto Almela: La traducción de la cultura en el sector turístico. Una cuestión de aceptabilidad. 2019.

Band 137 Xoán Montero Domínguez (ed.): Intérpretes de cine. Análisis del papel mediador en la ficción audiovisual. 2019.

Band 138 María Teresa Ortego Antón: La terminología del sector agroalimentario (español-inglés) en los estudios contrastivos y de traducción especializada basados en corpus: los embutidos. 2019.

Band 139 Sara Quintero Ramírez: Lenguaje creativo en el discurso periodístico deportivo. Estudio contrastivo en español, francés e inglés. 2019.

Band 140 Laura Parrilla Gómez: La interpretación en el contexto sanitario: aspectos metodológicos y análisis de interacción del intérprete con el usuario. 2019.

Band 141 Yeray González Plasencia: Comunicación intercultural en la enseñanza de lenguas extranjeras. 2019.

Band 142 José Yuste Frías / Xoán Manuel Garrido Vilariño (Hrsg.): Traducción y Paratraducción. Líneas de investigación. 2020.

Band 143 María del Mar Sánchez Ramos: Documentación digital y léxico en la traducción e interpretación en los servicios públicos (TISP): fundamentos teóricos y prácticos. 2020.

Band 144 Florentina Mena Martínez / Carola Strohschen (eds.): Challenges of Teaching Phraseology in the 21st Century. 2020.

Band 145 Yuko Morimoto / Rafael García Pérez (eds.): De la oración al discurso: estudios en español y estudios contrastivos. 2020.

Band 146 Miguel Ibáñez Rodríguez (ed.): Enotradulengua: Vino, lengua y traducción. 2020.

Band 147 Miguel Ángel García Peinado / José Manuel González Calvo (eds.): Estudios de literatura y traducción. 2020.

Band 148 Fernando López García (ed.): La involuntariedad en español. 2020.

Band 149 Julián Sancha: La injerencia del sexo en el lenguaje. 2020.

Band 150 Joseph García Rodríguez: La fraseología del español y el catalán: Semántica cognitiva, simbolismo y contrastividad. 2020.

Band 151 Melania Cabezas-García: Los términos compuestos desde la Terminología y la Traducción. 2020.

Band 152 Inmaculada Clotilde Santos Díaz: El léxico bilingüe del futuro profesorado. Análisis y pautas para estudios de disponibilidad léxica. 2020.

Band 153 Alfonso Corbacho Sánchez / Mar Campos Fernández-Fígares (eds.): Nuevas reflexiones sobre la fraseología del insulto. 2020.

Band 154 Míriam Buendía-Castro: Verb Collocations in Dictionaries and Corpus: an Integrated Approach for Translation Purposes. 2021.

Band 155 Guiomar Topf Monge: Traducir el género. Aproximación feminista a las traducciones españolas de obras de Annemarie Schwarzenbach. 2020

Band 156 Miriam Seghiri / Lorena Arce-Romeral: La traducción de contratos de compraventa inmobiliaria: un estudio basado en corpus aplicado a España e Irlanda. 2021.

Band 157 Emmanuel Bourgoin Vergondy / Ramón Méndez González (eds.): Traducción y paratraducción. Líneas de investigación II.2021.

Band 158 Clara Inés López-Rodríguez / Beatriz Sánchez-Cárdenas: Theory and Digital Resources for the English-Spanish Medical Translation Industry. 2021.

Band 159 Alicia Mariscal: Categorización de los errores ortográficos en zonas de contacto lingüístico entre inglés y español. 2021.

Band 160 Esther Linares-Bernabéu (ed.): Gender and Identity in Humorous Discourse. Género e identidad en el discurso humorístico. 2021.

Band 161 Matteo De Beni / Dunia Hourani-Martín (eds.): Corpus y estudio diacrónico del discurso especializado en español. 2021.

Band 162 María Clara von Essen: Identidad y contacto de variedades. La acomodación lingüística de los inmigrantes rioplatenses en Málaga. 2021.

Band 163 Juana L. Herrera Santana / Ana Díaz-Galán (eds.): Aportaciones al estudio de las lenguas. perspectivas teóricas y aplicadas. 2021.

Band 164 Juan M. Carrasco González: Dialectología fronteriza de Extremadura. Descripción e historia de las variedades lingüísticas en la frontera extremeña. 2021.

Band 165 Álvaro Molina García: Fundamentos acústico-perceptivos de la escisión prestigiosa de /θ/. Estudio sociofonético en Málaga. 2021.

Band 166 Pau Bertomeu Pi: Peticiones en alemán y español. Un estudio contrastivo a partir de *Gran Hermano*. 2022.

Band 167 María Teresa Ortego Antón: La investigación en tecnologías de la traducción. Parámetros de la digitalización presente y la posible incidencia en el perfil de los futuros profesionales de la comunicación interlingüística. 2022.

Band 168 Jaime Sánchez Carnicer: Traducción y discapacidad. Un estudio comparado de la terminología inglés-español en la prensa escrita. 2022.

Band 169 Juan Manuel Ribes Lorenzo: Las palabras diacríticas en fraseología histórica. 2022.

Band 170 Patricia Buján Otero / Lara Domínguez Araújo (eds.): Traducción & Paratraducción III. 2022.

Band 171 Juan Cuartero Otal / Regina Gutiérrez Pérez / Juan Pablo Larreta Zulategui / Montserrat Martínez Vázquez (eds.): La interfaz Léxico-Gramática. Contrastes entre el español y las lenguas germánicas. 2022.

Band 172 Miguel Ibáñez Rodríguez (ed.): Enotradulengua. Géneros y tipos textuales en el sector del vino. 2022.

www.peterlang.com

www.ingramcontent.com/pod-product-compliance
Ingram Content Group UK Ltd.
Pitfield, Milton Keynes, MK11 3LW, UK
UKHW041823031026
15587UKWH00002B/530

9 783631 856697